PRINCÍPIOS FÍSICOS DE

SENSORIAMENTO REMOTO

J. A. LORENZZETTI

PRINCÍPIOS FÍSICOS DE

SENSORIAMENTO REMOTO

Princípios físicos de sensoriamento remoto
© 2015 J. A. Lorenzzetti
1ª reimpressão – 2018
Editora Edgard Blücher Ltda.

Blucher

Rua Pedroso Alvarenga, 1245, 4º andar
04531-934 – São Paulo – SP – Brasil
Tel.: 55 11 3078-5366
contato@blucher.com.br
www.blucher.com.br

Segundo o Novo Acordo Ortográfico, conforme 5. ed.
do *Vocabulário Ortográfico da Língua Portuguesa*,
Academia Brasileira de Letras, março de 2009.

FICHA CATALOGRÁFICA

Lorenzzetti, João Antônio
   Princípios físicos de sensoriamento remoto / J. A.
Lorenzzetti. – São Paulo : Blucher, 2015.

   Bibliografia
   ISBN 978-85-212-0835-8

   1. Sensoriamento remoto 2. Meio ambiente
I. Título

14-0674   CDD 621.3678

Índices para catálogo sistemático:
1. Sensoriamento remoto

PREFÁCIO

O que se entende por sensoriamento remoto (SR) depende um pouco do tipo de aplicação que se pretende dar às imagens e aos dados digitais coletados por sensores instalados principalmente a bordo de satélites de observação da Terra ou de aeronaves. Para vários profissionais, o SR representa, sobretudo, a identificação ou o monitoramento de feições presentes na superfície da Terra. Para outros, é usado também para se extrair informações quantitativas de parâmetros que descrevam ou influenciem inúmeros processos operando sobre os vários sistemas físicos, químicos, biológicos e geológicos terrestres. Um importante exemplo desse caso é a determinação da temperatura da superfície do mar (TSM). Essa variável física pode ser estimada em escala global a partir de dados coletados por sensores remotos orbitais nas faixas do infravermelho (IV) termal e em micro-ondas. A TSM é um dos principais parâmetros físicos indicativos das mudanças climáticas globais. As características da vegetação, os processos de desmatamento, o estágio de crescimento ou de fitossanidade da vegetação, bem como as queimadas vêm sendo monitorados por sensores remotos orbitais que operam principalmente nas faixas do visível, IV refletido e termal. Poderíamos continuar com outros exemplos igualmente importantes, mas basta dizer que, quando se pretende refinar essas medidas ou monitoramentos, ou fazer inferências sobre mudanças ou previsões, precisamos nos basear num entendimento mais sólido sobre os processos de interação da radiação eletromagnética (REM) com os vários alvos de interesse, nas várias faixas espectrais utilizadas no SR.

Nas aplicações de SR nas faixas do visível ou do IV refletido, o sinal recebido no satélite é função da radiância solar refletida pelos alvos de interesse. Nas aplicações no IV termal, as características de emissividade e temperatura dos alvos precisam ser consideradas. Nas aplicações em micro-ondas, conceitos de polarização, ganho de antena, padrão de iluminação, seção reta de radar, entre outros, determinam as características das imagens. Portanto, sem um mínimo entendimento sobre essas questões, é quase impossível se fazer um uso inteligente das imagens ou dos dados obtidos por sensores remotos.

Ademais, a radiância solar que atinge a superfície da Terra e aquela captada pelo sensor a bordo de um satélite sofrem processos de atenuação ou modificação causados por absorção e espalhamento atmosférico, produzidos pelas moléculas dos gases constituintes ou aerossóis. Para uma correta interpretação ou uso quantitativo das imagens de satélites, é necessário um conhecimento mínimo sobre esses processos de alteração do sinal que chega ao satélite.

A descrição da REM utilizada no SR e dos vários processos de interação da radiação com os alvos requer o uso de conceitos de radiometria. Assim, a radiação solar que chega ao topo da atmosfera é descrita pela constante solar como irradiância. Os sensores normalmente "enxergam" o fluxo radiante vindo numa dada direção e num cone de ângulo sólido determinado pelas características do sistema sensor como radiância. As propriedades reflectivas dos alvos são dadas pela reflectância espectral ou direcional. Um bom entendimento sobre os principais conceitos de radiometria é fundamental para se trabalhar quantitativamente em SR.

A obra a seguir tem como principal objetivo apresentar ao leitor os conceitos fundamentais da física do SR que lhe permitam passar de usuário qualitativo de imagens coletadas por satélites para um usuário inteligente dessas imagens, com capacidade de formular interpretações baseadas em princípios científicos e fatos. Para aqueles que pretendem realizar pesquisas científicas em que a técnica de SR seja usada, um conhecimento mais sólido sobre os princípios físicos subjacentes do SR é, sem sombra de dúvida, indispensável.

Este livro é fruto de mais de dez anos no ensino da disciplina Princípios Físicos do Sensoriamento Remoto no Programa de Pós-graduação em Sensoriamento Remoto no Instituto Nacional de Pesquisas Espaciais (Inpe). Nesses anos todos, inúmeros alunos têm sugerido (diria até demandado) que reuníssemos todas as notas de aulas e exercícios no formato de um livro sobre o assunto. Embora vários e excelentes livros tenham sido escritos especificamente sobre esse tema, nenhum texto foi publicado até o momento em português. Alguns livros de ótima qualidade foram publicados no país sobre técnicas e usos do SR, mas um livro específico sobre os princípios de física do SR ainda é uma demanda da comunidade.

Vale ressaltar que um mínimo conhecimento de matemática é indispensável para que vários dos processos da física do SR sejam explicados ou entendidos. Assim, ao longo deste livro, embora o autor tenha procurado simplificar sempre que possível, o uso de várias técnicas matemáticas muitas vezes não pode ser evitado nas explanações. Para aqueles leitores que, por suas formações específicas, já dispõem desse embasamento matemático, o texto não deve apresentar dificuldades. Entretanto, para auxiliar aqueles provenientes de áreas de atuação em que o uso de técnicas matemáticas nem sempre ou quase nunca é exigido, o autor incorporou ao final do livro um Apêndice de Matemática, no qual são apresentadas de maneira resumida as principais ferramentas usadas no texto. No Apêndice 1, são apresentadas noções básicas de vetores e álgebra de vetores, importantes para uma melhor compreensão dos conceitos de campo elétrico e magnético, onda eletromagnética e polarização. No Apêndice 2, são apresentados os conceitos fundamentais de números complexos e álgebra dos complexos. Esses conceitos são importantes para se entender sobre os processos de atenuação da radiação eletromagnética e, em particular, a noção de índice de refração, ou de constante dielétrica complexa. No Apêndice 3, são mostrados os conceitos básicos de limite, derivada e integral de uma função, conceitos também fundamentais usados em várias partes da obra. No Apêndice 4, são mostrados os conceitos de alguns operadores vetoriais, tais como gradiente, divergente, rotacional e Laplaciano, usados basicamente nas explanações sobre as propriedades geométricas da onda eletromagnética.

Para aqueles leitores que desejam apenas aprimorar seus conhecimentos sobre os processos físicos do SR, sem um maior aprofundamento formal no tema, as deduções e explanações envolvendo um maior nível de complexidade matemática podem ser deixadas de lado sem prejudicar a compreensão. Entretanto, para aqueles que desejam ou necessitam de aprofundamento no assunto, o desenvolvimento matemático será útil.

Embora este livro represente um esforço do autor, ele é uma amálgama de experiências, sugestões e críticas de inúmeras pessoas, aí incluídos principalmente os colegas de trabalho e os alunos de pós-graduação, que, com suas visões críticas, ajudam a corrigir erros nas versões que precedem o texto final. Grande parte do material aqui apresentado é fruto de análise do autor a partir de outros livros-texto e publicações de revistas científicas. Esses textos utilizados ficarão evidentes nas várias referências citadas. Ao final de cada capítulo, são sugeridos alguns exercícios para que os leitores interessados possam tentar resolvê-los como meio de aferir seu nível de entendimento do assunto.

Por fim, gostaria de dedicar este livro aos meus queridos familiares: minha esposa Maria Helena, nossas duas filhas Raquel e Carolina, Simon, Olívia e o recém-chegado, Harry.

Divisão de Sensoriamento Remoto/MCTI/INPE
São José dos Campos
Janeiro de 2015

CONTEÚDO

O CONCEITO DE SENSORIAMENTO REMOTO

1.1 O QUE É SENSORIAMENTO REMOTO?

A definição de sensoriamento remoto (SR) está sujeita a diferentes interpretações. De acordo com o volume I do *Manual de Sensoriamento Remoto* (Simonetti; Ulaby, 1983), bem como em Elachi e Zyl (2006), SR é definido como a aquisição de informação sobre alguma propriedade de um objeto ou fenômeno sem contato físico com ele. A informação sobre um alvo seria obtida pela detecção e medida de mudanças que o objeto impõe sobre o meio circundante, seja ele eletromagnético, acústico ou potencial. Os mesmos autores dizem, entretanto, que o termo sensoriamento remoto é costumeiramente usado em conexão com técnicas eletromagnéticas de aquisição de informação.

Schowengerdt (2007) considera SR como "a medida das propriedades de um objeto na superfície da Terra usando dados adquiridos por meio de aeronaves e satélites". Slater (1980) vai pela mesma linha, sendo um pouco mais restritivo. Segundo esse autor, SR é o conjunto de atividades utilizadas para a aquisição de informações relativas aos recursos naturais da Terra, ou ao seu meio ambiente, obtidas pela análise da energia eletromagnética refletida, emitida ou retroespalhada pelos alvos, coletada por meio de sensores instalados a bordo de plataformas em altitude, tais como balões, foguetes, aviões ou satélites. De qualquer modo, quando nos referimos ao SR, estamos tentando nos referir à obtenção de informação a distância, em contraste às medidas *in situ*.

Para a grande maioria de nossas aplicações, vamos nos restringir aos dados coletados por meio de satélites orbitais (SR orbital), ou seja, sensores instalados a bordo de satélites. Considerando que os primeiros satélites para observação da Terra foram lançados pela NASA (National Aeronautics and Space Administration) no começo dos anos de 1960, podemos definir o real nascimento e desenvolvimento do SR moderno nesse período.

A grande vantagem do SR orbital é a possibilidade de coleta de dados de grandes áreas em pouco tempo, com grande repetitividade e a um custo relativamente baixo para o usuário (não estamos incluindo aqui os custos de construção, lançamento e operação dos sistemas de satélites).

1.2   AS APLICAÇÕES DO SENSORIAMENTO REMOTO

1.2.1   O sensoriamento remoto ambiental

Em geral, as aplicações de SR estudadas nos capítulos a seguir são genericamente denominadas *ambientais*. Como exemplo dessas áreas de aplicações, temos:

Monitoramento atmosférico: temperatura, precipitação, distribuição e tipos de nuvens, velocidade do vento, concentração de gases, tais como vapor d'água, dióxido de carbono, ozônio etc.

Monitoramento da superfície de terra (*land applications*): geologia, geografia, agronomia, limnologia, florestas, cobertura e ocupação da terra etc.

Monitoramento dos oceanos: temperatura da superfície do mar (TSM), topografia da superfície (correntes oceânicas, marés), cor do oceano (poluição, sedimentos, concentração de clorofila, produtividade primária etc.) e rugosidade da superfície (ventos de superfície, ondas, poluição por óleo, frentes oceânicas etc.).

Monitoramento da criosfera terrestre: gelo e neve depositados nas regiões polares e *icebergs* também são estudados por satélites.

1.2.2 O sensoriamento remoto militar

Grande parte das aplicações de SR para fins militares é focada na detecção e classificação de alvos e no mapeamento de terrenos e instalações. Em geral, os dados orbitais (coletados por satélites) ou de sensores aerotransportados (coletados por aviões) usados para aplicações militares são considerados como *classificados* (não disponíveis para terceiros) e de alta resolução espacial. Como definido por Simonetti et al. (1983) e Jensen (2009), em termos bastante gerais e simples, considera-se como resolução espacial de um sistema sensor a menor separação espacial angular ou linear entre dois objetos que podem ser detectados. Um detalhamento mais aprofundado sobre o conceito de resolução espacial pode ser encontrado em Forshaw et al. (1983) e Townshend (1980).

Como uma imagem digital é constituída por *pixels*, costuma-se associar o tamanho do *pixel* com a resolução da imagem. Entretanto, essa definição dá a impressão de que somente podemos resolver objetos de tamanho maior, ou igual ao tamanho do *pixel*, o que nem sempre é verdade. Exemplos de alvos menores que o tamanho do *pixel*, que são visíveis devido ao seu alto contraste com *pixels* vizinhos, são mostrados por Schowengerdt (2007). O caso inverso pode ocorrer para uma imagem de radar de abertura sintética. Devido ao processo de geração da imagem, a resolução espacial associada a uma imagem de radar é, por vezes, o dobro do tamanho do *pixel*.

1.2.3 Os componentes do sensoriamento remoto

A Figura 1.1 mostra esquematicamente como se processa a aquisição de informação sobre um alvo (geralmente, mas não sempre, na superfície da Terra) por meio da técnica de SR. Os seguintes aspectos devem ser levados em conta:

a) As características da energia que incide sobre o alvo, quando proveniente de uma fonte tal qual o Sol, ou mesmo de uma antena de um sensor ativo como um radar, ou da energia que o próprio alvo emite (como nas aplicações de infravermelho termal [IVT]). Aí devemos levar em conta, por exemplo, a distribuição espectral, a intensidade e a polarização da radiação.

b) As características do meio em que essa energia se propaga (a atmosfera, ou coluna d'água para aplicações oceanográficas e limnológicas), isto é, as propriedades de absorção, espalhamento e emissão.

c) As propriedades do alvo (albedo, refletividade, rugosidade, emissividade etc.).

d) As próprias características do sensor (campo de visada, responsividade espectral, relação sinal/ruído, nível mínimo de resposta e variação ao grau de polarização (GDP) da radiação).

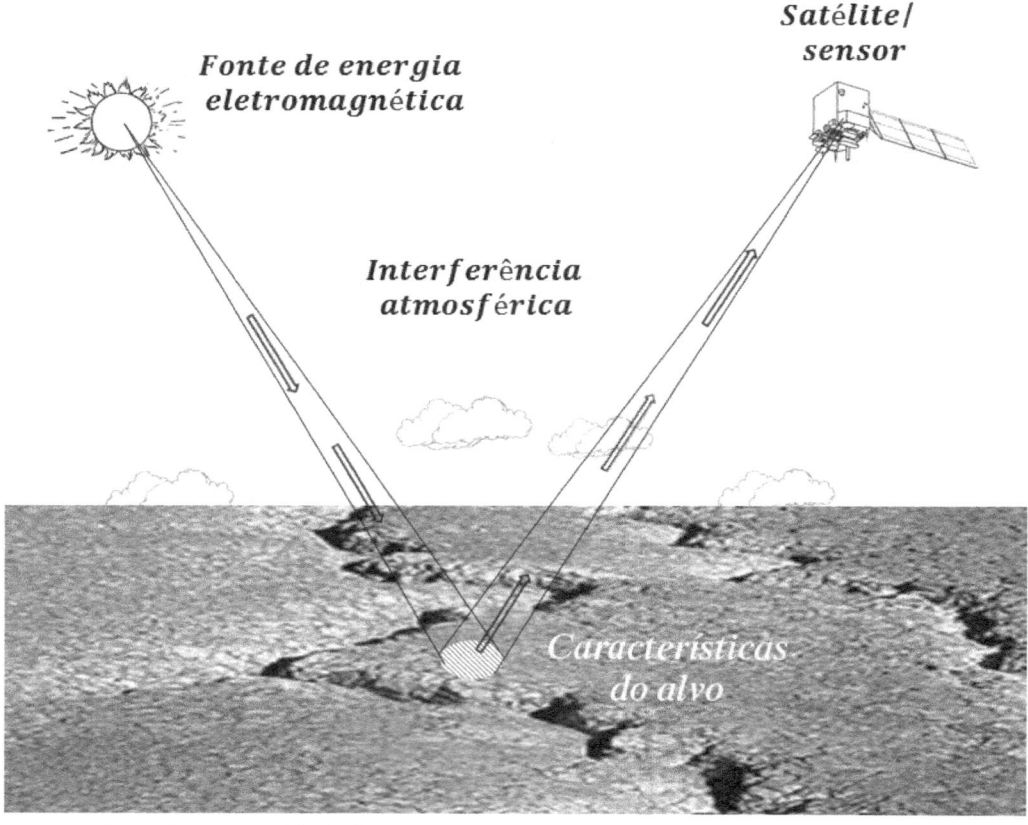

Figura 1.1 – Esquema simplificado dos principais componentes presentes em em um sistema de SR envolvendo fonte de energia, meio de propagação de radiação eletromagnética e características do alvo e do sensor.

A figura acima é mais condizente com o que se denomina de sensoriamento remoto refletido, isto é, a energia que chega ao sensor é dominada pela energia proveniente do Sol, que é refletida pelo alvo em direção ao sensor. Como veremos adiante, parte da energia que chega ao sensor é retroespalhada pela própria atmosfera. Para sensores ativos do tipo radar, em vez de a fonte de energia ser o Sol, o próprio sensor emite pulsos de energia eletromagnética, que são parcialmente retroespalhados de volta ao sensor. Na faixa do infravermelho termal, os sistemas sensores são desenhados para receber prioritariamente a energia emitida pelo alvo, que é, entre vários fatores, dependente de sua temperatura.

1.2.4 Os tipos de sensores e dados de sensoriamento remoto

Os sensores remotos podem ser classificados como *imageadores* ou *não imageadores*. Na maioria dos casos, utiliza-se um sensor remoto para a obtenção de uma imagem, ou uma cena de uma região, ou um alvo de interesse. Nesses casos, evidentemente, teremos um sensor imageador, isto é, seus dados são diretamente convertidos numa imagem.

Inúmeras aplicações de SR caracterizam-se pela obtenção de uma ou mais variáveis de uma cena somente ao longo de uma trajetória (normalmente, na direção nadir, ou seja, perpendicularmente abaixo do satélite), não sendo necessária a formação de uma imagem. Nesses casos, o que se obtém é uma sequência de medidas de um ou mais parâmetros ao longo de uma varredura definida. Esses tipos de sensores são denominados de sensores não imageadores. Por exemplo, os radares altimétricos e os escaterômetros (*scatterometers*) são sensores não imageadores utilizados para o levantamento das anomalias altimétricas de terrenos e oceanos e a medição do coeficiente de retroespalhamento radar, respectivamente.

Os sensores remotos também podem ser classificados em *passivos* ou *ativos*. No primeiro caso, o sensor capta a energia eletromagnética que é refletida ou emitida pelo alvo. Os sensores ativos captam a energia refletida ou retroespalhada pelos alvos que eles próprios emitiram. Na primeira categoria, estão incluídos os espectrômetros, espectrorradiômetros e radiômetros. Na categoria de sensores ativos, estão incluídos os radares imageadores, altimétricos e escaterômetros.

A escolha do tipo de sensor remoto a ser utilizado e dos dados a serem coletados por eles é fundamentalmente dependente do tipo de informação que estamos interessados em obter. Por exemplo, se estamos interessados em particular nas características espaciais de uma cena, devemos utilizar sensores imageadores. Os sensores imageadores podem ser espectrômetros ou radiômetros. Se as informações espectrais são nosso principal interesse, devemos utilizar espectrômetros (também chamados de sensores hiperespectrais), ou mesmo espectrorradiômetros. Muitas vezes, queremos obter informação sobre a magnitude de uma variável de um alvo. Nesses casos, são utilizados radiômetros, escaterômetros, ou mesmo polarímetros.

1.2.5 O espectro da radiação eletromagnética

A energia eletromagnética usada no SR, seja ela proveniente do Sol ou emitida pelos alvos, ou em pulsos por uma antena de radar, é normalmente dividida em regiões ou faixas espectrais, em termos de frequência ou comprimentos de onda. A Figura 1.2 mostra as principais faixas espectrais que compõem o espectro eletromagnético.

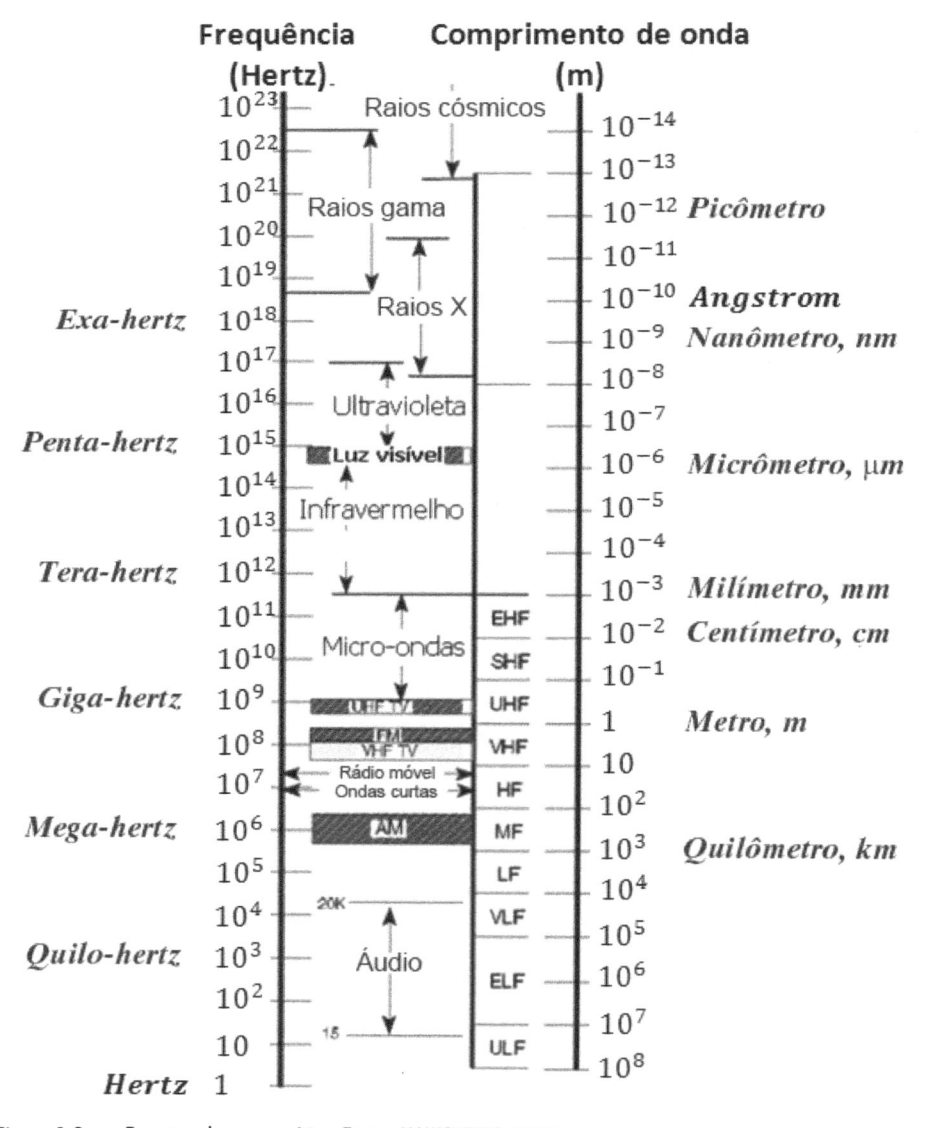

Figura 1.2 – Espectro eletromagnético. Fonte: NAWCWPNS, 1999.

Um hertz (1 Hz) corresponde a uma oscilação completa por segundo. Assim, temos:

1 quilo-hertz (KHz) = 1×10^3 ciclos por segundo, ou oscilações por segundo
1 mega-hertz (MHz) = 1×10^6 ciclos por segundo
1 giga-hertz (GHz) = 1×10^9 ciclos por segundo
1 tera-hertz (THz) = 1×10^{12} ciclos por segundo
1 mícron (μm) = 1×10^{-6} m (ou seja, 1/1.000 de 1 mm)
1 nanômetro (nm) = 1×10^{-9} m (1 milionésimo de 1 mm)

A Figura 1.3 mostra o espectro eletromagnético com um foco especial para a região do visível.

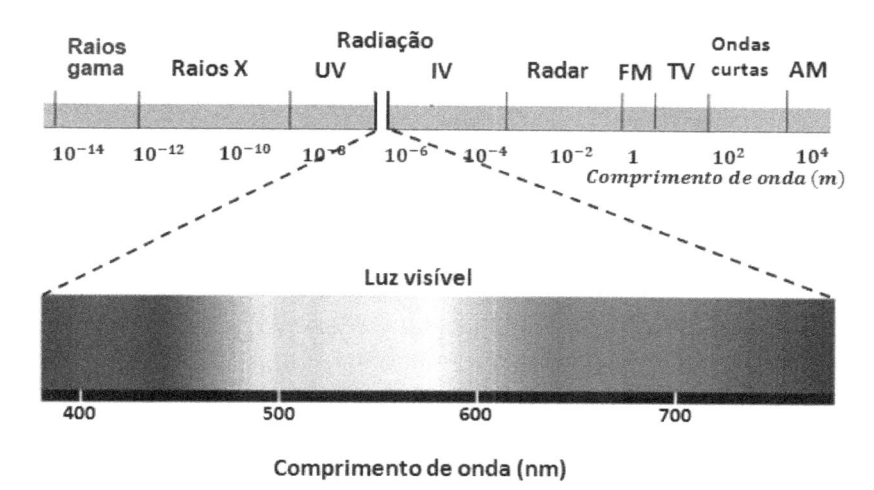

Figura 1.3 – Faixas espectrais com foco na faixa visível do espectro.

Embora haja diferença entre algumas publicações sobre os limites das várias faixas espectrais, podemos tomar a Tabela 1.1 como referência. A tabela detalha as subfaixas geralmente utilizadas no infravermelho (IV).

Em algumas publicações, tal como mostrado na Tabela 1.1, assume-se a faixa de micro-ondas estendendo-se de 1 mm a 30 cm. Esta definição é, por exemplo, encontrada em Campbell e Wynne (2011). Entretanto, em vários outros textos a faixa espectral de micro-ondas é descrita como de 1 mm a 1 m (Schowengerdt, 2007). A Figura 1.4, adaptada de Richards (2009), apresenta a disposição das bandas normalmente usadas no SR de micro-ondas e os respectivos sistemas de satélite que as usam. Aos sistemas de radares imageadores na banda X, podemos, ainda, indicar, em complementação à Figura 1.4, os satélites TerraSAR-X e COSMO-Skymed.

Tabela 1.1 – Faixas espectrais com as subdivisões no IV.

Faixas do espectro eletromagnético		Subfaixas do IV	
Raios-X	0,3 – 300 A	NIR/IVP	0,74 – 1 μm
Ultravioleta	300 A – 0,4 μm	SWIR/IVOC	1 – 3 μm
Visível	0,4 – 0,7 μm	MWIR/IVOM	3 – 5 μm
IV	0,7 μm – 1 mm	LWIR/IVOL	8 – 14 μm
Micro-ondas	1 mm – 30 cm	VLWIR/IVOML	14 – 1000 μm
Rádio	10 cm – 3 Km		

NIR (Near Infrared) ou IVP (infravermelho próximo)
SWIR (Short Wave Infrared) ou IVOC (infravermelho de ondas curtas)
MWIR (Mid Wave Infrared) ou IVOM (infravermelho de ondas médias)
LWIR (Long Wave Infrared) ou IVOL (infravermelho de ondas longas)
VLWIR (Very Long Wave Infrared) ou IVOML (infravermelho de ondas muito longas)

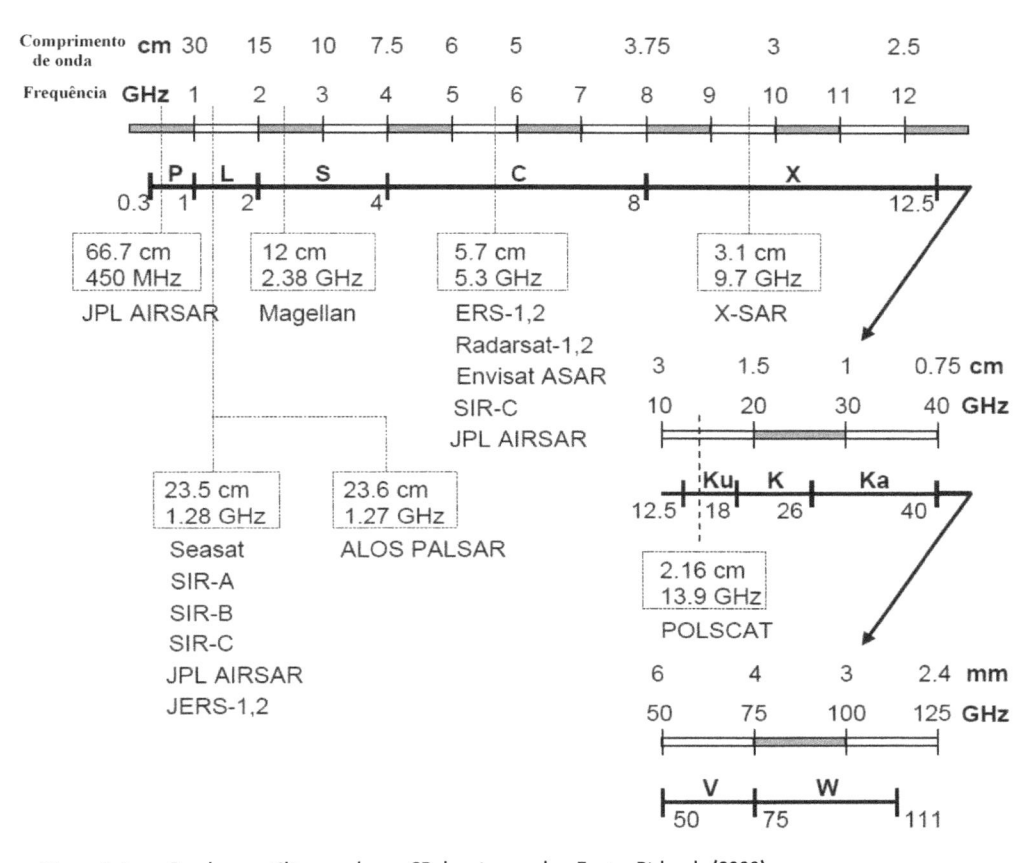

Figura 1.4 – Bandas e satélites usados no SR de micro-ondas. Fonte: Richards (2009).

A ENERGIA SOLAR NA TERRA

2.1 O ESPECTRO SOLAR E SUA ATENUAÇÃO NA ATMOSFERA TERRESTRE

O espectro solar, isto é, a distribuição da radiação eletromagnética (REM) emitida pelo Sol em função do comprimento de onda ou frequência, vai desde os raios gama até os comprimentos de ondas de rádio. A energia eletromagnética (Joule) gerada pelo Sol é emitida em todas as direções do espaço. O Sol está a uma distância média de aproximadamente 149 milhões de quilômetros da Terra, com essa distância variando entre 146 e 152×10^6 km ao longo do ano. Se imaginarmos esferas com centro no Sol e diferentes raios, é evidente que, por conservação de energia, a quantidade de energia solar, por unidade de tempo (Joule/s ou Watts), que atravessa cada uma dessas esferas deve ser a mesma (no vácuo espacial não há perda). Como a área dessas esferas ($A = 4\pi R^2$, onde R é o raio da esfera) cresce com o quadrado de seus respectivos raios, a quantidade de energia por unidade de tempo e por unidade de área, ou o que se denomina de irradiância (W/m^2), deve decrescer com o quadrado da distância do Sol.

A variação da irradiância quadrática inversa com a distância faz os diversos planetas do sistema solar receberem quantidades muito diferentes de energia solar (por unidade de área e tempo). Como exemplo, consideremos os planetas Mercúrio e Plutão, respectivamente, o mais próximo e o mais distante do Sol (0,39 e 39,52 vezes a distância Terra-Sol). Mercúrio tem temperaturas médias de 427 °C no lado iluminado, e Plutão tem temperaturas superficiais variando entre –229 e –240 °C.

Se tomarmos a distância média Terra-Sol, a irradiância solar, integrada em todo o espectro de comprimentos de onda (ou frequência), que chega ao topo da atmosfera terrestre, e para uma superfície cuja normal é orientada na direção do Sol, E_s, denominada de *constante solar*, temos o seguinte valor (Liou, 2002),

$$E_s = 1367 \ Wm^{-2} \quad \left(Watts/metro^2, ou \ Joules/segundo \ por \ metro^2 \right) \tag{2.1}$$

Esta é a densidade média de energia disponível para ser coletada por um satélite artificial colocado a grande altura, acima da atmosfera terrestre. Embora tenha essa denominação, o que chamamos por constante solar apresenta uma variação de uma fração de 1% nas escalas temporais de minutos a décadas; entretanto, no decorrer do ano, devido à elipticidade da órbita da Terra em torno do Sol, E_s apresenta uma variação de ± 50 Wm^{-2}, ou seja, uma variação da ordem de 3,5%.

Como será mostrado mais à frente, como consequência da temperatura típica de a superfície do Sol ser da ordem de 6.000 K, o espectro solar tem seu pico na região do visível. A Figura 2.1 mostra o espectro solar (de 0,2 a 2,6 μm) no topo da atmosfera comparado à irradiância teórica de um corpo negro (esse conceito será explicado em detalhes mais adiante) a uma temperatura de 6.050 K.

As quantidades médias de irradiância e sua contribuição percentual para o espectro total que compõe a constante solar nas diversas faixas de maior interesse para o SR são apresentadas na Tabela 2.1.

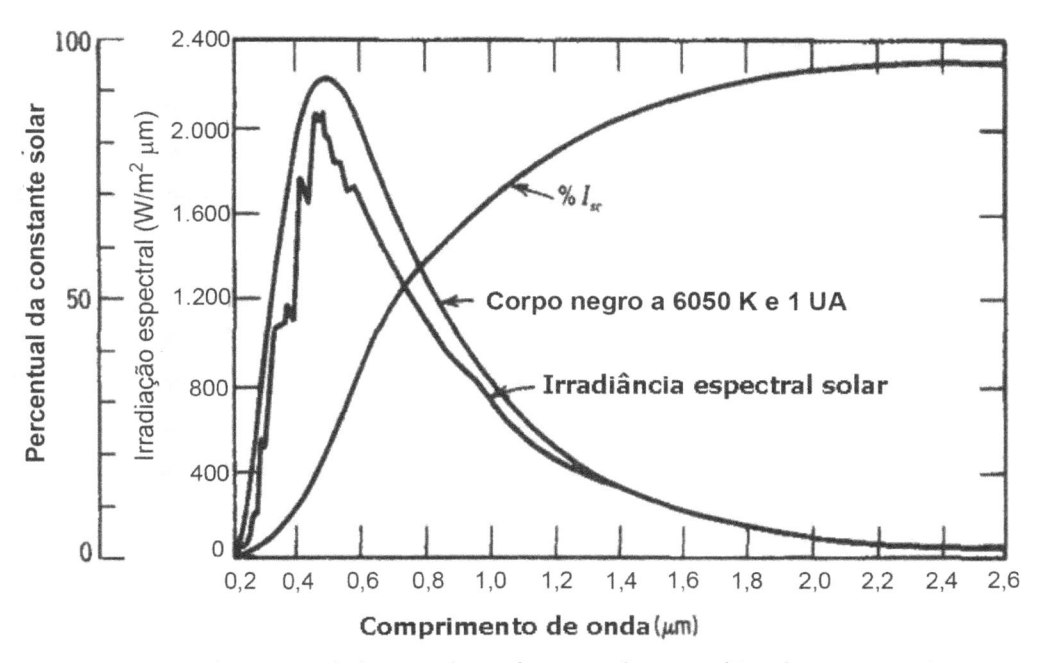

Figura 2.1 – Irradiância espectral solar no topo da atmosfera comparada com a irradiância de um corpo negro à temperatura de 6.050 K. Observe também a curva cumulativa de irradiância. Fonte: Stine e Harrigan (1985).

Tabela 2.1 – Distribuição do espectro solar por faixas espectrais.

Faixa espectral	Comprimento de onda (nm)	Irradiância (Wm^{-2})	Fração de E_s (%)
Ultravioleta e ondas mais curtas	< 350	62	4,5
Ultravioleta próximo	350 – 400	57	4,2
Visível	400 – 700	522	38,2
Infravermelho próximo	700 – 1000	309	22,6
Infravermelho em diante	> 1.000	417	30,5
Total		1.367	100

Embora seja importante, para o SR, conhecermos o espectro solar presente no topo da atmosfera, é até mais importante determinarmos a distribuição espectral da energia solar que chega à superfície da Terra. A energia solar em seu caminho do topo da atmosfera até a superfície sofre processos de absorção, reemissão e espalhamento múltiplo na atmosfera. A intensidade e a distribuição espectral da radiação solar na superfície terrestre dependem do ângulo zenital do Sol (ângulo entre a vertical num dado ponto da superfície e a direção de incidência da radiação) e da composição da atmosfera, isto é, seu conteúdo de vapor d'água e nuvens, gases constituintes, poeira, aerossóis etc. O ângulo zenital solar é função da hora do dia, do dia do ano e da latitude.

A Figura 2.2 mostra o espectro solar no topo da atmosfera e na superfície da Terra. As regiões onde as duas curvas são praticamente iguais correspondem a pouca ou uma atenuação desprezível. As regiões onde o espectro na superfície sofre forte decréscimo correspondem a bandas de absorção ou atenuação por espalhamento. Vemos que o espectro solar na superfície terrestre apresenta inúmeras regiões de alta atenuação, como no ultravioleta causado pelo ozônio (O_3), e inúmeras bandas de absorção por vapor d'água e dióxido de carbono (CO_2).

A Figura 2.3 mostra em mais detalhe a atenuação da energia solar ao atravessar a atmosfera, causada por absorção e espalhamento de diferentes gases, vapor d'água e aerossóis.

A transmitância atmosférica costuma ser bastante alta na faixa do visível do espectro (400 a 700 μm), decaindo rapidamente nas proximidades de 300 nm e daí para comprimentos de onda mais curtos, em que o ozônio absorve fortemente no ultravioleta. Entre 300 e 400 nm, predomina o forte espalhamento atmosférico, que produz grande quantidade de luz difusa, reduzindo em demasia o contraste das imagens. No visível, e para uma atmosfera limpa, as perdas são causadas principalmente por espalhamento molecular e aerossóis, com pouca atenuação por absorção.

No infravermelho próximo (IVP) e de ondas curtas (0,7 a 3 μm), temos várias bandas de absorção pelas moléculas d'água; uma banda de absorção por dióxido de carbono está presente na região de 2,8 μm. Entre 3 e 5 μm, no infravermelho termal (IVT) de ondas médias, temos uma "janela atmosférica", isto é, uma região de baixa atenuação atmosférica, entre 3,2 e 4,2 μm. Entre 5 e 8 μm, há uma forte banda de absorção devida ao vapor d'água.

Entre 8 e 15 μm, temos outra importante janela atmosférica, que contém uma diminuição entre 9 e 10 μm devido ao ozônio. A faixa espectral entre 15 μm e 1 mm não é muito utilizada em SR por apresentar baixa transmitância, principalmente devido ao vapor d'água e à baixa sensitividade de detectores operando nessa faixa.

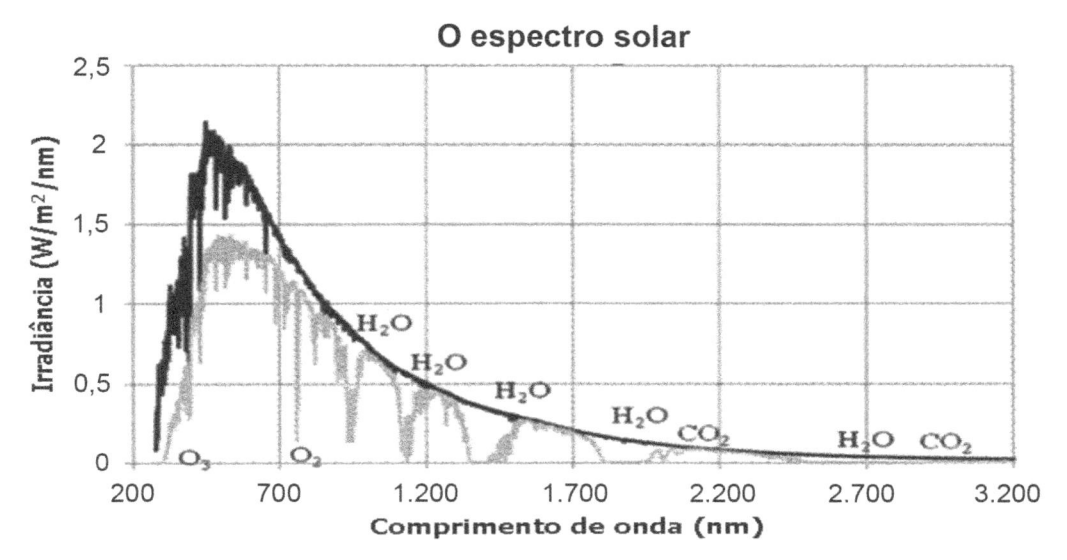

Figura 2.2 – O espectro solar no topo da atmosfera (linha preta) e na superfície (linha cinza) com as respectivas bandas de absorção por vapor d'água, gás carbônico e ozônio. Fonte: http://homepages.ius.edu/kforinas/ClassRefs/GlobalWarming_files/greenhouseeffect.htm.

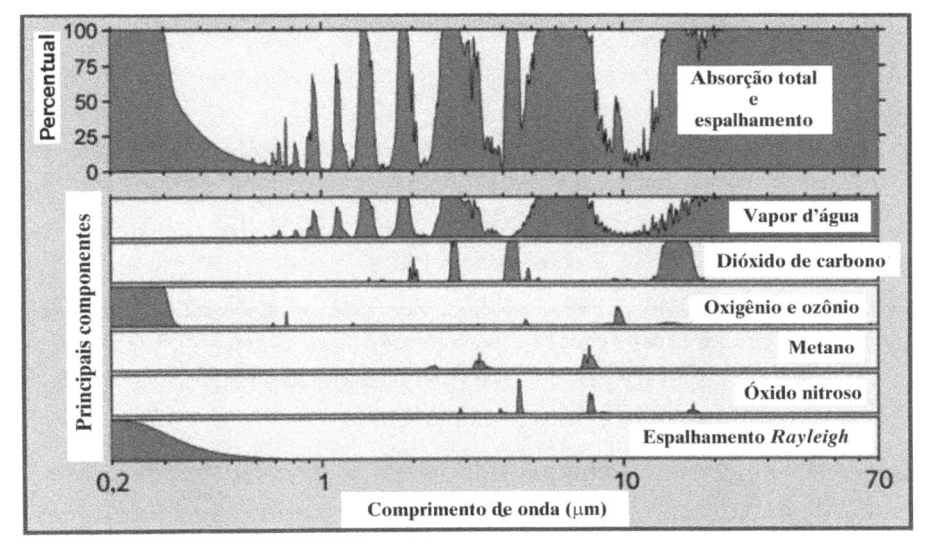

Figura 2.3 – Efeito atmosférico de atenuação da irradiância solar por absorção e espalhamento causado por diferentes componentes atmosféricos. Adaptado de Climate Change Education Org. (http://climatechangeeducation.org/).

A Figura 2.4 mostra a atenuação atmosférica na região das micro-ondas. Vê-se que, para frequências maiores que 30 GHz, temos várias bandas de absorção de oxigênio molecular e vapor d'água. Nas proximidades dos comprimentos de onda de 1 mm (300 GHz) estamos entrando na faixa de comprimentos de onda curtos de radar, também chamada de banda K. Nessa faixa está presente um pouco de radiação termal emitida pela Terra, embora de intensidade bastante baixa devido à baixa temperatura terrestre. Nas faixas de micro-ondas entre 10 mm (30 GHz) e uns poucos metros (~0,1 GHz), a transmitância atmosférica é relativamente alta. Para além da faixa de micro-ondas e radar (frequências mais baixas), entramos nas faixas do espectro eletromagnético utilizadas para transmissões de rádio e televisão, por exemplo.

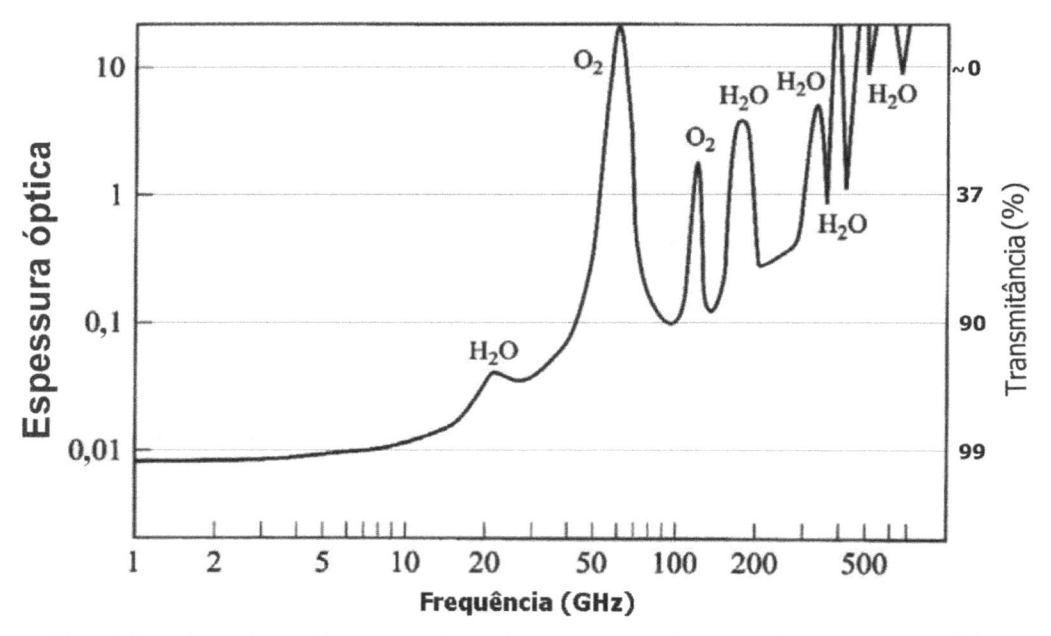

Figura 2.4 – Atenuação total de uma atmosfera-padrão para a região das micro-ondas. A transmitância (τ) é calculada a partir da espessura ou profundidade óptica (δ) por $\tau = \exp(-\delta)$. Picos de absorção são indicados pelo aumento na profundidade óptica e diminuição da transmitância. Fonte: Rees, 2001.

Deve ser ressaltado que a energia solar no topo da atmosfera terrestre é composta somente de radiação direta, ou seja, a radiação provém de uma direção bem determinada. Após sofrer espalhamento atmosférico (isto é, desvios de sua direção original), a energia solar passa a ter uma componente de radiação direta e uma componente de radiação difusa.

2.2 A VARIAÇÃO DA RADIAÇÃO SOLAR EM UM DADO PONTO DA SUPERFÍCIE DA TERRA AO LONGO DO ANO

Um dos mais importantes parâmetros usados para a determinação da radiação solar num ponto da superfície da Terra é a declinação solar. A Figura 2.5 indica como é definida a declinação solar. Ao longo do ano, ela varia de +23° 56' no dia 22 de junho, chamado de solstício de verão do hemisfério norte ou de inverno no hemisfério sul, a −23° 56' no dia 22 de dezembro, chamado de solstício de inverno no hemisfério norte ou de verão no hemisfério sul. Nos dias 21 de março e 22 de setembro, a declinação solar é zero, denominados, respectivamente, de equinócio da primavera no hemisfério norte (outono no hemisfério sul) e de equinócio de outono no hemisfério norte (primavera no hemisfério sul).

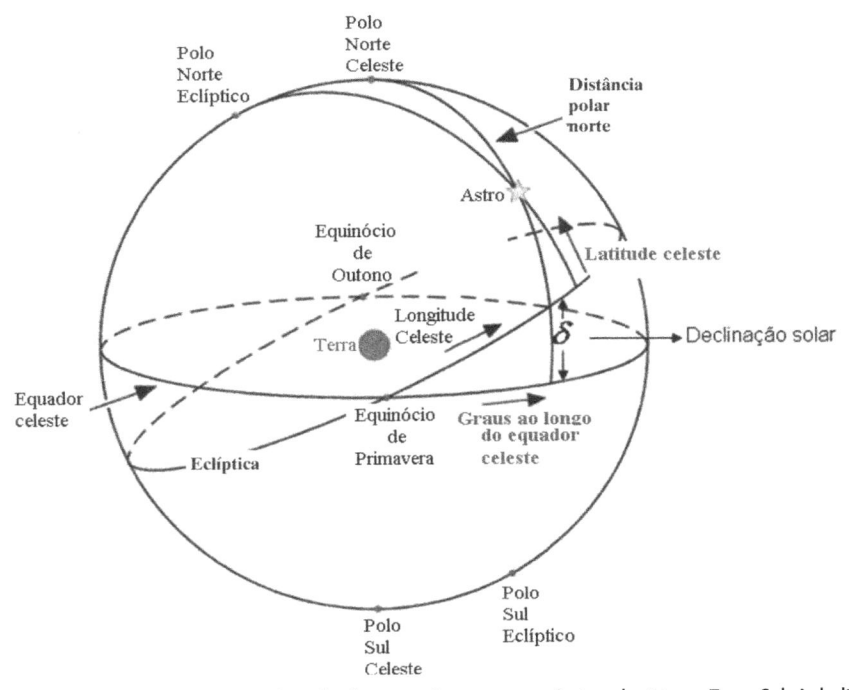

Figura 2.5 – Representação esquemática de alguns parâmetros astronômicos do sistema Terra-Sol. A declinação solar (δ) é a medida angular, desde o equador celeste até a eclíptica, ao longo de um meridiano passando pelo Sol.

A Figura 2.6 mostra como a Terra está orientada em relação ao Sol para diferentes épocas do ano.

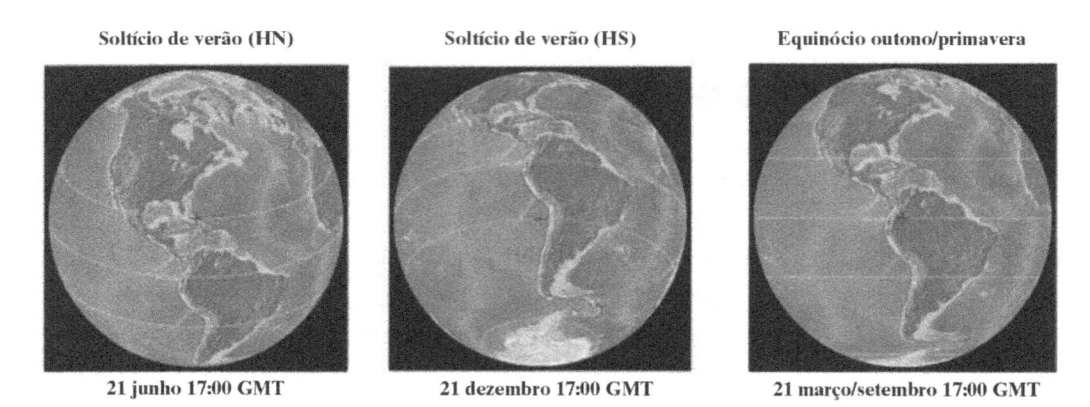

Soltício de verão (HN)	Soltício de verão (HS)	Equinócio outono/primavera
21 junho 17:00 GMT	21 dezembro 17:00 GMT	21 março/setembro 17:00 GMT

Figura 2.6 –   Orientações da Terra em relação ao Sol para os períodos de solstício de verão do hemisfério norte (à esquerda), solstício de verão do hemisfério sul (ao centro) e equinócio de outono ou primavera (à direita).

A Tabela 2.2 fornece a declinação solar em função do dia para um ano bissexto.

Tabela 2.2 – Declinação solar: valores médios para um período de quatro anos de um ciclo bissexto.

Dia	JAN	FEV	MAR	ABR	MAI	JUN	JUL	AGO	SET	OUT	NOV	DEZ
1	−23.06	−17.34	−7.50	4.63	15.13	22.09	23.11	17.97	8.21	−3.25	−14.51	−21.85
2	−22.98	−17.05	−7.12	5.01	15.43	22.22	23.04	17.72	8.85	−3.64	−14.83	−22.00
3	−22.89	−16.76	−6.73	5.40	15.73	22.34	22.96	17.46	7.48	−4.03	−15.14	22.14
4	−22.80	−16.47	−6.35	5.78	16.02	22.46	22.88	17.19	7.11	−4.42	−15.46	−22.27
5	−22.70	−16.17	−5.96	6.16	16.31	22.58	22.78	16.92	6.74	−4.80	−15.76	−22.40
6	−22.59	−15.87	−5.57	6.53	16.59	22.68	22.69	16.65	6.37	−5.19	−16.06	−22.52
7	−22.47	−15.56	−5.19	6.91	16.87	22.78	22.58	16.37	6.00	−5.57	−16.36	−22.64
8	−22.35	−15.25	−4.79	7.28	17.14	22.87	22.47	16.09	5.62	−5.95	−16.65	−22.74
9	−22.21	−14.93	−4.40	7.66	17.41	22.96	22.35	15.80	5.25	−6.33	−16.94	−22.84

Dia	JAN	FEV	MAR	ABR	MAI	JUN	JUL	AGO	SET	OUT	NOV	DEZ
10	−22.07	−14.61	−4.01	8.03	17.67	23.04	22.23	15.51	4.87	−6.71	−17.22	−22.93
Dia	JAN	FEV	MAR	ABR	MAI	JUN	JUL	AGO	SET	OUT	NOV	DEZ
11	−21.93	−1429	−3.62	8.39	17.93	23.11	22.09	15.21	4.49	−7.09	−17.50	−23.01
12	−21.77	−13.93	−3.23	8.76	18.18	23.18	21.96	14.91	4.11	−7.47	−17.77	−23.09
13	−21.61	−13.63	−2.83	9.12	18.43	23.23	21.81	14.61	3.73	−7.84	−18.04	−23.16
14	−21.45	−13.29	−2.44	9.48	18.67	23.29	21.66	14.30	3.34	−8.22	-18.30	−23.22
15	−21.27	−12.95	−2.04	9.84	18.91	23.33	21.51	13.99	2.96	−8.59	−18.56	−23.27
16	−21.09	−12.61	−1.65	1019	19.14	23.37	21.35	13.67	2.57	−8.96	−18.81	−23.32
17	−20.00	−12.26	−1.25	10.55	19.37	23.40	21.18	13.36	2.19	−9.33	−19.06	−23.35
18	−20.71	−11.91	−0.86	10.89	19.59	23.42	21.00	13.03	1.80	−9.69	−19.30	−23.38
19	−20.51	−11.56	−0.46	11.24	19.81	23.44	20.82	12.71	1.41	−10.06	−19.53	−23.41
20	−20.30	−11.20	−0.04	11.58	20.02	23.45	20.64	12.38	1.03	−10.42	−19.76	−23.42
Dia	JAN	FEV	MAR	ABR	MAI	JUN	JUL	AGO	SET	OUT	NOV	DEZ
21	−20.09	−10.84	0.33	11.92	20.23	23.46	20.44	12.05	0.64	−10.77	−19.98	−23.43
22	−19.87	−10.48	0.72	12.26	20.43	23.45	20.25	11.71	0.25	−11.13	−20.20	−23.42
23	−19.64	−10.12	1.12	12.60	20.62	23.44	20.04	11.38	−0.14	−11.48	−20.41	−23.41
24	−19.41	−9.75	1.51	12.93	20.81	23.42	19.84	11.03	−0.53	−11.83	−20.61	−23.40
25	−19.17	−9.38	1.90	13.25	20.99	23.40	19.62	10.69	−0.92	−12.18	−20.81	−23.37
26	−18.92	−9.01	2.30	13.57	21.16	23.37	19.40	10.34	−1.31	−12.52	−21.00	−23.34
27	−18.67	−8.63	2.69	13.89	21.33	23.33	19.18	9.99	−1.70	−12.86	−21.18	−23.30
28	−18.42	−8.26	3.08	14.21	21.50	23.39	18.95	9.64	−2.09	−13.20	−21.36	−23.25
29	−18.15	−7.88	3.47	14.52	21.65	23.24	18.71	9.29	−2.48	−13.53	−21.53	−23.19
30	−17.89		3.86	14.83	21.80	23.18	18.47	8.93	−2.87	−13.86	−21.69	−23.13
31	−17.61		4.24		21.95		18.22	8.57		−14.19		−23.06

Vejamos como podemos determinar a radiação solar incidente sobre uma superfície horizontal num determinado dia e horário e no topo da atmosfera, correspondente a uma determinada latitude. Para isso, começamos com a irradiância solar para a distância média Terra-Sol no topo da atmosfera e para uma superfície orientada normal ao feixe solar, isto é, a constante solar E_s. Para um determinado dia de interesse, a distância da Terra ao Sol pode ser diferente da distância média. Dessa forma, temos de corrigir a irradiância solar pelo seu decaimento quadrático com a distância. Assim, a irradiância extraterrestre (no topo da atmosfera), incidente sobre uma superfície normal aos raios solares, I_{on}, é dada por:

$$I_{0n} = E_s \left(\frac{r_0}{r} \right)^2 = E_S \cdot E_0 \tag{2.2}$$

onde r_0 = distância média Terra-Sol e r = distância Terra-Sol para o dia desejado. Quando r_0 = r, temos I_{on} = E_s. Quando r > r_0 (isto é, quando a distância Terra-Sol é maior que o valor médio), I_{on} é menor que a constante solar. Quando r < r_0 (isto é, quando a Terra se encontra a uma distância do Sol inferior à distância média), I_{on} é maior que a constante solar. O fator E_0 pode ser calculado pela seguinte expressão:

$$E_0 = \left(\frac{r_0}{r} \right)^2 = 1,000110 + 0,034221 \cos \Gamma + 0,001280\, sen\, \Gamma +$$
$$+ 0,000719 \cos 2\Gamma + 0,000077\, sen\, 2\Gamma \tag{2.3}$$

onde

$$\Gamma (rad) = \text{ângulo dia} = 2\pi (d_n - 1)/365 \tag{2.4}$$

d_n = número do dia (1 – 365); fevereiro com 28 dias

Para uma superfície horizontal, cuja normal vertical (z) faça com o Sol um ângulo zenital θ_z (ver Figura 2.7), a irradiância deve ser corrigida projetando-se a irradiância correspondente a uma incidência normal para a nova direção, isto é, a irradiância será dada por:

$$I_0 = I_{0n} \cdot \cos \theta_z \tag{2.5}$$

O ângulo zenital solar (θ_z) pode ser determinado conhecendo-se a declinação solar (δ) para o dia em questão, em função da latitude do local (ϕ) e do ângulo horário solar (ω), que é definido como o tempo (convertido em graus: 1 h = 15°) que falta para o meridiano local ou que passou dele.

$$I_0 = E_s \cdot E_0 \cdot \cos\theta_s = E_s \cdot E_0 \cdot \left(sen\,\delta \cdot sen\,\phi + \cos\delta\cos\phi \cdot \cos\omega \right) \tag{2.6}$$

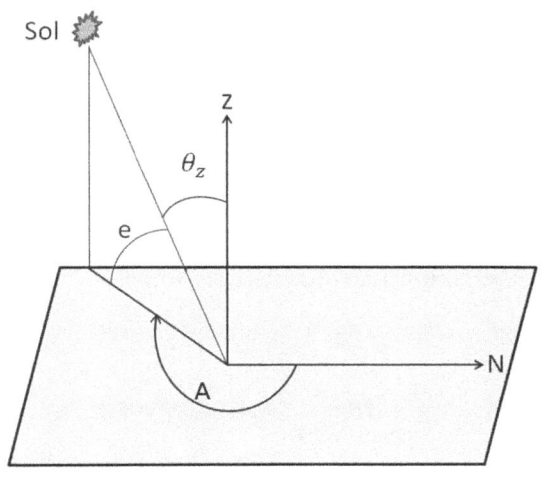

Figura 2.7 – Ângulos zenital (θ_z), de elevação (e) e azimutal (A) do Sol para um ponto cuja vertical zenital seja a direção z. N representa a direção norte, vista por um observador na origem.

A quantidade de energia por unidade de área, recebida num curto intervalo de tempo dt, é dada por:

$$dI_0 = E_s E_0 \cdot \cos\theta_z \cdot dt \quad \left[\text{J m}^{-2} \right] \tag{2.7}$$

Em vários textos, esse cálculo é realizado com dt normalmente dado em horas, e a constante solar E_s, em kJm^{-2}h^{-1}. Agora, 1 Wm^{-2} = 1 Js^{-1}m^{-2} = 3.600 J h^{-1}m^{-2} = $3{,}6 \times 10^3$ J h^{-1}m^{-2} = 3,6 kJ h^{-1}m^{-2}. Nesse caso, a constante solar seria dada por:

$$E_s = 1.367 \times 3{,}6 = 4.921 \text{ kJ h}^{-1}\text{m}^{-2} \tag{2.8}$$

O termo em θ_z contém o ângulo horário solar ω. O tempo em horas pode ser convertido para ângulo horário solar como:

$$\Omega = \frac{2\pi\ rad}{24\ horas} = \frac{d\omega}{dt} \Rightarrow dt = \left(\frac{12}{\pi}\right)d\omega \tag{2.9}$$

Onde Ω = velocidade angular de rotação da Terra em torno de seu eixo. Portanto, a expressão (2.7) pode ser dada em função do ângulo horário como:

$$dI_0 = (12/\pi)E_s E_0 (sen\,\delta\,sen\,\phi + cos\delta\,cos\phi\,cos\omega)d\omega \tag{2.10}$$

Para uma hora qualquer do nascente ao poente, a radiação solar que chega ao topo da atmosfera no período de uma hora pode ser calculada integrando-se a equação anterior para o intervalo em ω_i, de ½ hora antes a ½ depois do horário desejado. Assim, teríamos

$$I_0 = \frac{12}{\pi}E_s E_0 \int_{\omega_i - \frac{\pi}{24}}^{\omega_i + \frac{\pi}{24}} (sen\,\delta\,sen\,\phi + cos\delta\,cos\phi\,cos\omega)d\omega =$$

$$= E_s E_0 \left(sen\,\delta\,sen\,\phi + \left(\frac{24}{\pi}\right)sen\left(\frac{\pi}{24}\right)cos\delta\,cos\phi\,cos\omega_i\right) \tag{2.11}$$

A expressão (2.11) fornece a irradiação solar [Jm^{-2}] para o período de 1 hora centrado no horário dado pelo ângulo horário solar ω_i. Note que ela é muito semelhante à expressão (2.6) que fornece a irradiância solar [$Jm^{-2}s^{-1}$] em função da declinação, da latitude e do ângulo horário solar, mas difere levemente pelo fator $(24/\pi) \cdot sen(\pi/24)$. Entretanto, como $(24/\pi) \cdot sen(\pi/24) = 0{,}997 \approx 1$, podemos simplificar a expressão anterior para

$$I_0 = E_s E_0 (sen\,\delta \cdot sen\,\phi + cos\delta \cdot cos\phi \cdot cos\omega_i) \tag{2.12}$$

Esta é a equação simplificada que fornece a irradiação solar extraterrestre, no período de 1 hora, centrado num horário expresso em termos do ângulo horário solar ω_i.

Para exemplificar, vamos calcular a irradiação solar extraterrestre sobre uma superfície horizontal na cidade de São José dos Campos, SP (23° 11' 11" S), para o dia 16 de outubro, às 10h30 (horário local).

Solução:

Em 16 de outubro, $E_0 = 1,0064$, $\delta = -8,67°$, $\omega_i = 22,5°$ no meio do período entre 10h e 11h (horário local), pois

$$\frac{\pi}{12}\left(\frac{rad}{h}\right) \times 1,5h \times \frac{180}{\pi} = 22,5°$$

Assim,

$$I_0 = 1367 \times 3,6 \cdot \left[sen(-8,67°) \cdot sen(-23,19°) + \right.$$
$$\left. + \cos(-8,67°) \cdot \cos(-23,19°) \cdot \cos(22,5°) \right] =$$
$$= 4.423,4 \text{ kJ m}^{-2} (h^{-1})$$

A Figura 2.8 mostra a radiação solar incidente sobre uma superfície horizontal no topo da atmosfera terrestre, integrada sobre a duração das horas iluminadas (o que é algumas vezes denominado de insolação) como função da latitude e data, expressa em unidades de megajoules por metro quadrado por dia. Fica clara na figura a crescente variação da quantidade de energia disponível ao longo do ano à medida que vamos das regiões de baixas latitudes para médias e altas latitudes. Este é um importante fator a ser considerado na interpretação de imagens de SR obtidas por sensores que operam na faixa visível do espectro.

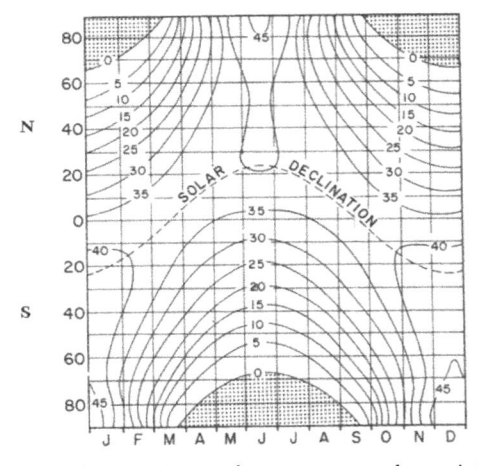

Figura 2.8 – Insolação (MJm^{-2}dia^{-1}) no topo da atmosfera terrestre como função da latitude e data. Adaptado por Wallace e Hobbs (1977) de List (1951).

EXERCÍCIOS

2.1 Considere a cidade onde você nasceu. Imagine que o sensor a bordo do satélite Landsat obtém uma imagem dessa cidade sempre no horário local de 10h30 am. Calcule para essa localidade a irradiância solar incidente sobre uma superfície horizontal e no topo da atmosfera para as seguintes datas: a) 21 de março; b) 21 de junho; c) 23 de setembro; d) 22 de dezembro. Analise os resultados obtidos e veja se as condições de iluminação das cenas variam pouco ou significativamente ao longo do ano. Que impacto essas variações poderiam ter ao se comparar imagens coletadas em diferentes estações do ano?

2.2 Para a cidade de São José dos Campos (SP) e para as datas abaixo, faça os gráficos mostrando a variação ao longo do dia (parte iluminada) da irradiância solar no topo da atmosfera e para uma superfície horizontal. Considere as seguintes durações de iluminação para São José dos Campos: a) 21 de março: 12h; b) 21 de junho: 10,57h; c) 23 de setembro: 12h; d) 22 de dezembro: 13,43h.

2.3 No dia 11 de junho, um observador situado no hemisfério sul anotou que, ao posicionar uma vareta reta de comprimento 30 cm bem na vertical, sua sombra projetada pelo Sol do meio-dia tinha o comprimento de 50 cm. A partir dessas informações e dispondo de uma tabela de declinação solar, calcule qual era a latitude do ponto onde foi feita essa observação.

A NATUREZA DA RADIAÇÃO ELETROMAGNÉTICA

3.1 INTRODUÇÃO

A luz, considerada num sentido amplo, isto é, a radiação eletromagnética (REM), vem ao longo dos séculos desafiando os cientistas com seu caráter dual. Apresenta características de fenômeno ondulatório (frequência, comprimento de onda, refração, difração, interferência etc.) e, em outras circunstâncias, comporta--se como constituída de partículas discretas, ou pacotes de energia, com existência discreta como se concentrada em pontos no espaço.

Em 1865, James C. Maxwell apresentou pela primeira vez uma teoria físico--matemática completa e unificada dos fenômenos elétricos e magnéticos, incorporando todos os estudos anteriores sobre esses fenômenos. Analisando os resultados das investigações realizadas por inúmeros cientistas sobre os fenômenos elétricos e magnéticos, Maxwell foi capaz de deduzir quatro equações diferenciais fundamentais do eletromagnetismo. Através dessas quatro equações, passou a ser possível a explicação de todos os fenômenos da eletricidade e do magnetismo (ao menos quanto ao seu caráter ondulatório). Com base nas equações de Maxwell, foi possível a previsão das ondas eletromagnéticas e de suas características.

Com a divulgação da teoria ondulatória de Maxwell, ganhou ênfase a hipótese de que a luz realmente teria um caráter ondulatório, portanto, de ondas, tal como imaginado, por exemplo, por Newton. Essa nova teoria apresentava uma consistência tão grande que parecia encerrar definitivamente as discussões sobre o caráter ondulatório ou corpuscular da luz. Veremos, entretanto, mais adiante que, na virada do século 19 para o século 20, alguns experimentos apresentavam resultados em completo desencontro com as previsões da teoria de Maxwell; estava nascendo a teoria quântica. É importante ser mencionado desde já que nenhum desses dois pontos de vista da REM, ondulatório ou corpuscular, pode ser tomado como absolutamente correto e o outro, consequentemente, incorreto. Pode-se dizer que, para determinados fenômenos, tais como a propagação da radiação, a teoria de Maxwell é a mais adequada. Entretanto, para os processos de interação da radiação com a matéria, no nível molecular ou atômico, a REM se comporta corpuscularmente, não funcionando aí a visão ondulatória. Podemos dizer que as teorias ondulatória e corpuscular são complementares, em vez de excludentes.

Para muitas das aplicações e teorias usadas no sensoriamento remoto (SR), assume-se que a radiação refletida ou retroespalhada pelos alvos em direção ao sensor é uma onda eletromagnética (OEM), composta de dois campos oscilantes e propagantes, um elétrico e outro magnético. Para podermos entender melhor as características dessas ondas eletromagnéticas, descritas pelas equações de Maxwell, devemos, em primeiro lugar, ter uma noção clara do que se entende por *campo elétrico* e *campo magnético*.

3.2   O CAMPO ELÉTRICO (E)

A experiência mostra que duas cargas elétricas pontuais e estacionárias, q_1 e q_2 C (Coulombs), separadas entre si por uma distância r, sofrem a ação de uma força F_E que é proporcional ao produto das duas cargas e inversamente proporcional ao quadrado da distância entre elas, isto é, seu módulo é dado por

$$F_E \approx \frac{q_1 q_2}{r^2} \tag{3.1}$$

No vácuo, e no sistema de unidades MKSA (metro, kilograma, segundo, ampere), a constante de proporcionalidade entre os dois termos, determinada por experimentação, tem a forma $1/4\pi\varepsilon_0$, onde $e_0 = 8{,}854 \times 10^{-12}$ C^2/Nm^2 é chamada de *permitividade do vácuo*.

Se as duas cargas tiverem o mesmo sinal (positivo ou negativo), a força elétrica entre elas será repulsiva. Se os sinais das cargas forem diferentes, a força elétrica será de atração. A direção da força elétrica é na do vetor que une as duas cargas, como indicado na Figura 3.1.

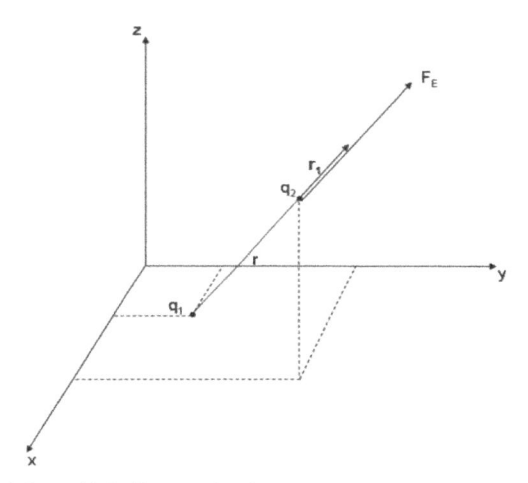

Figura 3.1 – Ilustração da força elétrica $\mathbf{F}_E$, atuando sobre a carga q_2, que se encontra separada da carga q_1 por uma distância r. Neste caso, q_1 e q_2 têm o mesmo sinal.

Se as cargas tiverem sinais opostos, $\mathbf{r}_1$ e $\mathbf{F}_E$ terão sentido oposto ao indicado na figura. Assim, vetorialmente, escrevemos,

$$\vec{F}_E = \frac{1}{4\pi\varepsilon_0}\frac{q_1 q_2}{r^2}\vec{r}_1 \tag{3.2}$$

onde $\mathbf{r}_1$ é um vetor unitário na direção da reta que liga q_1 a q_2.

Para definirmos o vetor campo elétrico $\mathbf{E}$ num determinado ponto do espaço, colocamos nele uma pequena carga elétrica de prova q_0 e medimos a força elétrica $\mathbf{F}_E$ que atua sobre a carga. O *campo elétrico* presente no ponto em questão é, então, definido como a razão entre a força elétrica e a carga, isto é,

$$\vec{E} = \frac{\vec{F}_E}{q_0}\left(\frac{N}{C}\right) \tag{3.3}$$

Portanto, o campo elétrico é uma grandeza vetorial (com direção e magnitude), e sua unidade é força (Newtons, N) por unidade de carga (Coulomb, C). Conhecendo-se o campo elétrico presente num ponto do espaço, a força elétrica que atua sobre uma carga elétrica é obtida pelo produto do campo elétrico pela magnitude da carga.

3.3   O CAMPO MAGNÉTICO (H)

Suponhamos agora que, em relação a um sistema de referência, uma carga elétrica q se desloca no vácuo com uma velocidade dada pelo vetor **v**. A força magnética $\mathbf{F}_H$ que atua sobre a carga q é dada por:

$$\vec{F}_H = \mu_0 q \vec{v} \times \vec{H} \tag{3.4}$$

H, denominado de *campo magnético*, tem a unidade de [N/(A m), Newtons por ampere metro, ou Weber/m^2]. A constante $\mu_0 = 4\pi \times 10^{-7}$ Henrys m^{-1} é denominada de *permeabilidade do vácuo*. Note-se que a força magnética $\mathbf{F}_H$ é dada pelo produto vetorial dos vetores **v** e **H** e, portanto, depende da direção e magnitude do vetor de velocidade da partícula carregada q em relação ao vetor campo magnético em cada ponto. Onde esses dois vetores são paralelos a força magnética é nula (ver equações A1.29, A1.30). A máxima força magnética será obtida quando **v** e **H** forem ortogonais. A direção de $\mathbf{F}_H$ é, por definição, ortogonal a ambos os vetores **v** e **H** (ver Figura A1.16). Em termos de magnitude, conforme a equação A1.30, a força magnética é dada por:

$$\left|\vec{F}_H\right| = \mu_0 q |\vec{v}|\ |\vec{H}| \operatorname{sen}\theta \tag{3.5}$$

onde θ é o ângulo entre os dois vetores.

Uma carga q que se desloque paralelamente às linhas do campo magnético não sofre ação da força magnética sobre ela.

3.4   AS EQUAÇÕES DO ELETROMAGNETISMO DE MAXWELL

A grande conquista de Maxwell foi desenvolver um conjunto de equações diferenciais que relacionam os campos elétricos e magnéticos e as propriedades elétricas e magnéticas de um meio qualquer. Essas equações para um meio isotrópico tomam a seguinte forma:

$$\nabla \cdot \varepsilon \vec{E} = \rho \tag{3.6}$$

$$\nabla \cdot \vec{H} = 0 \tag{3.7}$$

$$\nabla \times \vec{E} = -\frac{\partial \left(\mu \vec{H} \right)}{\partial t} \tag{3.8}$$

$$\nabla \times \vec{H} = \frac{\partial \left(\varepsilon \vec{E} \right)}{\partial t} + \sigma \vec{E} \tag{3.9}$$

onde ρ é a densidade de carga elétrica (Cm^{-3}), ε é a *permitividade do meio*, e σ é sua *condutividade elétrica* $[A/V$ ou $C^2 s^{-1} m^{-2} N^{-1}]$.

As definições dos operadores divergente, nas equações (3.6) e (3.7), e rotacional, nas equações (3.8) e (3.9), são dadas nas equações (A4.7) e (A4.9), respectivamente.

A equação (3.6) mostra que o campo elétrico pode ser gerado por uma distribuição estática de cargas elétricas ρ, enquanto a equação (3.7) mostra que o campo magnético não possui sua equivalente "carga magnética". Vê-se pela equação (3.9) que o campo magnético somente pode ser gerado pela variação temporal do campo elétrico (primeiro termo do lado direito), ou por uma corrente elétrica (o último termo do lado direito). A equação (3.8) mostra que uma variação temporal do campo magnético (termo à direita) gera um campo elétrico.

Para deduzir, a partir das equações de Maxwell, o comportamento das ondas eletromagnéticas, ou seja, o comportamento conjunto dos campos elétrico e magnético, vamos assumir, para simplificar, que nosso meio seja isotrópico (μ e ε são constantes), não haja cargas elétricas ($\rho = 0$) e o meio seja não condutor ($\sigma E = 0$). Com essas hipóteses, que são aquelas no vácuo, as equações de Maxwell se simplificam para:

$$\nabla \cdot \vec{E} = 0 \tag{3.10}$$

$$\nabla \cdot \vec{H} = 0 \tag{3.11}$$

$$\nabla \times \vec{E} = -\mu \frac{\partial \vec{H}}{\partial t} \tag{3.12}$$

$$\nabla \times \vec{H} = \varepsilon \frac{\partial \vec{E}}{\partial t} \tag{3.13}$$

As duas equações que têm a parte temporal (3.12 e 3.13) possuem as duas variáveis ($\mathbf{E}$ e $\mathbf{H}$) simultaneamente, o que não permite a solução do problema usando-se somente uma equação por vez. Assim, a fim de isolar somente uma variável numa única equação, começamos por tomar o rotacional da equação (3.12), isto é,

$$\nabla \times \left(\nabla \times \vec{E} \right) = -\mu \frac{\partial \left(\nabla \times \vec{H} \right)}{\partial t} \tag{3.14}$$

Usando a equação (3.13), temos:

$$\nabla \times \left(\nabla \times \vec{E} \right) = -\mu\varepsilon \frac{\partial}{\partial t} \left(\frac{\partial \vec{E}}{\partial t} \right) \tag{3.15}$$

Do cálculo das operações vetoriais, sabemos que $\nabla \times \left(\nabla \times \vec{E} \right) = \nabla \left(\nabla \cdot \vec{E} \right) - \nabla^2 \vec{E}$ (equação A4.15). Usando a equação (3.10) de Maxwell, a equação (3.15) resulta em

$$\nabla^2 \vec{E} = \mu\varepsilon \frac{\partial^2 \vec{E}}{\partial t^2} \tag{3.16}$$

Veja a equação A4.10 para a definição do operador Laplaciano ∇^2.

Dada a simetria das equações de Maxwell, um procedimento semelhante ao empregado acima resulta na seguinte equação para o campo magnético:

$$\nabla^2 \vec{H} = \mu\varepsilon \frac{\partial^2 \vec{H}}{\partial t^2} \tag{3.17}$$

É possível mostrar que as equações (3.16) e (3.17) para $\mathbf{E}$ e $\mathbf{H}$ são equações de ondas, isto é, apresentam como soluções funções periódicas e com propagação.

Vamos supor por simplicidade que o campo elétrico seja função somente das variáveis x e t. Nessa condição, a equação de onda para $\mathbf{E}$ (3.16) se simplifica para

$$\frac{\partial^2 E(x,t)}{\partial x^2} = \mu\varepsilon \frac{\partial^2 E(x,t)}{\partial t^2} \tag{3.18}$$

A solução dessa equação pode ser facilmente obtida pelo método de separação de variáveis, em que supomos que o campo elétrico pode ser dado pelo produto de duas funções X(x) e T(t), isto é, cada uma delas somente função de uma variável. Assim, E(x,t) = X(x).T(t), que substituído na equação (3.18) resulta em duas equações, uma para X(x) e outra para T(t). A solução geral obtida tem a forma:

$$E(x,t) = E_0 e^{\pm i\left[kx \pm \left(\frac{k}{\sqrt{\mu\varepsilon}}\right)t\right]}$$

(3.19)

onde k = 2 π/(comprimento de onda), é chamado de <u>número de onda</u> [m^{-1} ou rad m^{-1}]. Essa solução também pode ser escrita como:

$$E(x,t) = E_0 e^{\pm i(kx \pm \omega t)}$$

(3.20)

Com $\omega = \dfrac{k}{\sqrt{\mu\varepsilon}} = \dfrac{2\pi}{Período}$, chamada de *frequência angular* [s^{-1}, ou rad s^{-1}].

Embora E(x,t), tal como dado pela equação (3.20), seja uma função complexa, sua parte real é dada por (ver equação A2.22):

$$E(x,t) = E_0 \cos(kx \pm \omega t)$$

(3.21)

Vemos, assim, que num ponto qualquer x, o campo elétrico oscila no tempo com uma frequência angular ω (com unidade de radianos por segundo). A relação entre ω e a frequência f (em ciclos por segundo ou Hertz) é ω = 2πf.

Dada a simetria das equações de Maxwell, uma solução idêntica é obtida para o campo magnético H:

$$H(x,t) = H_0 e^{\pm i(kx \pm \omega t)}$$

(3.22)

As soluções para **E** e **H** são funções periódicas em x e t, denominadas de ondas eletromagnéticas. Se fizermos o argumento da exponencial complexa, (kx-ωt), constante, por exemplo, zero, isto é,

$$kx - \omega t = 0,$$

(3.23)

teremos,

$$x = \frac{\omega}{k} \cdot t \qquad (3.24)$$

ω tem dimensão de s^{-1} e k tem a dimensão de m^{-1}, portanto, ω/k tem dimensão de ms^{-1}, isto é, velocidade. A equação (3.24) mostra que, com o aumento do tempo t, um ponto qualquer da onda se deslocará na direção do eixo x positivo, com velocidade constante $c = \omega/k$. Se tomarmos a outra solução possível, $kx + \omega t = 0$, teremos uma onda se deslocando no sentido oposto com a mesma velocidade. Tomando os valores obtidos para ω, teremos como indicado na equação (3.19),

$$c \left(\text{velocidade da onda eletromagnética}\right) = \frac{\omega}{k} = \frac{1}{\sqrt{\mu\varepsilon}} \qquad (3.25)$$

Para o vácuo, $\mu = \mu_0 = 4\pi \times 10^{-7} \, NC^{-2}s^2$ e $\varepsilon_0 = 8,854 \times 10^{-12} \, C^2N^{-1}m^{-2}$, resultando no seguinte valor para a velocidade da luz,

$$c = 2,998 \times 10^8 \, ms^{-1}, \text{ ou aproximadamente } 300.000 \text{ km s}^{-1} \qquad (3.26)$$

É importante notar que a velocidade da luz (ou de uma onda eletromagnética) no vácuo não depende da frequência (ou do comprimento de onda) da onda. A onda eletromagnética é não dispersiva no vácuo. Veremos mais à frente que os valores de μ e ε em um meio qualquer (não vácuo) podem variar com a frequência ou o comprimento de onda.

A velocidade da luz, derivada teoricamente por Maxwell, compara-se excelentemente bem às medidas experimentais realizadas. Vemos, também, que existe uma relação entre o comprimento de onda e a frequência da REM, isto é,

$$c = \frac{\omega}{k} = \frac{2\pi}{T\left(período\right)} \frac{\lambda\left(comprimento \ de \ onda\right)}{2\pi} = \frac{\lambda}{T} = \lambda f \qquad (3.27)$$

onde λ é o comprimento de onda e $f = 1/T$ [Hz, hertz] é a frequência da onda.

A equação (3.27) é muito importante, pois nos permite passar de λ para f, ou de f para λ. Para um dado comprimento de onda, teremos somente uma única e determinada frequência associada, e vice-versa. Vemos, também, que à medida que λ cresce, f decresce, e vice-versa.

EXERCÍCIOS

3.1 Demonstre usando as regras de diferenciação dadas no Apêndice 3 que $E(x,t) = E_o \exp[i(kx - \omega t)]$ é solução da equação (3.18), com $k^2 = \mu\varepsilon\,\omega^2$.

3.2 Seja a distribuição de cargas mostrada na figura abaixo, onde q = carga do elétron e $r = 10^{-5}$ m.

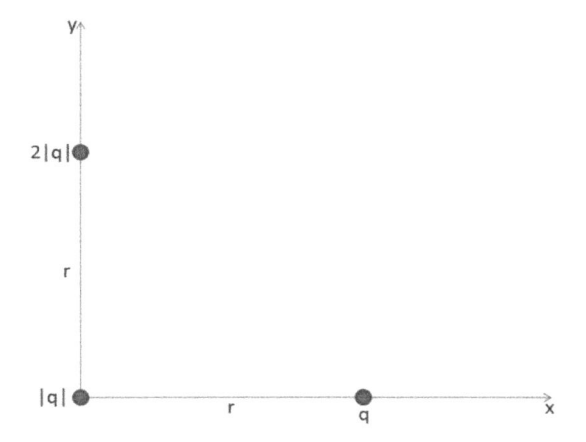

a) Faça um desenho esquemático dos vetores forças elétricas que atuam sobre as três cargas.

b) Use as regras de adição de vetores para desenhar os vetores forças elétricas resultantes em cada carga.

c) Expresse cada um dos vetores de força elétrica na forma de componente, isto é, $\vec{F} = F_x\,\vec{i} + F_y\,\vec{j}$, onde $\vec{i}$ e $\vec{j}$ são, respectivamente, os vetores unitários (versores) nas direções x e y. Faça a soma vetorial usando a regra de soma de vetores por componentes. Quais são as componentes x e y de cada uma das forças resultantes que atuam em cada carga?

d) Quais são os ângulos que cada um dos vetores forças elétricas resultantes sobre cada carga fazem com o eixo x?

3.3. Considere um campo magnético H dirigido no sentido positivo do eixo y e com uma magnitude de 0,15 Weber m^{-2}. Um próton (q = 1,6 × 10^{-19} C) entra no campo magnético deslocando-se no sentido positivo do eixo x com uma velocidade de 1 ms^{-1}.

a) Desenhe a configuração dos três vetores: campo magnético, velocidade do próton e força magnética sobre o próton.

b) Calcule a magnitude da força magnética atuante sobre o próton.

c) Considerando que a massa do próton é m$_p$ = 1,6 × 10^{-27} kg e o peso do próton é dado por m$_p$ × g (onde g é a aceleração da gravidade), calcule a razão entre a força magnética e o peso do próton (isto é, a força gravitacional que atua sobre ele).

d) Que ângulo o vetor velocidade deveria fazer com H para que a força magnética equilibrasse exatamente o peso do próton?

3.4. Considere um rádio receptor FM que opera numa faixa de 76 a 108 MHz (1 MHz = 10^6 Hz). Se desejarmos esticar um fio metálico como antena, que tamanho ele deve ter para captar otimamente no centro dessa faixa de frequências, sabendo-se que esse comprimento deve ser igual a ¼ do comprimento de onda da REM?

AS CARACTERÍSTICAS DA ONDA ELETROMAGNÉTICA

4.1 AS PROPRIEDADES GEOMÉTRICAS E DE PROPAGAÇÃO

Vamos considerar o caso tridimensional dos campos elétrico E(x,y,z,t) e magnético H(x,y,z,t) soluções das equações de Maxwell:

$$\vec{E} = E_0\, \vec{u}_E \exp\left[i\left(\vec{k}\cdot\vec{r} - \omega t\right)\right] \tag{4.1}$$

$$\vec{H} = H_0\, \vec{u}_H \exp\left[i\left(\vec{k}\cdot\vec{r} - \omega t\right)\right] \tag{4.2}$$

onde $\vec{u}_E$ e $\vec{u}_H$ são os vetores unitários nas direções dos vetores campo elétrico e campo magnético, respectivamente. $\vec{r}$ é o vetor de posição, que tem as componentes (x, y, z), e $\vec{k}$ é o vetor de propagação, isto é, aponta para a direção de propagação da onda eletromagnética (OEM). Suas componentes são os números de onda ($k_x = 2\pi/\lambda_x$, $k_y = 2\pi/\lambda_y$, $k_z = 2\pi/\lambda_z$) nas direções dos eixos x, y e z. λ_x, λ_y e λ_z são as projeções do comprimento de onda λ nas direções x, y e z (Figura 4.1).

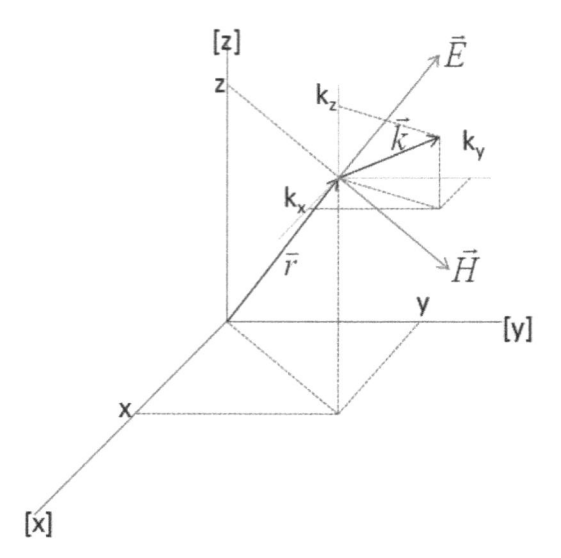

Figura 4.1 – Esquema geométrico de propagação dos campos elétrico **E** e magnético **H** de uma onda eletromagnética que propaga na direção do vetor de propagação **k**, tendo por ponto de observação a posição dada pelo vetor de posição **r**.

Com essas definições, temos:

$$\vec{k}\cdot\vec{r} = k_x x + k_y y + k_z z \tag{4.3}$$

Para analisar a relação entre a direção do vetor campo elétrico $\vec{E}$ e a direção de propagação da onda eletromagnética **k**, vamos supor que a onda esteja se propagando somente na direção do eixo x, isto é:

$$\vec{E}(x,t) = E_0\,\vec{u}_E \exp\left[i(kx - \omega t)\right] \tag{4.4}$$

A primeira equação de Maxwell (equação 3.10) prevê que o divergente do campo elétrico é nulo para uma propagação no espaço vazio, isto é, $\nabla\cdot\vec{E} = 0$. Tomando, então, o divergente da equação (4.4) e lembrando que nessa condição

$$\frac{\partial}{\partial y} = \frac{\partial}{\partial z} = 0,$$

temos (ver equações A4.6 e A4.7):

$$\left(\vec{i}\,\frac{\partial}{\partial x}\right)\cdot\left(E_0\,\vec{u}_E\exp\left[i\left(k_x x-\omega t\right)\right]\right)=0,\ \text{ou} \tag{4.5}$$

$$\left(\vec{i}\cdot\vec{u}_E\right)E_0\,\frac{\partial}{\partial x}\left(\exp\left[i\left(k_x x-\omega t\right)\right]\right)=0\ \Rightarrow\ \vec{i}\cdot\vec{u}_E=0 \tag{4.6}$$

Note que i, o vetor unitário na direção x, indica nesse caso a direção de propagação da onda. Como o produto escalar dele com o vetor campo elétrico, que aponta na direção $\mathbf{u}_E$, é zero, isso implica que o vetor campo elétrico é perpendicular ao vetor de propagação (ver equação A1.23).

O mesmo raciocínio pode ser aplicado ao campo magnético. A segunda equação de Maxwell (equação 3.11) também mostra que o divergente do campo magnético é identicamente nulo, resultando que $\vec{i}\cdot\vec{u}_H=0$, isto é, o vetor campo magnético também é perpendicular à direção de propagação da onda.

Esse é um resultado muito importante porque mostra que tanto o campo elétrico quanto o magnético são perpendiculares à direção de propagação, ou seja, a onda eletromagnética é do tipo de onda transversal. Deve ser observado, entretanto, que essa propriedade é estritamente verificada para a propagação da onda livre no espaço, ou suficientemente afastada da uma antena transmissora que a tenha gerado. Além disso, no interior de guias de ondas, pode haver componentes dos campos elétrico e magnético na direção de propagação (Richards, 2008). Para nossos casos de interesse, assumiremos que a onda eletromagnética é do tipo transversal.

Como verificamos a orientação dos vetores campo elétrico e magnético entre si? Para isso, podemos utilizar a quarta equação de Maxwell:

$$\nabla\times\vec{H}=\varepsilon\,\frac{\partial\vec{E}}{\partial t} \tag{4.7}$$

Como fizemos anteriormente, para facilitar a análise, vamos supor que a onda eletromagnética se propague somente na direção x, isto é,

$$\frac{\partial}{\partial y}=\frac{\partial}{\partial z}=0.$$

Nessa condição, a equação (4.7) toma a seguinte forma,

$$\vec{i}\,\frac{\partial}{\partial x} \times \vec{u}_H H_0 \exp\left[i(kx-\omega t)\right] = \varepsilon\frac{\partial}{\partial t}\left[\vec{u}_E E_0 \exp\left[i(kx-\omega t)\right]\right], \text{ou} \tag{4.8}$$

$$\left(\vec{i}\times\vec{u}_H\right)H_0\frac{\partial}{\partial x}\exp\left[i(kx-\omega t)\right] = \varepsilon E_0\,\vec{u}_E\frac{\partial}{\partial t}\exp\left[i(kx-\omega t)\right], \text{ou} \tag{4.9}$$

$$\left(\vec{i}\times\vec{u}_H\right)H_0 k = -\omega\varepsilon E_0\,\vec{u}_E \tag{4.10}$$

onde usamos a propriedade de derivadas (A3.25) e o termo $\exp[i(kx-\omega t)]$, que aparece em todos os termos, foi cancelado.

A equação (4.10) mostra que o vetor campo elétrico E, que tem a direção dada por $\vec{u}_E$, é perpendicular ao vetor campo magnético, cuja direção é dada pelo vetor $\vec{u}_H$, e também é perpendicular à direção de propagação da onda, a direção do eixo x. Graficamente, teríamos a configuração mostrada na Figura 4.2.

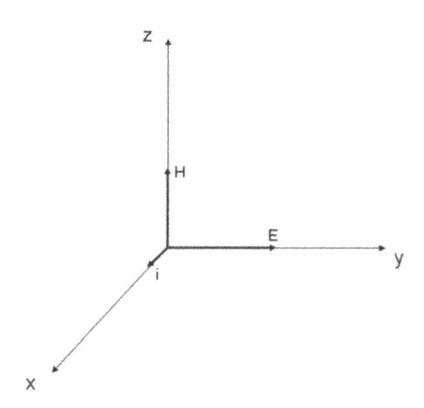

Figura 4.2 – Configuração dos vetores campo elétrico e campo magnético para a OEM propagando na direção positiva do eixo x.

Para analisar as magnitudes relativas dos campos elétrico e magnético, façamos o seguinte,

$$\varepsilon = \sqrt{\varepsilon\mu}\,\sqrt{\frac{\varepsilon}{\mu}} \tag{4.11}$$

Sabemos que $\omega = ck$ e $c = \frac{1}{\sqrt{\mu\varepsilon}}$ (equação 3.25). Tomando a equação (4.10), podemos escrever

$$\left(\vec{i} \times \vec{u}_H\right) H_0 = -\frac{\omega}{k} \varepsilon E_0 \vec{u}_E = -c\varepsilon E_0 \vec{u}_E = -\frac{1}{\sqrt{\varepsilon\mu}} \varepsilon E_0 \vec{u}_E = -\sqrt{\frac{\varepsilon}{\mu}} E_0 \vec{u}_E \qquad (4.12)$$

Agora, considerando que todos os vetores envolvidos na equação (4.12) sejam unitários, a relação entre as magnitudes dos campos elétrico e magnético é dada por:

$$H_0 = \sqrt{\frac{\varepsilon}{\mu}} E_0 \qquad (4.13)$$

Para o vácuo,

$$\sqrt{\frac{\varepsilon_0}{\mu_0}} = 2{,}654 \times 10^{-3} C^2 s^{-1} N^{-1} m^{-1},$$

Portanto, para o vácuo, a magnitude do campo magnético é aproximadamente três milésimos da magnitude do campo elétrico. Essa é uma das razões pela qual convencionalmente se escolhe o campo elétrico para caracterizar o campo eletromagnético, sobretudo para indicar sua polarização. Um desenho esquemático da onda eletromagnética, que leva em conta suas propriedades geométricas de propagação e mantém a proporção entre as magnitudes dos dois campos, é mostrado na Figura 4.3.

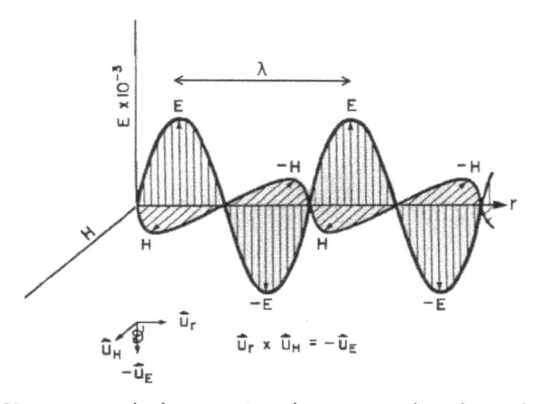

Figura 4.3 – Esquema 3D para uma onda eletromagnética plana propagando na direção do vetor **u**$_r$. Note que o campo elétrico **E** é desenhado reescalonado a 1/1.000 de sua magnitude para representar adequadamente a relação de sua magnitude com a do campo magnético **H**. λ é o comprimento de onda.

4.2   A ENERGIA TRANSPORTADA POR UMA ONDA ELETROMAGNÉTICA

Como a radiação eletromagnética (REM) transporta energia, podemos definir para ela uma *densidade de energia* (DE) como a energia associada com a onda eletromagnética contida num determinado volume – sua unidade é Joules/m^3. Sabemos que, para fenômenos ondulatórios, a energia associada à oscilação está relacionada à média quadrática da onda.

A fim de simplificar, vamos considerar uma onda eletromagnética unidimensional e no ponto x = 0. Vamos tomar somente a parte real da solução de onda encontrada anteriormente, ou seja, E(0, t) = E$_0$ cos(–ωt). A energia pode ser calculada como

$$energia \; \alpha \; \frac{1}{T}\int_0^T \left[E_0 \cos(-\omega t)\right]^2 dt \tag{4.14}$$

isto é, a média correspondente a um período T da onda, T = 1/f = 2π/ω.

Esta integral mostra que a energia é proporcional ao quadrado da amplitude da onda,

$$energia \; \alpha \left(\frac{1}{2}\right) E_0^2 \tag{4.15}$$

O fator ½ tem sua origem no fato de que o valor médio de (cos ωt)^2 é igual a ½ (ver equação A3.42).

Energia tem unidade de Joule, ou N.m (trabalho = força × deslocamento) e E^2 tem unidade de N^{2}C^{-2}. Se desejarmos ter a densidade de energia (DE), como energia por volume, ela deverá ter unidade de N.m^{-2}. Para acertarmos as unidades na expressão (4.15), agora por unidade de volume, a constante deve ter unidade de C^2 N^{-1}m^{-2}. Essa é a unidade da permitividade ε. Portanto, a DE do campo elétrico é dada por

$$DE_E = \frac{1}{2}\varepsilon E_0^2 \left(J \cdot m^{-3}\right) \tag{4.16}$$

Um procedimento semelhante para o campo magnético resulta em que a densidade de energia associada a ele seja dada por

$$DE_H = \frac{1}{2}\mu H_0^2 \left(\text{J} \cdot \text{m}^{-3} \right) \tag{4.17}$$

Se somarmos as densidades de energia dos dois campos, teremos a densidade de energia total da onda eletromagnética:

$$DE = DE_E + DE_H \tag{4.18}$$

Lembrando que $H = \sqrt{\frac{\varepsilon}{\mu}}\, E$

$$DE = \frac{1}{2}\mu\frac{\varepsilon}{\mu}E^2 + \frac{1}{2}\varepsilon E^2 = \varepsilon E^2 = \mu H^2 \tag{4.19}$$

Vemos, assim, que as densidades de energia elétrica e magnética são iguais, isto é, a energia carregada pelo campo elétrico da onda é exatamente igual àquela do campo magnético.

Se quisermos determinar a intensidade da radiação (S), isto é, a quantidade de energia (J) que passa por uma área unitária (A) por unidade de tempo (que tem a mesma dimensão que a irradiância, isto é, Wm^{-2}), fazemos,

$$s = \frac{DE \times volume}{\text{área} \times tempo} = \frac{DE \cdot A \cdot c \cdot t}{A \cdot t} = c\varepsilon E^2 \tag{4.20}$$

Lembrando que $c = 1/\sqrt{\mu\varepsilon}$ e $E = \sqrt{\frac{\mu}{\varepsilon}}\, H$, S pode ser reescrito como

S = E H, que tem dimensão de $\text{Js}^{-1}\text{m}^{-2}$, ou Wm^{-2}.

Como **E** e **H** são vetores, podemos definir o vetor **S** que aponta na direção de propagação da onda e é dado por,

$$\vec{S} = \vec{E} \times \vec{H} \tag{4.21}$$

O vetor **S** é chamado de vetor *Poynting*. Como ele é dado em termos de **E** e **H**, também oscila com as mesmas características que **E** e **H**. Em instrumentos passivos de micro-ondas, mede-se em geral o valor médio de S no tempo <S>. Para as faixas do visível e infravermelho, S varia tão rapidamente que somente o valor médio no tempo, chamado de irradiância, é medido. Para uma onda eletromagnética no vácuo, com os campos elétrico $\vec{E}$ e magnético $\vec{H}$ oscilando nas direções x e y, respectivamente, o valor médio de $\vec{S}$ é dado por

$$\vec{S}_m = c\varepsilon_0 E_{rms}^2 \vec{k} = \frac{1}{2} c\varepsilon_0 E_0^2 \vec{k} = 2,66 \times 10^{-3} E_{rms}^2 \vec{k} \left[W \ m^{-2} \right] \tag{4.22}$$

onde rms representa a raiz média quadrática do valor. O valor de pico do campo elétrico, E_0, em função de sua raiz quadrática média, E_{rms}, é dado por

$$E_0 = (2)^{1/2} E_{rms} \tag{4.23}$$

Portanto,

$$E_0 = 2^{1/2} \left(\frac{1}{2,66 \times 10^{-3}} S_m \right)^{1/2} \tag{4.24}$$

A expressão (4.24) permite estimar o valor de pico do campo elétrico (e, por consequência, do campo magnético) conhecendo-se o valor médio da potência associada a um feixe de radiação eletromagnética. A título de exemplo, sabendo-se que a constante solar S = 1367 Wm^{-2}, o valor de pico do campo elétrico é E_o = 1,01 × 10^3 V/m.

EXERCÍCIOS

4.1   O Limite Máximo Permissível de Exposição (Limit for Maximum Permissible Exposure – MPE) para a radiação na faixa de radiofrequência e para uma exposição de 6 minutos depende da frequência. Para a faixa de 0,3 a 3 MHz, o máximo valor da magnitude rms para o campo elétrico é de 614 Vm^{-1}. Mostre que esse valor corresponde a uma densidade de potência de 100 mWcm^{-2}.

4.2   Considere uma antena de radiofrequência que transmite isotropicamente (igualmente em todas as direções) centrada na faixa de 0,3 a 3 MHz. Para uma distância r = 1 polegada da antena, qual deveria ser a máxima potência transmitida (W) para não se exceder a densidade máxima tolerada de 100 mWcm^{-2}, indicada no exercício anterior?

A ATENUAÇÃO DA ONDA ELETROMAGNÉTICA

5.1 INTRODUÇÃO

Até aqui supusemos uma onda eletromagnética (OEM) propagando no vácuo. Nessa condição, vimos que a velocidade de propagação é constante e igual a c = $(\mu_0\varepsilon_0)^{-1/2} \approx 3 \times 10^8 \, ms^{-1}$, onde ε_0 é a permitividade elétrica do vácuo e μ_0 é a permeabilidade magnética do vácuo. Veremos, em seguida, que a velocidade da radiação eletromagnética (REM) num meio qualquer, caracterizado por outros valores de ε e μ, será diferente, e também que as magnitudes dos campos elétrico e magnético serão atenuadas à medida que a onda avança, o que está associado ao conceito de atenuação ou absorção.

5.2 A SOLUÇÃO DAS EQUAÇÕES DE MAXWELL EM UM MEIO CONDUTOR

Vamos, novamente, partir das equações de Maxwell e ver como as soluções dessas equações se modificam em relação àquelas obtidas anteriormente para o vácuo. Consideremos agora o seguinte sistema de equações:

$$\nabla \cdot \vec{E} = 0 \tag{5.1}$$

$$\nabla \cdot \vec{H} = 0 \tag{5.2}$$

$$\nabla \times \vec{E} = -\mu \frac{\partial \vec{H}}{\partial t} \tag{5.3}$$

$$\nabla \times \vec{H} = \varepsilon \frac{\partial \vec{E}}{\partial t} + \sigma \vec{E} \tag{5.4}$$

onde, por simplificação, assumimos que a densidade de carga elétrica ainda seja zero e a permitividade e a permeabilidade sejam independentes do tempo e do espaço, ou seja, o meio é isotrópico. A modificação em relação ao caso anterior é que agora consideramos que o meio tem uma condutividade elétrica σ.

Se tomarmos o rotacional da equação (5.3), teremos:

$$\nabla \times \nabla \times \vec{E} = -\mu \frac{\partial}{\partial t} \nabla \times \vec{H} \tag{5.5}$$

Usando a equação (5.4) e a relação $\nabla \times (\nabla \times \vec{a}) = \nabla(\nabla \cdot \vec{a}) - \nabla^2 \vec{a}$ (ver equação A4.15), temos:

$$\nabla(\nabla \cdot \vec{E}) - \nabla^2 \vec{E} = -\mu \frac{\partial}{\partial t}\left(\varepsilon \frac{\partial \vec{E}}{\partial t} + \sigma \vec{E} \right) \tag{5.6}$$

que, por meio da equação (5.1), resulta em,

$$\nabla^2 \vec{E} - \mu\varepsilon \frac{\partial^2}{\partial t^2} \vec{E} - \mu\sigma \frac{\partial}{\partial t} \vec{E} = 0 \tag{5.7}$$

Se assumirmos como antes, para simplificar, que a onda está propagando na direção x e que a solução deve ser do tipo anteriormente obtido, isto é,

$$E(x,t) = E_0 \exp\left[i(kx - \omega t) \right] \tag{5.8}$$

Substituindo (5.8) em (5.7), temos como resultado a seguinte relação de dispersão, isto é, a relação entre o número de onda k e a frequência angular ω,

$$-k^2 + \mu\varepsilon\omega^2 + i\mu\sigma\omega = 0 \tag{5.9}$$

ou

$$k^2 = \omega^2 \left(\mu\varepsilon + i\frac{\mu\sigma}{\omega} \right) \tag{5.10}$$

Uma importante diferença pode ser observada em relação ao caso anterior, em que a onda eletromagnética propagava no vácuo: agora, o número de onda k é um número complexo.

Se estivermos considerando a atmosfera como o meio de propagação da onda, poderemos fazer $\mu = \mu_0$, ou seja, a permeabilidade da atmosfera é praticamente igual à permeabilidade do vácuo. Agora, multiplicando a equação anterior por $\varepsilon_0/\varepsilon_0$, teremos

$$k^2 = \omega^2 \left(\mu_0\varepsilon_0 \frac{\varepsilon}{\varepsilon_0} + i\frac{\mu_0\sigma\varepsilon_0}{\omega\varepsilon_0} \right) = \omega^2 \mu_0\varepsilon_0 \left(\frac{\varepsilon}{\varepsilon_0} + i\frac{\sigma}{\omega\varepsilon_0} \right) \tag{5.11}$$

Lembre-se de que $\mu_0\varepsilon_0 = 1/c_0^2$ (equação 3.25), isto é, é o inverso quadrado da velocidade da luz no vácuo. $c = 1/\sqrt{\mu\varepsilon}$ é a velocidade da onda eletromagnética no meio em consideração.

Introduzimos nesse ponto a definição do índice de refração (n) de um meio, como

$$n = \frac{c_0}{c} \tag{5.12}$$

sendo *o índice de refração do meio a razão entre a velocidade da luz no vácuo e a velocidade da luz no meio*. Portanto, n = 1 para o vácuo. Como a velocidade da luz no vácuo é a maior velocidade possível, o índice de refração de substâncias reais é um número sempre maior que 1. Por exemplo, como o índice de refração da água no visível é $n_{\text{água}}$ = 1,33, isso significa que a velocidade da luz no vácuo é 33% maior do que a velocidade da luz na água. Logo, quanto maior for n, menor será a velocidade da luz no meio. É importante notar que o índice de refração é função do comprimento de onda (ou da frequência).

Nota: a rigor, existem casos anômalos que estão fora do escopo deste texto introdutório, para os quais o índice de refração pode ser menor que 1.

Podemos escrever

$$n^2 = \frac{c_0^2}{c^2} = \frac{\mu_0 \varepsilon}{\mu_0 \varepsilon_0} = \frac{\varepsilon}{\varepsilon_0} \qquad (5.13)$$

ou seja,

$$n = \sqrt{\frac{\varepsilon}{\varepsilon_0}} \qquad (5.14)$$

Portanto, o índice de refração do meio também pode ser definido como a raiz quadrada da razão entre a permitividade do meio pela permitividade do vácuo.

Com essas definições, podemos reescrever a relação de dispersão anterior (equação 5.11) como

$$k = \frac{\omega}{c_0} \left(n^2 + i \frac{\sigma}{\omega \varepsilon_0} \right)^{1/2} \qquad (5.15)$$

Como o número de onda k é um número complexo, isto é, tem uma componente real e uma componente imaginária, ele pode ser representado como

$$k = \alpha + i\gamma \qquad (5.16)$$

que, substituído na solução $E(x,t) = E_0 \exp[i(kx - \omega t)]$ (equação 5.8), resulta em:

$$E(x,t) = E_0 \exp\left\{ i \left[(\alpha + i\gamma)x - \omega t \right] \right\} = E_0 e^{-\gamma x} \exp[i(\alpha x - \omega t)] \qquad (5.19)$$

Vemos, então, que a solução possui uma parte oscilatória [$\cos(\alpha x - \omega t)$] e a amplitude da onda, $E_0 \exp(-\gamma x)$, decai com uma taxa exponencial associada à parte complexa do número de onda (ver equação A2.30 e Figura A2.3).

É importante salientar que, mesmo com a atenuação da onda, as propriedades direcionais dos vetores campo elétrico e magnético entre si, e em relação à direção de propagação, não se alteram em relação àquelas obtidas para o vácuo.

Pode-se, também, mostrar que a relação entre a magnitude dos campos elétrico e magnético fica agora dada por

$$\frac{H}{E} = n\sqrt{\frac{\varepsilon_0}{\mu_0}}$$

(5.20)

Como o índice de refração é maior que 1, vemos que a razão entre as magnitudes dos campos magnético e elétrico para um meio qualquer é aumentada em relação àquela do vácuo.

Como exemplo, para o comprimento de onda de 589 nm, temos os seguintes valores para o índice de refração:

n = 1 para o vácuo
n = 1.00029 para o ar
n = 1.3333 para a água

Vemos, assim, que, para esse comprimento de onda (λ = 589 nm), a velocidade de propagação da luz na água c = (c_0/1.3333) = 0,75 c_0, isto é, a velocidade da luz na água é cerca de 75% da velocidade da luz no vácuo.

5.3 A ATENUAÇÃO E O ÍNDICE DE REFRAÇÃO COMPLEXO

Mesmo quando a condutividade elétrica é nula, σ = 0, como para a água pura, ainda observamos atenuação da REM. Isso pode ser levado em conta assumindo-se um índice de refração complexo, isto é,

$$n = n_r + in_i$$

(5.21)

A parte real do índice de refração está associada à diminuição da velocidade da luz ao passar do vácuo (ou do ar) para um meio qualquer, cujo índice de refração é maior que 1. A parte imaginária de n está associada ao decaimento da amplitude da onda no meio.

Como vimos anteriormente, a energia da onda é proporcional ao quadrado da amplitude da onda. Assim, quanto maior for a parte imaginária de n, maior será a atenuação da amplitude da onda e, consequentemente, a atenuação da energia por ela carregada. Esse processo está associado à absorção da luz no meio. É importante notar que tanto n_r quanto n_i são funções da frequência ou do comprimento de onda, isto é, $n_r = n_r(\lambda)$ e $n_i = n_i(\lambda)$.

Definindo-se outra variável complexa, denominada de *constante dielétrica* (K_e), como

$$K_e = \varepsilon' + i\varepsilon'' \tag{5.22}$$

onde $\varepsilon' = \frac{\varepsilon}{\varepsilon_0}$ e $\varepsilon'' = \sigma/\varepsilon_0\omega$ (ver equação 5.11), podemos reescrever a relação de dispersão (5.15), como

$$k = \left(\frac{\omega}{c_0}\right)K_e^{1/2} \tag{5.23}$$

Sabemos que ω/k é a velocidade da luz no meio, portanto,

$$c = \frac{\omega}{k} = \frac{c_0}{K_e^{1/2}} \tag{5.24}$$

Vê-se pela equação (5.24) que quanto maior for a constante dielétrica do meio menor será a velocidade na luz nesse meio. A relação entre a constante dielétrica K_e e o índice de refração do meio, n, é dada, então, por

$$K_e^{1/2} = \frac{c_0}{c} = n \tag{5.25}$$

ou, $n^2 = K_e$, isto é, o quadrado do índice de refração é igual à constante dielétrica. Com essas definições, podemos reescrever (5.23) como

$$k = \left(\frac{\omega}{c_0}\right)\left(n_r + in_i\right) \tag{5.26}$$

e a solução (5.8) pode ser reescrita, então, como:

$$E(x,t) = E_0 \exp\left(-\omega n_i\, x/c_0\right)\exp\left[i\left(k_r x - \omega t\right)\right] \tag{5.27}$$

onde

$$k_r = \omega n_r / c_0 \qquad (5.28)$$

e a onda agora propaga com velocidade

$$c = \frac{\omega}{k_r} = \frac{c_0}{n_r} \qquad (5.29)$$

ou simplesmente c_0/n, entendendo-se aqui que n agora é o índice de refração real. A variável γ introduzida acima (equação 5.16), indicando a taxa de decaimento da onda (equação 5.19), é, então, dada por

$$\gamma = \frac{\omega n_i}{c_0} \qquad (5.30)$$

Vê-se, portanto, que a taxa de decaimento da onda eletromagnética é proporcional ao valor da parte complexa (n_i) do índice de refração do meio; quanto maior for n_i, mais intensa será a atenuação da onda no meio. n_i normalmente é função da frequência, sendo, então, de se esperar que as bandas de absorção dos diversos componentes de atenuação da REM correspondam a picos (ou valores altos) de n_i.

Como a energia da onda é proporcional a E^2, a radiação se propaga através do meio, decaindo como $\exp(-2\omega n_i x/c_0)$. Para uma distância igual a

$$l_a = \frac{c_0}{2\omega n_i} \qquad (5.31)$$

chamada de *comprimento de absorção* (*absorption length*), ou profundidade de penetração, o fluxo de energia da onda é reduzido ao valor e^{-1} ($\approx 0,37$, ou seja a 37%) de seu valor inicial. Na ausência de outros fatores que possam influenciar a intensidade da radiação, como espalhamento e reemissão, o comprimento de absorção fornece uma estimativa da ordem de magnitude da distância que a radiação pode penetrar no meio antes de perder significantemente sua intensidade. Por exemplo, depois de uma distância $2l_a$, a intensidade é reduzida por um fator e^{-2}, ou cerca de 14% de seu valor inicial. Depois de $5l_a$, a intensidade é somente 0,7% da original.

Para ilustrar a variabilidade da atenuação da radiação num meio, vamos considerar a luz nos comprimentos de onda $\lambda = 440$ nm (azul) e $\lambda = 10$ μm (infravermelho termal [IVT]). Os valores da parte imaginária do índice de refração da água para esses comprimentos de onda são (Segelstein, 1981):

$$n_i(440\text{nm}) = 9\times10^{-10} \qquad e \qquad n_i(10 \text{ μm}) = 5\times10^{-2} \tag{5.32}$$

Começamos por converter os comprimentos de onda em frequência. Lembre que a relação de dispersão, que permite a conversão de k para ω (ou λ para f), é agora a equação (5.28). Portanto,

$$\omega = \frac{c_0 k_r}{n_r} \Rightarrow 2\pi f = \frac{2\pi c_0}{\lambda n_r} \Rightarrow f = \frac{c_0}{\lambda n_r} \tag{5.33}$$

Note que, para se fazer a conversão de f para λ, precisamos da parte real n_r do índice de refração. Para a água, temos

$$n_r(440\text{nm}) = 1.33 \qquad e \qquad n_r(10 \text{ μm}) = 1.214 \tag{5.34}$$

$$f(\lambda = 440 \text{ nm}) = 3\times10^8/(440\times10^{-9}\times1{,}33) = 0{,}51\times10^{15} \text{ Hz} \rightarrow \omega = 2\pi f =$$
$$= 3{,}2\times10^{15} \text{rad s}^{-1}$$

$$f(\lambda = 10 \text{ μm}) = 3\times10^8(10\times10^{-6}\times1{,}214) = 3\times10^{13} \text{ Hz} \rightarrow \omega =$$
$$= 2\pi f == 15{,}5\times10^{13} \text{rad s}^{-1}$$

Então, teremos:

$$l_a(440 \text{ nm}) = 3\times10^8/(2\times3{,}2\times10^{15}\times9\times10^{-10}) = 52 \text{ m}$$
$$l_a(10 \text{ nm}) = 3\times10^8/(2\times15{,}5\times10^{13}\times5\times10^{-2}) = 19 \text{ μm}$$

Vemos, assim, que a luz azul é capaz de propagar por uma distância apreciável na água (dezenas de metros), enquanto a radiação infravermelha sofre uma fortíssima atenuação na água. É por esse motivo que a camada de água que irradia para a atmosfera no infravermelho e é captada por satélites é proveniente de uma camada extremamente fina na superfície. Não é por outro motivo que a temperatura da água, determinada por meio de técnicas de radiometria infravermelho termal, é chamada de *temperatura de pele* (*skin temperature*). A radiação IV emitida pelas camadas mais profundas não consegue chegar à superfície. Outro ponto importante é que as componentes de ondas longas presentes no espectro solar que penetram na água são imediatamente absorvidas muito próximo da superfície, enquanto as componentes na região do visível são absorvidas bem mais abaixo (ver as proporções de luz visível e ondas longas na Tabela 2.1).

EXERCÍCIOS

5.1 Para o comprimento de onda $\lambda = 0,7$ μm, a parte real do índice de refração de um material é $n_r = 1,3$. Nesse material, e nesse comprimento de onda, a energia de uma onda eletromagnética ao se propagar por uma distância $x = 1$ mm diminuiu a 14% (e^{-2}) de seu valor inicial. Sabendo-se que o comprimento de absorção, l_a, corresponde a uma diminuição de e^{-1}, determine n_i, a parte imaginária do índice de refração do material.

5.2 Se o índice de refração complexo é dado por $n = n_r + i\, n_i$, e a constante dielétrica é dada por $K_e = K_{er} + i\, K_{ei}$:

   a) Derive as expressões que permitem calcular K_{er} e K_{ei} em função de n_r e n_i. Qual o valor da constante dielétrica da água para $\lambda = 2,339$ μm, sabendo-se que nesse comprimento de onda $n_r = 1,274$ e $n_i = 5,995 \times 10^{-4}$?

   b) Usando as duas expressões obtidas no item anterior, derive as duas expressões que permitem calcular n_r e n_i em função de K_{er} e K_{ei}, sabendo-se que para a água $K_{er} = 1,76$ e $K_{ei} = 0,736$ para $\lambda = 3$ μm, calcule n_r e n_i.

CAPÍTULO 6

A POLARIZAÇÃO DA ONDA ELETROMAGNÉTICA

6.1 INTRODUÇÃO

Uma onda eletromagnética (OEM) ao interagir com um alvo ou um meio qualquer pode ser refletida, absorvida, transmitida ou espalhada. Chama-se de *polarização* de uma onda eletromagnética a direção de seu campo elétrico no espaço ao longo de sua propagação. Como será mostrado mais à frente, vários processos físicos de interação da onda com os alvos, tais como a reflexão, a transmissão, a absorção e o espalhamento, dependem da polarização da radiação eletromagnética incidente, podendo alterar a polarização original da radiação. Particularmente nas aplicações de radares na faixa de micro-ondas, as respostas dos alvos naturais dependem fortemente da polarização do feixe radar.

6.2 A POLARIZAÇÃO COMO SOMA VETORIAL DE DOIS VETORES ORTOGONAIS

Como vimos anteriormente, a solução das equações de Maxwell para o campo elétrico dependente apenas da direção x, $E(x,t)$ era dada por

$$\vec{E}(x,t) = \vec{E}_0 \exp\left[i\left(kx - \omega t\right)\right] \tag{6.1}$$

O vetor $\mathbf{E}_0$ é a amplitude da onda eletromagnética, $k = 2\pi/\lambda$ (λ = comprimento de onda) é o número de onda, $\omega = 2\pi f$ é a frequência angular em radianos por segundo, e f é a frequência da onda em ciclos por segundo, ou Hertz (Hz).

Note que para x = 0 e t = 0, o valor da parte real da solução é $E_0 \cos(0) = E_0$, isto é, o campo elétrico é máximo. Em termos mais genéricos, devemos assumir que a fase da onda pode ser qualquer quando x = 0 e t = 0. Isso pode ser incorporado à solução adicionando-se um ângulo de fase ϕ. Assim, a solução mais genérica tem a forma

$$\vec{E}(x,t) = \vec{E}_0 \exp\left[i\left(kx - \omega t + \phi\right)\right] \tag{6.2}$$

Outra maneira de reescrever essa equação é adicionar o ângulo de fase ϕ diretamente à amplitude da onda, isto é,

$$\vec{E}(x,t) = \vec{E}_0 e^{i\phi} \exp\left[i\left(kx - \omega t\right)\right] \tag{6.3}$$

Vimos também que a onda eletromagnética é composta de dois campos acoplados, um elétrico e outro magnético, que são ortogonais entre si e em relação à direção de propagação. Se conhecermos ε e μ, a permitividade e a permeabilidade magnética do meio, o conhecimento da direção e da magnitude de somente um dos dois campos é suficiente para caracterizar a direção e a magnitude do outro campo. Em geral, utilizamos o campo elétrico para caracterizar a geometria de propagação da onda eletromagnética.

Imaginemos uma onda eletromagnética propagando na direção z. O campo elétrico dessa onda pode ser representado pela soma de dois campos elétricos, também propagando nessa direção, com diferentes magnitudes e fases, um oscilando na direção do eixo x e outro na direção do eixo y, da seguinte forma:

$$E_x = E_{ox} \cos\left(\omega t - kz - \phi_x\right) \tag{6.4}$$

$$E_y = E_{0y} \cos\left(\omega t - kz - \phi_y\right) \tag{6.5}$$

A soma das duas componentes ortogonais E_x e E_y resulta no campo elétrico da onda original. Os valores das magnitudes e das fases das duas componentes, ou seja,

E_{ox}, E_{oy}, ϕ_x e ϕ_y, determinam a forma como o campo elétrico resultante (e, consequentemente, o campo magnético) variará no espaço e no tempo. Geralmente, usamos a forma de variação do campo elétrico para se caracterizar a polarização da onda, isto é, a polarização da onda nos dá a direção no espaço onde oscila o campo elétrico (e, em consequência, ortogonalmente a ele, o campo magnético). Podemos dizer que a polarização da onda está contida nos elementos do vetor amplitude E_0 se tomarmos E_0 como um vetor complexo, portanto, com uma magnitude e uma fase, ou argumento.

Pode-se, também, descrever a amplitude do campo elétrico escrevendo-se E_0 como um vetor complexo bidimensional, descrito, por exemplo, em relação aos planos horizontal e vertical. A polarização horizontal é usualmente definida como o caso em que o vetor campo elétrico é perpendicular ao plano de incidência. A polarização vertical refere-se ao caso em que o campo elétrico oscila no plano de incidência e é perpendicular à componente horizontal e à direção de propagação (Figura 6.1).

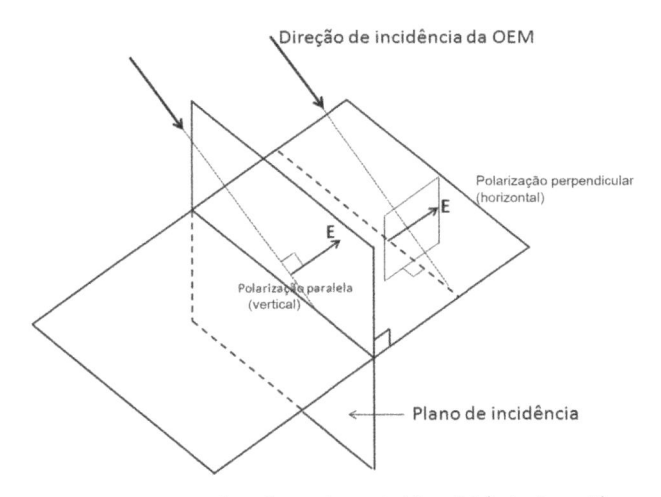

Figura 6.1 – Representação esquemática das polarizações vertical (paralela) e horizontal (perpendicular). Adaptado de Richards (2009).

Suponhamos uma onda eletromagnética num ponto dado pelo vetor $\vec{r}$ propagando na direção dada pelo vetor número de onda $\vec{k} = k_x \vec{i} + k_y \vec{j} + k_z \vec{k}$. Seu campo elétrico poderia ser descrito por

$$\vec{E} = \vec{E}_0 \exp\left[i\left(\omega t - \vec{k} \cdot \vec{r}\right)\right] \tag{6.6}$$

Se definirmos agora um sistema de referência ao longo das duas direções, horizontal e vertical, caracterizadas pelos vetores unitários **h** e **v**, respectivamente, podemos escrever a magnitude do vetor campo elétrico como

$$\vec{E}_0 = E_{0h} e^{i\phi_h} \hat{h} + E_{0v} e^{i\phi_v} \hat{v} \tag{6.7}$$

As amplitudes E_{0h} e E_{0v} e as fases relativas ϕ_h e ϕ_v, agora referentes às direções horizontal e vertical, são números reais.

Tomando-se a parte real da equação (6.6) nas direções h e v, pode-se mostrar que as coordenadas das extremidades do vetor **E**, referidas a esse sistema de coordenadas h-v, Eh e Ev, satisfazem a seguinte equação geral da elipse:

$$\left(\frac{Eh}{E_{0h}}\right)^2 + \left(\frac{Ev}{E_{0v}}\right)^2 - 2\frac{Eh}{E_{0h}}\frac{Ev}{E_{0v}}\cos\left(\phi_h - \phi_v\right) = sen^2\left(\phi_h - \phi_v\right) \tag{6.8}$$

Para facilitar essa demonstração, vamos assumir a diferença de fase entre as duas componentes, $\phi_h - \phi_v = \delta$, ou seja,

$$Eh = E_{0h}\cos\left(\omega t - \vec{k}\cdot\vec{r}\right) \qquad e \qquad Ev = E_{0v}\cos\left(\omega t - \vec{k}\cdot\vec{r} + \delta\right) \tag{6.9}$$

Portanto,

$$Eh = E_{0h}\left[\cos\left(\omega t - \vec{k}\cdot\vec{r}\right)\cos\delta - sen\left(\omega t - \omega t - \vec{k}\cdot\vec{r}\right)sen\,\delta\right] \tag{6.10}$$

Agora, $\cos\left(\omega t - \vec{k}\cdot\vec{r}\right) = \dfrac{Eh}{E_{0h}}$ e $sen\left(\omega t - \vec{k}\cdot\vec{r}\right) = \left[1 - \left(\dfrac{Eh}{E_{0h}}\right)^2\right]^{1/2}$ (6.11)

Substituindo (6.11) em (6.10), resulta em

$$\frac{Ev}{E_{0v}} = \frac{Eh}{E_{0h}}\cos\delta - \sqrt{1 - \left(\frac{Eh}{E_{0h}}\right)^2}\; sen\,\delta \tag{6.12}$$

Rearranjando, temos

$$\frac{Eh}{E_{0h}}\cos\delta - \frac{Ev}{E_{0v}} = \sqrt{1 - \left(\frac{Eh}{E_{0h}}\right)^2}\, sen\,\delta \qquad (6.13)$$

Elevando ambos os termos ao quadrado, temos

$$\left(\frac{Ev}{E_{0v}}\right)^2 + \left(\frac{Eh}{E_{0h}}\right)^2\cos^2\delta - 2\frac{Ev}{E_{0v}}\frac{Eh}{E_{0h}}\cos\delta = \left[1 - \left(\frac{Eh}{E_{0h}}\right)^2\right]sen^2\delta \qquad (6.14)$$

ou,

$$\left(\frac{Ev}{E_{0v}}\right)^2 + \left(\frac{Eh}{E_{0h}}\right)^2\left[\cos^2\delta + sen^2\delta\right] - 2\frac{Ev}{E_{0v}}\frac{Eh}{E_{0h}}\cos\delta = sen^2\delta \qquad (6.15)$$

Resultando na equação (6.8), pois $sen^2\delta + \cos^2\delta = 1$, e $\varphi_h - \varphi_v = \delta$.

Assim, a forma mais geral de uma onda eletromagnética é a *elipticamente pola-rizada*. A cada período, a ponta do vetor campo elétrico descreve no espaço uma elipse. Ao percorrer a elipse, a ponta do vetor **E** pode girar no sentido horário ou no sentido anti-horário. A onda é dita *polarizada à direita* (*right-handed polarized*) se a ponta do vetor campo elétrico girar no sentido horário quando a onda for vista se afastando do observador. Se o vetor girar no sentido anti-horário, a onda é dita *polarizada à esquerda* (*left-handed polarized*).

6.2.1 Casos especiais

Vejamos como fica a polarização de uma onda eletromagnética para alguns casos especiais de diferenças de fase e amplitudes.

a) Se $\phi_h - \phi_v = 0$, π ou $-\pi$, o vetor **E** sempre aponta na mesma direção, e a ra-diação é dita *plano-polarizada* ou *linearmente polarizada*, como mostrado na Figura 6.2.

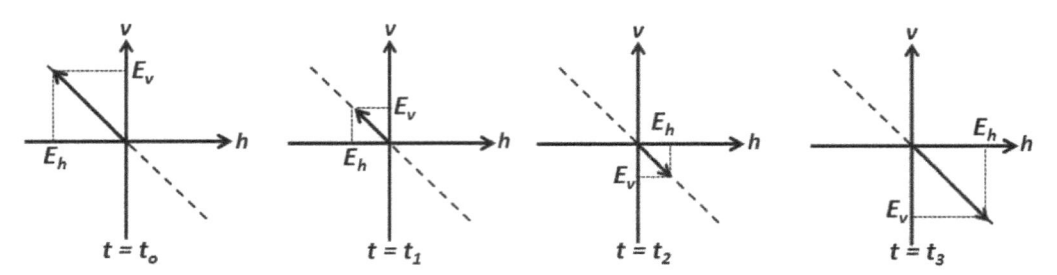

Figura 6.2 – Exemplo da variação temporal do campo elétrico de uma onda plano-polarizada quando $\phi_h = \pi$, $\phi_v = 0$ e $E_{oh} = E_{ov}$, em função de suas componentes horizontal e vertical.

b) Se $\phi_h - \phi_v = \pi/2$ ou $-\pi/2$ e as duas amplitudes são as mesmas ($E_{0h} = E_{ov}$), a onda é dita *circularmente polarizada*, e a ponta do vetor **E** gira ao longo de um círculo. Isso pode ser visto mais claramente analisando-se a equação da elipse de polarização, equação (6.8). Fazendo $E_{0h} = E_{0v} = \xi$, temos

$$\left(\frac{Eh}{\xi}\right)^2 + \left(\frac{Ev}{\xi}\right)^2 = 1 \qquad\qquad (6.16)$$

ou seja, a equação de um círculo de raio ξ. A Figura 6.3 ilustra o caso de uma onda circularmente polarizada.

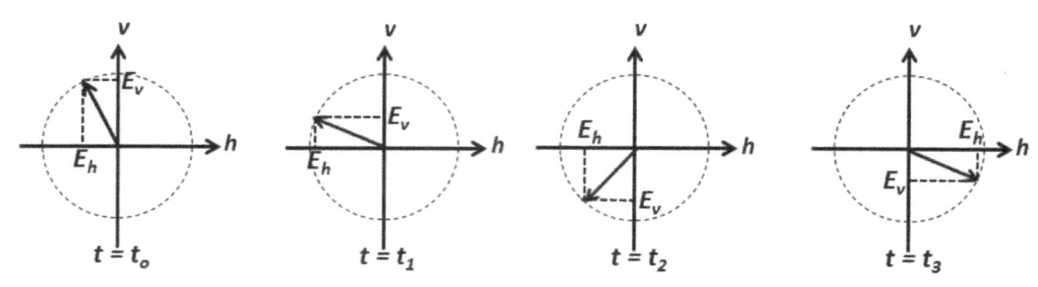

Figura 6.3 – Onda circularmente polarizada à esquerda considerando que a onda propaga entrando no papel.

O caso de polarização circular à esquerda é mostrado na Figura 6.4, em que a componente vertical tem uma fase avançada de $\pi/2$ em relação à componente horizontal, e ambas as componentes têm a mesma magnitude. Note na figura abaixo que, como o tempo aumenta para a direita, um observador "veria" os campos elétricos como vindo da direita para a esquerda.

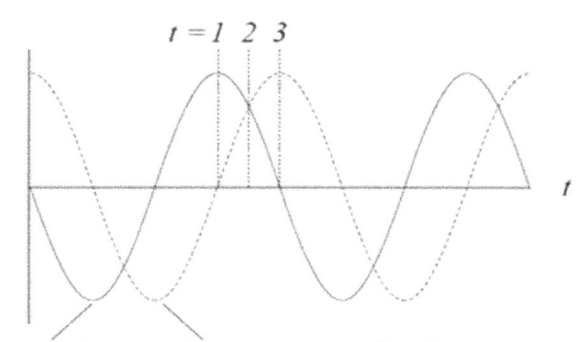

Componente vertical   Componente horizontal

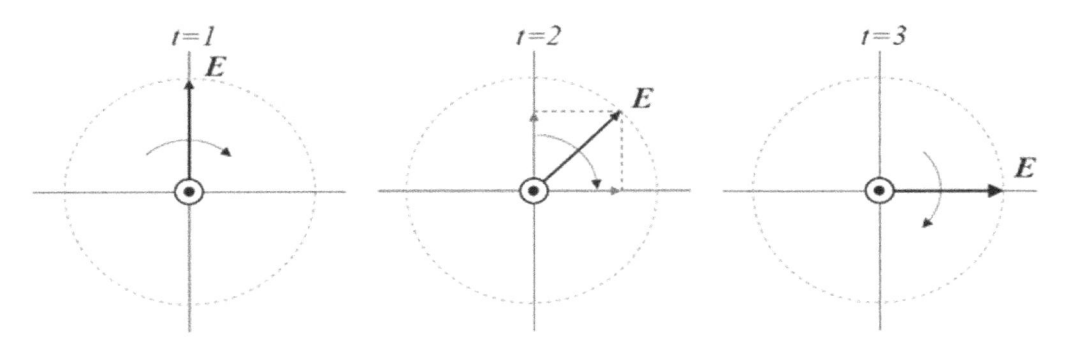

Figura 6.4 – Ilustração de polarização circular gerada por defasagem de $\pi/2$ entre componentes horizontal e vertical de mesma magnitude. O sentido de rotação horário é para um observador olhando na direção oposta à propagação. O sentido de rotação se inverteria se a defasagem fosse invertida. Fonte: Richards (2009).

A Figura 6.5 sintetiza algumas polarizações possíveis resultantes de diferentes razões entre as amplitudes das componentes vertical e horizontal e de suas diferenças de fase.

A elipse traçada pela ponta do vetor campo elétrico pode, também, ser caracterizada por dois ângulos: ψ, chamado de *ângulo de orientação da elipse*, e χ, denominado de *ângulo de elipticidade*, como mostrado na Figura 6.6.

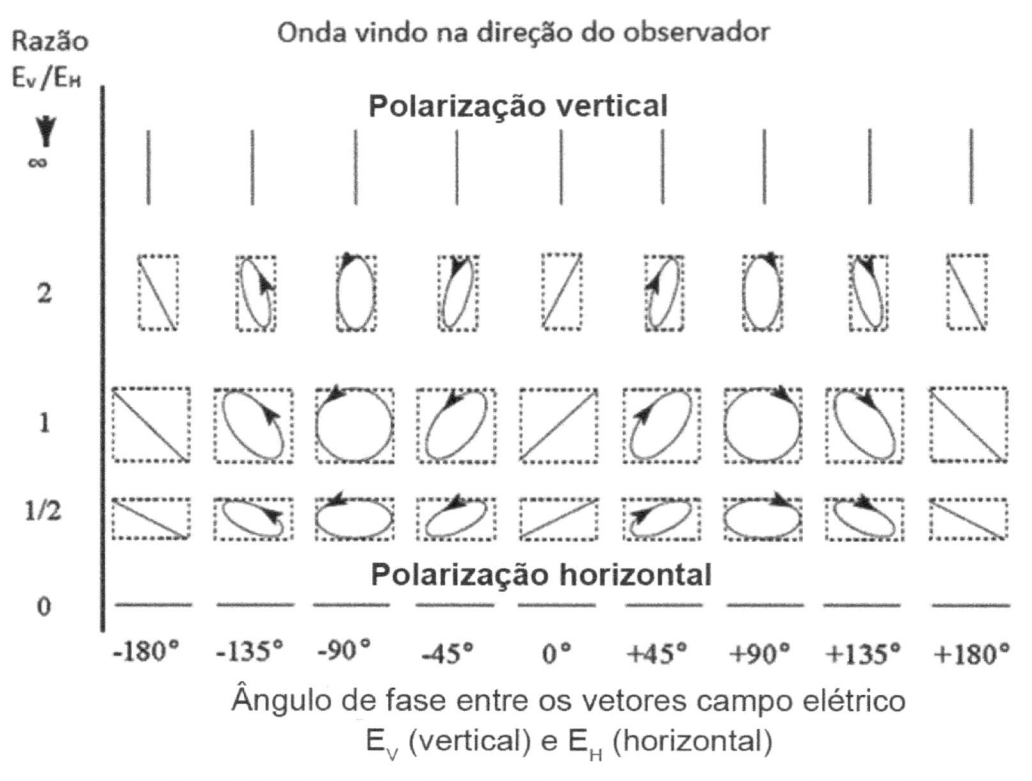

Figura 6.5 –   Combinações de amplitudes e diferenças de fase entre as componentes vertical e horizontal do vetor campo elétrico e as polarizações resultantes. As setas indicam a direção de giro do vetor **E**. Adaptado de NAWCWPNS, 1999.

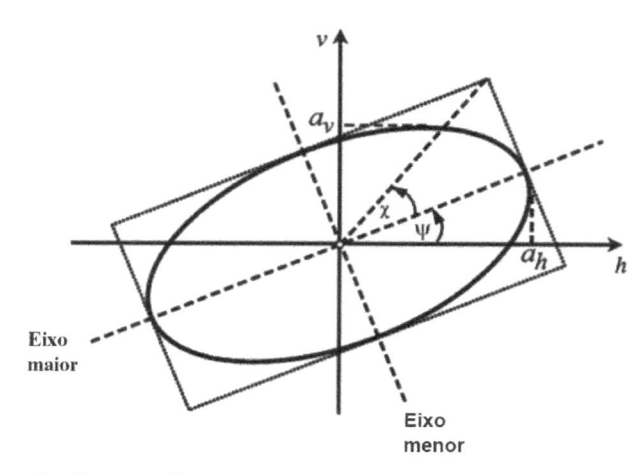

Figura 6.6 –   Elipse de polarização. Observe que $a_v = E_{0v}$ e $a_h = E_{0h}$.

Os dois ângulos, ψ e χ, podem ser calculados pelas seguintes expressões:

$$\tan 2\psi = \frac{2E_{0h}E_{0v}}{E_{0h}^2 - E_{0v}^2}\cos\left(\phi_h - \phi_v\right) \tag{6.17}$$

e

$$sen\,2\chi = \frac{2E_{0h}E_{0v}}{E_{0h}^2 + E_{0v}^2}\,sen\left(\phi_h - \phi_v\right) \tag{6.18}$$

Com essas definições, a polarização linear, ou plana, é caracterizada como tendo o ângulo de elipticidade $\chi = 0$, ou seja, quando $(\phi_h - \phi_v) = 0$, $\pm\pi$, ou quando uma das duas componentes E_{0h} ou E_{0v} for nula. Para $(\phi_h - \phi_v) = \pm\pi/2$ e $E_{0h} \neq E_{0v}$, os eixos da elipse coincidem com os eixos h e v. Se $(\phi_h - \phi_v) \neq \pi/2$ ou $-\pi/2$, e $E_{0h} \rightarrow E_{0v}$, a função $\tan 2\psi \rightarrow \pm\infty$ e $2\psi \rightarrow \pm\pi/2$, a orientação da elipse será de $\pm\pi/4$.

É importante notar que até agora assumimos que as amplitudes (E_{0h}, E_{0v}) e as fases (ϕ_h, ϕ_v) são constantes no tempo, mas este não precisa ser necessariamente o caso. Se as amplitudes e as fases da onda variam com o tempo, então a ponta do vetor campo elétrico (e magnético) não traçará uma elipse suave. A figura resultante é, nesse caso, numa versão ruidosa da elipse. Essa situação caracteriza uma onda *parcialmente polarizada*. Fontes termais como o Sol emitem radiação eletromagnética (REM) sem polarização definida; o campo elétrico apresenta direções aleatórias. Dizemos, nesse caso, que a radiação é *aleatoriamente polarizada*, ou *não polarizada*.

6.3   O VETOR DE POLARIZAÇÃO DE STOKES

Para o caso mais geral de radiação parcialmente polarizada, utiliza-se a descrição da onda pelo vetor de polarização de Stokes, $S = [S_0, S_1, S_2, S_3]^T$, em que as componentes ou os parâmetros de S são definidos como:

$$S_0 = E_{0h}^2 + E_{0v}^2 \tag{6.19}$$

$$S_1 = E_{0h}^2 - E_{0v}^2 \tag{6.20}$$

$$S_2 = 2E_{0h}E_{0v}\cos\left(\phi_h - \phi_v\right) \tag{6.21}$$

$$S_3 = 2E_{0h}E_{0v}sen\left(\phi_h - \phi_v\right) \tag{6.22}$$

O primeiro parâmetro de Stokes, S_0, é igual à amplitude quadrada, ou seja, a intensidade da onda, sendo diretamente proporcional à densidade de potência da onda [W m^{-2}]. S_1 indica se a polarização da onda é mais horizontal que vertical. S_2 e S_3 indicam a elipticidade da polarização da onda. Se $\phi_h - \phi_v = 0$, temos polarização linear e $S_3 = 0$. Se $\phi_h - \phi_v = \frac{\pi}{2}$, temos polarização elíptica, $S_2 = 0$, e os eixos da elipse de polarização estarão orientados com os eixos **h** e **v**. Nesse caso, se as magnitudes horizontal e vertical forem iguais, teremos polarização circular.

O vetor de Stokes pode também ser expresso em termos dos ângulos ψ e χ, como:

$$S = S_0 \begin{bmatrix} 1 \\ \cos 2\psi \cos 2\chi \\ sen\, 2\psi \cos 2\chi \\ sen\, 2\chi \end{bmatrix} \tag{6.23}$$

Usando as equações 6.17 e 6.18 e o vetor de Stokes na forma (6.23), torna-se mais fácil visualizar a polarização em termos dos dois ângulos da elipse de polarização.

No caso de uma onda totalmente polarizada, somente três componentes são independentes, pois $S_0^2 = S_1^2 + S_2^2 + S_3^2$. Para a radiação parcialmente polarizada, todos os parâmetros de Stokes são necessários. Em geral, temos

$$S_0^2 \geq S_1^2 + S_2^2 + S_3^2 \tag{6.24}$$

Para o caso de radiação totalmente não polarizada, temos

$$S_0 > 0; \quad S_1 = S_2 = S_3 = 0 \tag{6.25}$$

Podemos descrever uma onda parcialmente polarizada como a soma de uma onda totalmente polarizada com uma onda não polarizada. A magnitude da onda polarizada é dada por

$$\sqrt{S_1^2 + S_2^2 + S_3^2} \tag{6.26a}$$

e a magnitude da onda não polarizada é dada por

$$S_0 - \sqrt{S_1^2 + S_2^2 + S_3^2}$$ (6.26b)

Uma onda não polarizada pode ser descrita como a soma de duas ondas totalmente polarizadas, como:

$$\begin{pmatrix} S_0 \\ 0 \\ 0 \\ 0 \end{pmatrix} = \frac{1}{2} \begin{pmatrix} S_0 \\ S_1 \\ S_2 \\ S_3 \end{pmatrix} + \frac{1}{2} \begin{pmatrix} S_0 \\ -S_1 \\ -S_2 \\ -S_3 \end{pmatrix}$$ (6.27)

As duas ondas polarizadas têm polarizações ortogonais entre si. Essa relação mostra que se uma antena ou um sensor, com uma polarização determinada, forem utilizados para captar a radiação não polarizada, a potência recebida será somente metade da potência da radiação correspondente àquela referente à onda alinhada com a polarização da antena.

Veremos mais adiante que o estado de polarização afeta as condições de reflexão da radiação eletromagnética refletida ou espalhada por objetos.

Se normalizarmos os parâmetros de Stokes com relação à S_0, isto é, $S_0 = 1$, teremos os seguintes casos:

$$\begin{bmatrix} 1 & 0 & 0 & 0 \end{bmatrix} \qquad \text{Polarização aleatória}$$ (6.28)

$$\begin{bmatrix} 1 & 1 & 0 & 0 \end{bmatrix} \qquad \text{Polarização linear-x}$$ (6.29)

$$\begin{bmatrix} 1 & -1 & 0 & 0 \end{bmatrix} \qquad \text{Polarização linear-y}$$ (6.30)

$$\begin{bmatrix} 1 & 0 & 1 & 0 \end{bmatrix} \qquad \text{Polarização } +45°$$ (6.31)

$$\begin{bmatrix} 1 & 0 & -1 & 0 \end{bmatrix} \qquad \text{Polarização } -45°$$ (6.32)

$$\begin{bmatrix} 1 & 0 & 0 & 1 \end{bmatrix} \qquad \text{Polarização circular à direita}$$ (6.33)

$$\begin{bmatrix} 1 & 0 & 0 & -1 \end{bmatrix} \qquad \text{Polarização à esquerda}$$ (6.34)

$$\begin{bmatrix} 1 & 0{,}6 & 0 & 0{,}8 \end{bmatrix}$$ Polarização elíptica à direita, $E_{0x}/E_{0y} = 2$ (6.35)

O *grau de polarização* (GDP) de uma onda eletromagnética é definido como a fração da potência total contida em suas componentes polarizadas. Em termos dos parâmetros de Stokes, definimos o grau de polarização como

$$GDP = \frac{\sqrt{S_1^2 + S_2^2 + S_3^2}}{S_0}$$ (6.36)

Para os casos de polarização apresentados acima, com exceção do primeiro (equação 6.28), todos apresentam o GDP = 1.

O *grau de polarização linear*, GDPL, é dado por

$$GDPL = \frac{\sqrt{S_1^2 + S_2^2}}{S_0}$$ (6.37)

A densidade de fluxo total da radiação é dada em termos de S_0 por

$$F = S_0/(2Z_0)$$ (6.38)

onde $Z_0 = \sqrt{\dfrac{\mu_0}{\varepsilon_0}} = 377 \, \Omega$ é chamado de *impedância do vácuo*.

EXERCÍCIOS

6.1   Considere o vetor campo elétrico **E**, que tem componentes, horizontal e vertical, dadas por

$$E_h(t) = A_1 \cos(\omega t) \qquad e \qquad E_v(t) = A_2 \cos(\omega t - \xi)$$

   a) Para $A_1 = A_2$, descreva o comportamento temporal do vetor **E** para os casos: $\xi = 0$, $\xi = \pi/2$ e $\xi = \pi$.

   b) Refaça o item anterior, mas agora com $A_1 = 3A_2$.

c) Para os casos analisados nas alternativas **a** e **b,** calcule os parâmetros de Stokes e interprete-os comparando com os resultados obtidos anteriormente.

6.2 Seja uma onda eletromagnética com suas componentes $E_{0h} = 2$ e $E_{0v} = 1$ e a diferença de fase $\phi_h - \phi_v = \pi/2$.

a) Calcule os graus de polarização e de polarização linear e interprete os resultados obtidos.
b) Calcule para essa onda os dois ângulos da elipse de polarização, ψ e χ, e interprete os resultados obtidos.

A NATUREZA QUANTIZADA DA RADIAÇÃO ELETROMAGNÉTICA

7.1 INTRODUÇÃO

Em seu tratado de óptica *Optiks*, de 1704, Isaac Newton já assumia que a luz consistia de fluxo de "partículas" que se deslocavam em linha reta no vácuo. Embora Newton admitisse uma teoria corpuscular para a luz, tinha conhecimento de que ela apresentava algumas propriedades que somente poderiam ser explicadas assumindo--se o fato de ter também um caráter ondulatório, isto é, apresentava características típicas de ondas. Por exemplo, ele realizou alguns experimentos com bolhas de sabão, e as diferentes cores observadas nas bolhas podiam ser explicadas pelo fenômeno de interferência. O fenômeno de interferência também podia ser observado entre duas placas de vidro, o que acabou sendo chamado de "anéis de Newton".

Como vimos, segundo a teoria eletromagnética ondulatória, sintetizada nas quatro equações de Maxwell, a radiação eletromagnética (REM) pode ser explicada como ondas eletromagnéticas (OEM) compostas dos campos oscilatórios e propagantes **E** e **H**, elétrico e magnético. Assim, temos visões duais sobre a natureza da REM – uma ondulatória, que explica muito bem as características de sua propagação, e outra que a considera como composta de partículas.

7.2   O CARÁTER QUANTIZADO DA RADIAÇÃO ELETROMAGNÉTICA E O EFEITO FOTOELÉTRICO

Sabemos hoje que *quando a luz interage com a matéria*, isso acontece como se ela consistisse de partículas. Uma demonstração fundamental desse caráter corpuscular da luz foi apresentada por Einstein, em 1905, em seus experimentos a respeito do efeito fotoelétrico. A montagem experimental utilizada para explicar o efeito fotoelétrico era mais ou menos a seguinte (Figura 7.1):

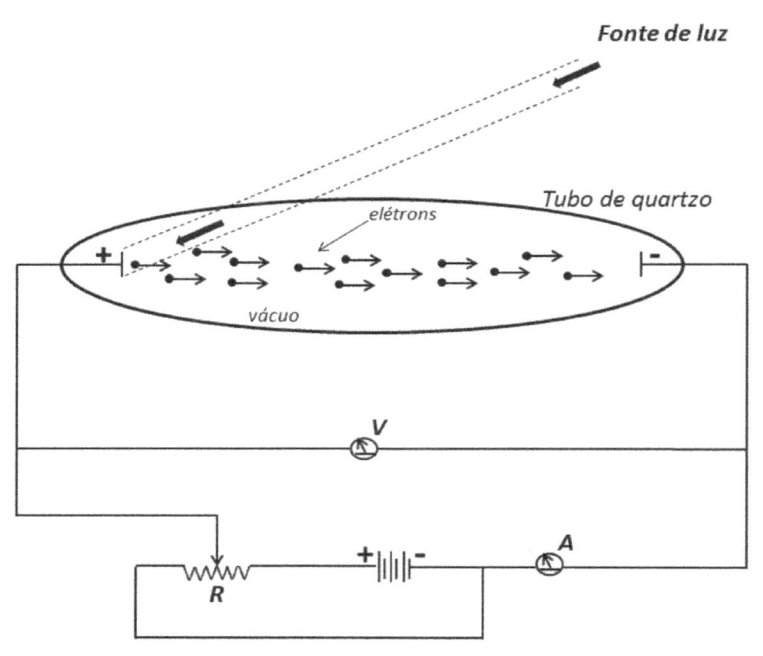

Figura 7.1 –   Esquema do experimento de Einstein usado para a análise do efeito fotoelétrico. Adaptado de Beiser (1969).

Uma superfície metálica é feita como o anodo (potencial positivo) de um circuito elétrico com potencial variável. Ela é instalada no interior de um tubo de quartzo em que foi feito vácuo. Se essa placa for iluminada com uma luz de frequência suficientemente alta, elétrons serão ejetados da placa em direção ao catodo do circuito (potencial negativo). Devido ao efeito retardador de repulsão do catodo sobre os elétrons, à medida que o potencial aplicado entre as placas (diminuindo a resistência R do circuito) for aumentado, diminuirá o número de elétrons capazes de romper o potencial de retardamento. Quando a diferença de potencial V aplicada às placas se iguala, ou excede um determinado valor (uns poucos volts), nenhum elétron consegue atingir o catodo, e cessa a corrente medida no amperímetro A.

Considerando que a luz (REM) transporta energia (vetor Poynting **S**), era de se esperar que parte dessa energia pudesse ser absorvida pelo metal e se concentrar nos elétrons individuais, reaparecendo sob a forma de energia cinética dos elétrons ejetados. Um aspecto muito importante observado nesse experimento foi o de que a distribuição da energia dos elétrons ejetados (chamados de fotoelétrons) independia da intensidade da luz incidente. Observou-se que um feixe de luz mais intenso produzia mais fotoelétrons que um feixe menos intenso de mesma frequência, entretanto, a energia média dos elétrons era a mesma.

Outro fato muito importante observado foi que a energia dos fotoelétrons (elétrons ejetados) dependia da frequência da luz incidente. Abaixo de certa frequência-limite, v_0 (que depende do material utilizado no anodo), não há emissão alguma de fotoelétrons, por mais intensa que seja a luz incidente.

Se o experimento for realizado variando-se a frequência da luz incidente, para valores maiores que v_0, os elétrons ejetados terão energias variando entre um valor pequeno e uma energia máxima. Esse valor máximo de energia dos fotoelétrons é uma função linear da frequência da luz incidente e pode ser calculado em função do potencial que corta a corrente no circuito. Se fizermos um gráfico da energia máxima dos fotoelétrons em função da frequência da luz incidente sobre a placa, teremos a seguinte imagem (Figura 7.2):

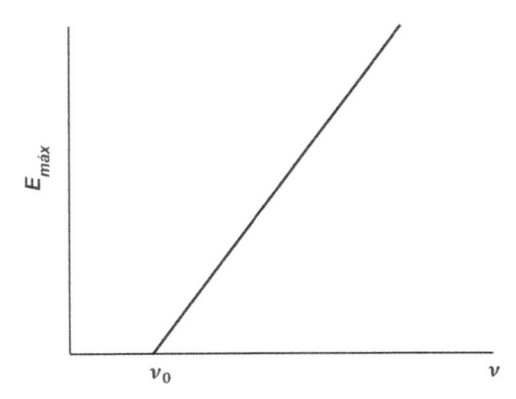

Figura 7.2 – Energia máxima dos fotoelétrons em função da frequência da luz incidente no anodo. v_0 é a menor frequência (ou frequência de corte) da luz incidente que produz fotoelétrons para o material utilizado na placa. Adaptado de Beiser (1969).

A equação que descreve $E_{máx} = f(\nu)$ é dada por

$$E_{máx}(\nu) = h(\nu - \nu_0) = h\nu - h\nu_0 \qquad \text{para} \qquad \nu > \nu_0 \tag{7.1}$$

Com $h = 6,63 \times 10^{-34}$ J s (Joules segundo). A frequência ν_0 depende do metal utilizado no anodo, porém o valor da inclinação da reta, h, é sempre o mesmo, independentemente do material.

Para explicar o efeito fotoelétrico, Einstein apoiou-se na ideia de quantização da radiação da energia emitida por corpos aquecidos, desenvolvida alguns anos antes por Max Planck. Planck conseguiu derivar teoricamente a fórmula do espectro da radiação termal como função da temperatura do corpo. Para isso, ele supôs que a radiação era emitida em pequenos pulsos, ou pacotes de energia discretos, denominados de *quanta* (ou *quantum*, no singular) ou fótons de energia. O espectro da energia emitida por um emissor perfeito (corpo negro) derivado por Planck é função da temperatura do corpo e possui a forma mostrada adiante (Figura 7.3).

Em seu estudo sobre a emissão termal, Planck mostrou que, para determinada frequência υ, todos os *quanta* de radiação emitidos possuem a mesma energia, que é dada por

$$E(\nu) = h\nu, \qquad \text{com} \qquad h = 6,63 \times 10^{-34} \text{J s} \tag{7.2}$$

A constante h é denominada de *constante de Planck*. É interessante notar que, embora Planck admitisse que a radiação emitida termalmente por um material emergisse desse material com intermitência, isto é, de forma descontínua em pacotes, ele não duvidava de que a propagação dessa energia ocorresse como ondas eletromagnéticas, tal como previsto pela teoria eletromagnética de Maxwell. A grande contribuição de Einstein nesse tópico foi propor que a luz não apenas é emitida descontinuamente em pacotes de energia (como imaginado por Planck), mas que ela também se propagava em *quanta* individuais de energia.

Dependendo do quão "mais profundo" esteja o elétron na rede cristalina do metal do anodo, mais energia será necessária para ejetá-lo, o que resulta numa distribuição das energias dos fotoelétrons. A máxima energia dos fotoelétrons ($E_{máx}$) está associada aos elétrons mais próximos à superfície do metal. Podemos reescrever a equação do efeito fotoelétrico (equação 7.1) da seguinte forma:

$$h\nu = h\nu_0 + E_{máx} \tag{7.3}$$

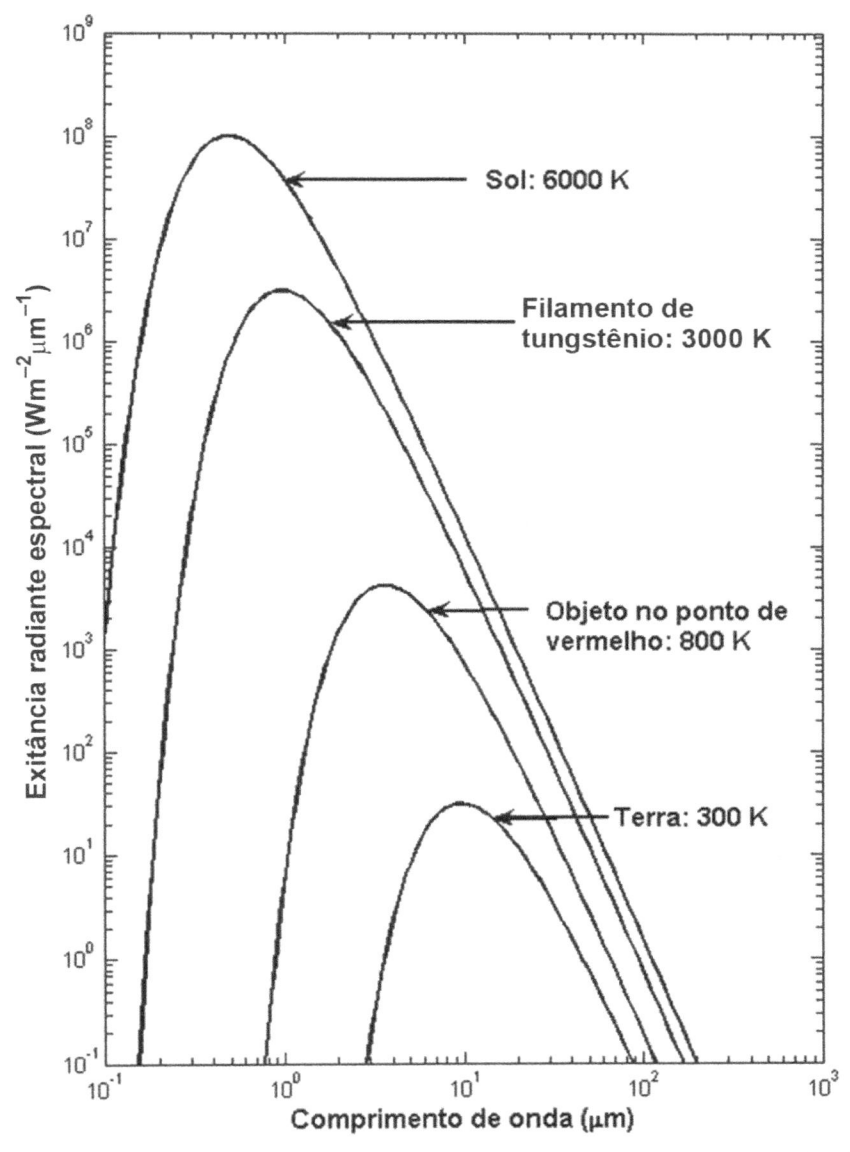

Figura 7.3 – Espectro da radiação termal emitida por um corpo negro a diferentes temperaturas derivado por Planck a partir da hipótese de que a emissão termal é quantizada.

A interpretação que Einstein deu à equação (7.3) foi a seguinte: a energia de cada *quanta* de luz incidente sobre o anodo é igual à soma da energia usada para romper a energia mínima que prende o elétron ao metal (hv_0), chamada de *função de trabalho* do metal do anodo, mais a energia do fotoelétron.

Vejamos o seguinte exemplo: a função de trabalho do potássio é 2,0 eV (elétron Volt; 1eV = 1,6 × 10^{-19} J). Com essa informação, qual seria a energia máxima dos fotoelétrons emitidos por esse material quando iluminado por um feixe de luz ultravioleta de comprimento de onda λ = 350 nm?

Um fóton de luz nesse comprimento de onda possui a seguinte energia:

$$E = h\nu = \frac{hc}{\lambda} = \frac{6,63 \times 10^{-34} \times 3 \times 10^{8}}{3,5 \times 10^{2} \times 10^{-9}} = 5,7 \times 10^{-19} \, J \qquad (7.4)$$

Convertendo para eV, temos:

$$h\nu = \frac{5,7 \times 10^{-19}}{1,6 \times 10^{-19}} = 3,6 \, eV \qquad (7.5)$$

Portanto, a máxima energia dos fotoelétrons é dada por

$$E_{máx}\left(\lambda = 350 \text{ nm; potássio}\right) = 3,6 - 2,0 = 1,6 \, eV = 2,56 \times 10^{-19} \, J \qquad (7.6)$$

Como indicado pela equação (7.2), quanto mais curto o comprimento de onda, ou mais alta a frequência da REM, maior é a energia do fóton. É por esse motivo que os fótons associados com radiação ultravioleta, raios X, raios cósmicos, com comprimentos de onda muito curtos, são tão penetrativos e danosos aos seres vivos.

Se tomarmos um feixe de REM, ele normalmente é composto de energia distribuída em ampla faixa de comprimentos de onda, ou frequências. A energia total do feixe (Q) pode ser expressa em termos da soma da contribuição da energia dos fótons em cada estreita faixa de frequências $\Delta\nu_i$, que tem ν_i como frequência central.

$$Q = \sum q_i = \sum_{i=1} n_i \left(h\nu_i\right) \quad \left[\text{Joules}\right] \qquad (7.7)$$

onde q_i é a energia (Joules) e n_i é o número de fótons em cada faixa de frequência.

7.3 O CARÁTER DUAL ONDA/PARTÍCULA DA RADIAÇÃO ELETROMAGNÉTICA

É importante salientar que, enquanto a teoria ondulatória (Maxwell) supõe que a energia da onda eletromagnética (OEM) se distribui continuamente ao longo da onda, a teoria quântica da radiação proposta por Einstein propõe que a energia se espalha a partir de uma fonte como uma série de concentrações localizadas de energia. Cada pacote de energia (ou fóton) é suficientemente pequeno de modo a poder ser absorvido por um único elétron. Entretanto, é curioso que a teoria corpuscular da radiação admita uma frequência característica da radiação, uma propriedade inerente de ondas, e não de partículas.

Do ponto de vista da interação da REM com a matéria, a teoria corpuscular/quantizada explica fenômenos como o efeito fotoelétrico, que a teoria ondulatória não consegue explicar. Por exemplo, a teoria ondulatória não pode explicar porque existe uma frequência-limite, abaixo da qual não há emissão de fotoelétrons, por mais intensa que seja a luz incidente.

Por outro lado, sabe-se que os elétrons emitidos pela placa, ao passarem por uma rede de difração, apresentam interferência, isto é, a distribuição de frequência de ocorrência onde são encontrados, após passarem pela rede, é caracterizada por máximos e mínimos – padrão encontrado somente na presença de interferência de ondas. Podemos, dessa forma, dizer que os elétrons possuem um caráter dual: são tipicamente partículas e, em outras situações, comportam-se como ondas.

Vejamos, por exemplo, o que acontece quando deixamos um trem de ondas na superfície da água passar por duas pequenas aberturas, próximas uma da outra, e analisamos as intensidades das ondas ao atingirem um dissipador de ondas, onde está montado um detector de intensidade de ondas (Figura 7.4).

Observe que se deixarmos somente uma fenda aberta, teremos o padrão de intensidade dado por cada uma das curvas da Figura 7.4b (I_1 e I_2). Ao deixarmos as duas fendas abertas, de cada uma delas será emitida uma onda. A interação entre as duas ondas fará aparecer locais onde a interferência é construtiva, reforçando a intensidade, e outros locais onde a interferência é destrutiva, isto é, a intensidade é mínima, e o padrão global é oscilatório, modulado por uma Gaussiana (Figura 7.4c acima). Esse é o padrão típico encontrado em fenômenos ondulatórios.

Vejamos agora o que ocorre se substituirmos a fonte de ondas por um emissor de partículas, tal como uma metralhadora não muito precisa, emitindo grande número de projéteis em direção a um painel com dois furos. Teríamos a seguinte situação (Figura 7.5).

Vemos, nesse caso, que o padrão encontrado quando as duas fendas são abertas é simplesmente a soma algébrica das intensidades obtidas quando somente uma das fendas é aberta. Portanto, o padrão típico de interação para partículas é totalmente diferente daquele observado para as ondas.

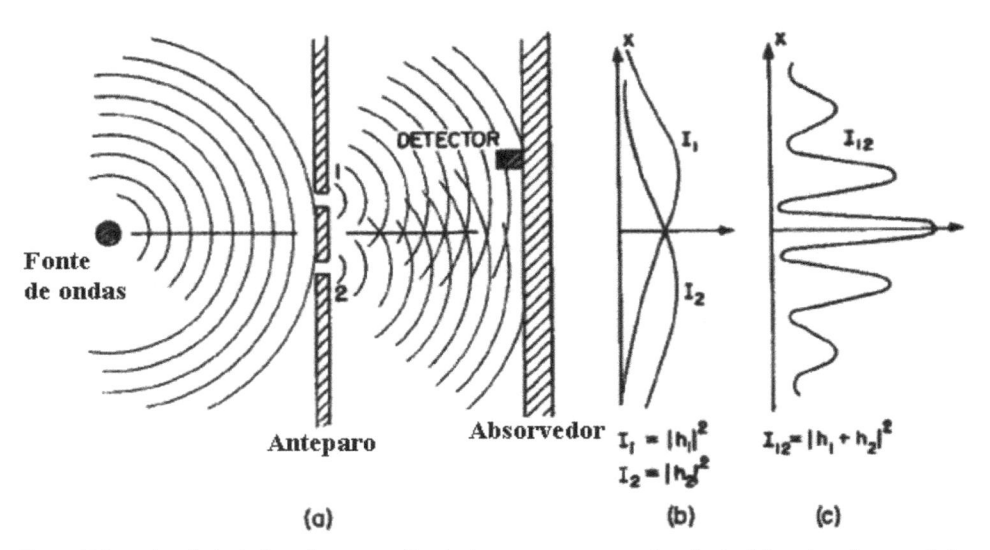

Figura 7.4 – Interferência de ondas na superfície da água ao passarem por duas fendas (a); padrão de intensidades observado quando deixamos aberta somente uma fenda de cada vez (b); padrão observado quando os dois orifícios estão abertos e atuam como fontes de ondas que se interferem (c). Adaptado de Feynman et al. (1963).

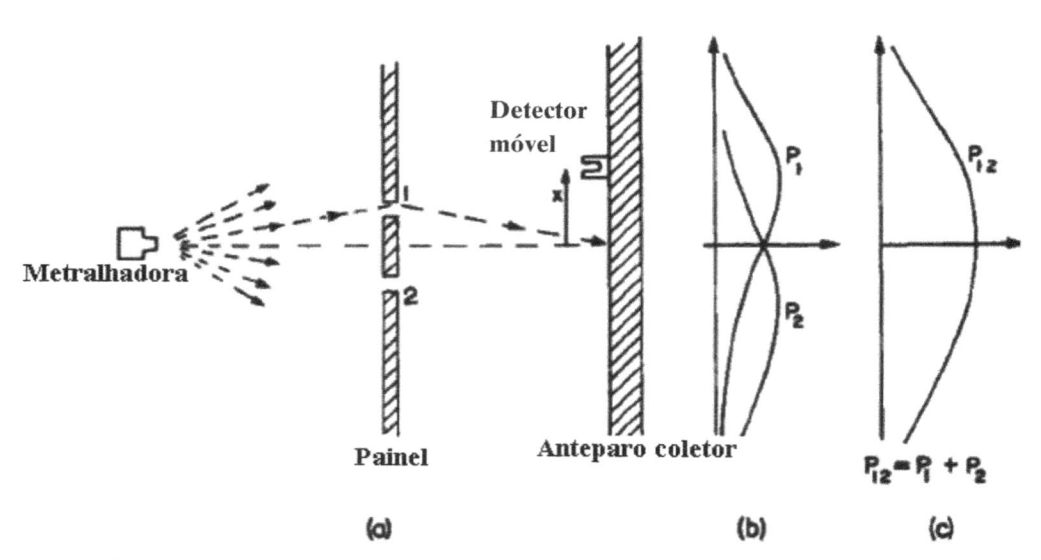

Figura 7.5 – Padrão de tiros de uma metralhadora sem precisão, dados em direção a um painel com duas fendas (a); padrão de concentração do número de projéteis encontrados no anteparo atrás do painel quando deixamos somente uma fenda aberta por vez (b); padrão encontrado quando deixamos as duas fendas abertas simultaneamente (c). Adaptado de Feyman et al. (1963).

Vejamos agora o que ocorre quando a metralhadora é trocada por um canhão de elétrons, tal qual uma placa excitada por uma fonte de luz de comprimento de onda suficientemente curto. Os experimentos realizados mostram a seguinte situação (Figura 7.6):

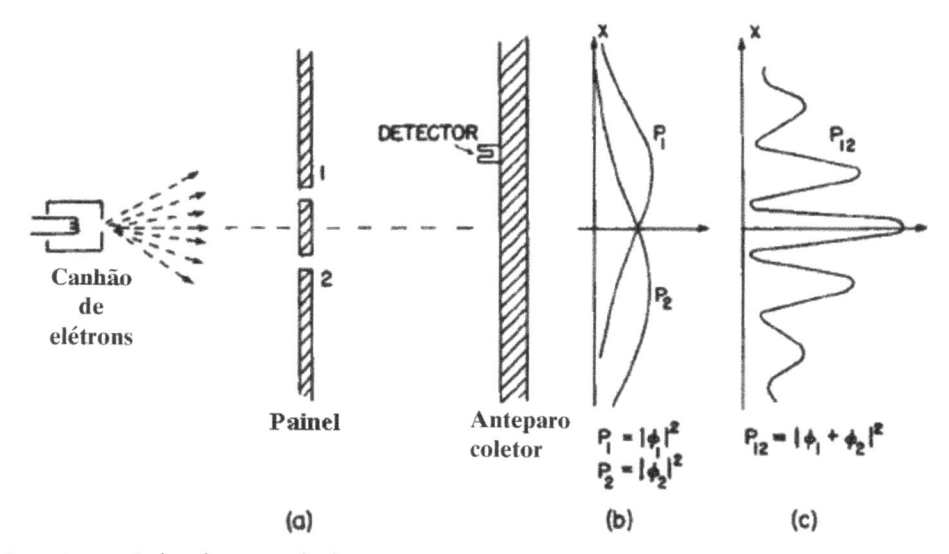

Figura 7.6 – Padrão de emissão de elétrons de um canhão de elétrons em direção a um painel com duas fendas (a); padrão de probabilidade de encontrar um elétron no anteparo atrás do painel quando deixamos somente uma fenda aberta por vez (b); padrão encontrado quando deixamos as duas fendas abertas simultaneamente (c). Adaptado de Feyman et al. (1963).

Um primeiro fato notado nesse tipo de experimento é que se for colocado um detector de elétrons no anteparo e a ele for ligado um sistema com um alto-falante que emita um clique cada vez que um elétron chegar, ouviremos um clique ou nada em cada local onde foi colocado o detector. O que recebemos é, de fato, quantizado; o elétron está, ou não, presente. O curioso é que se deixarmos somente uma das fendas aberta (Figura 7.6b, acima), a probabilidade de encontrarmos o elétron num determinado ponto no anteparo (que é proporcional ao número de cliques ali observado) é dada como na figura mostrada no caso anterior, isto é, padrão de partículas. Entretanto, se deixarmos ambas as fendas abertas simultaneamente, a probabilidade terá a forma de um padrão de interferência, típico de fenômenos ondulatórios. Vemos, assim, que o próprio elétron também possui um caráter dual partícula/onda, o que é admissível no âmbito da teoria quântica.

Assim, podemos afirmar que, no nível atômico da matéria, as partículas também apresentam caráter ondulatório. Contudo, a radiação, nos aspectos de sua interação com a matéria, embora possua características típicas de onda, como frequência e interferência, também possui caráter corpuscular, ou seja, de pacotes discretos de energia.

Como conclusão, podemos dizer que, para explicar, ou examinar os fenômenos associados com a propagação da REM, principalmente em seu aspecto macro, utilizamos em geral a teoria ondulatória de Maxwell. Essa teoria explica de maneira excelente fenômenos de polarização, refração, reflexão, interferência, difração etc. No entanto, para explicar muitos aspectos relativos à interação da REM com a matéria, sobretudo em seu contexto micro, devemos utilizar a teoria quântica da radiação.

RADIOMETRIA

8.1 INTRODUÇÃO

Radiometria pode ser definida como a técnica de quantificar a medida da radiação eletromagnética (REM). Em alguns textos, define-se radiometria como o conjunto dos princípios e leis que tratam da geração, propagação e detecção (mensuração) da REM na faixa óptica do espectro eletromagnético, excluindo-se, portanto, a parte de micro-ondas do espectro. O início da radiometria, como uma ciência quantitativa, é atribuído a Heinrich Hertz em 1887. Nessa época, Hertz fez a descoberta do efeito fotoelétrico, que, como visto, foi posteriormente explicado por Einstein. Assim, o início da radiometria está associado à natureza quantizada da radiação, mesmo que essas medidas possam ser interpretadas como resultantes de fenômenos ondulatórios de ondas eletromagnéticas.

8.2   OS PRINCIPAIS TIPOS DE DETECTORES DE ENERGIA RADIANTE

O olho humano é um detector natural muito eficiente de energia radiante. Sua faixa de operação, entretanto, restringe-se à banda do visível do espectro eletromagnético, isto é, aproximadamente entre 400 e 700 nm. Contudo, sua faixa dinâmica de resposta é muito grande, isto é, a razão entre o máximo e o mínimo sinal detectável é bastante ampla.

Basicamente, existem dois tipos de detectores de energia radiante: os *detectores termais* e os *detectores quânticos*. Os detectores termais funcionam pela absorção de energia radiante por um meio absorvedor, que é transformada em calor. A radiação é, então, medida pela mudança de temperatura causada no meio absorvedor. Normalmente, a mudança de temperatura altera alguma propriedade física mensurável tal como a resistência de um resistor-padrão. As variações de resistência medidas em um circuito elétrico são, então, convertidas em variações do fluxo incidente. Entre esse tipo de detector estão os termômetros, os termopares, os bolômetros e os piranômetros. Os detectores quânticos, por outro lado, respondem diretamente e em proporção ao número de fótons incidentes, não dependendo, como no caso dos detectores termais, de um efeito cumulativo da energia carregada pelos fótons individuais. Entre os detectores quânticos estão os detectores fotovoltaicos, fotocondutivos e fotoemissivos, além dos filmes fotográficos.

8.3   AS GRANDEZAS RADIOMÉTRICAS

Como diversas grandezas radiométricas envolvem os conceitos geométricos de ângulo plano e ângulo sólido, é importante esclarecer esses conceitos. Define-se como ângulo plano θ (radianos) a razão entre o comprimento do arco de um círculo (*l*) e a medida do raio (r) do círculo (Figura 8.1).

$$\theta \left(radianos\right) = l/r \qquad\qquad (8.1)$$

Como o comprimento da circunferência de raio r é $2\pi r$, temos um ângulo de 2π radianos numa circunferência. O comprimento de um segmento de uma circunferência associado a um ângulo θ é, então, dado por l = r θ. Assim, o comprimento do segmento cresce linearmente com r e θ.

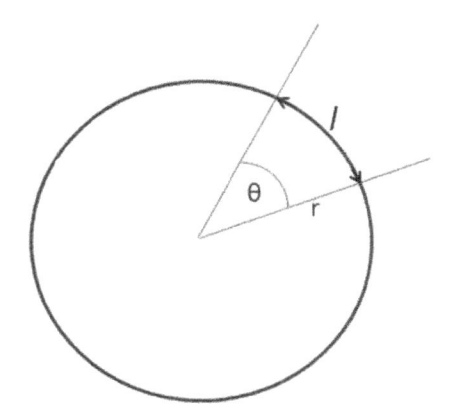

Figura 8.1 – Conceito de ângulo plano ($\theta = l/r$).

O conceito de *ângulo sólido* é uma extensão do conceito de ângulo plano, agora para o espaço. Considere a área (A) determinada pela intersecção de um cone de ângulo θ que tem seu vértice na origem de uma esfera de raio (r) (Figura 8.2). Definimos como ângulo sólido (Ω), determinado pela área A na origem da esfera, a razão entre a área A e o quadrado do raio da esfera, isto é,

$$\Omega(sr) = A/r^2 \tag{8.2}$$

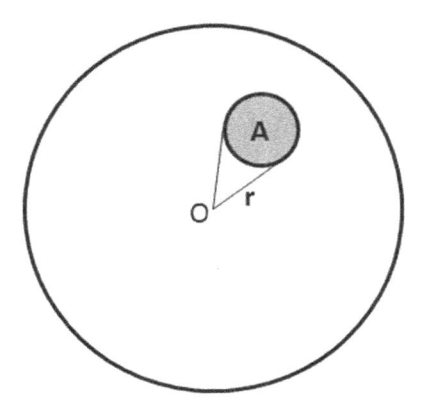

Figura 8.2 – Conceito de ângulo sólido ($\Omega = A/r^2$).

A unidade de ângulo sólido é o esferorradiano ou esteradiano, sr. Como a área de uma esfera de raio r é $4\pi r^2$, numa esfera, temos 4π sr, e, num hemisfério, 2π sr.

8.3.1   A energia radiante (Joule ou J)

Como vimos, a energia de um fóton de REM é diretamente proporcional à sua frequência e inversamente proporcional ao comprimento de onda, sendo dada por

$$q = h\nu = h\frac{c}{\lambda} \; [J] \tag{8.3}$$

Assim, quanto menor o comprimento de onda, ou maior a frequência da radiação, mais energia é carregada por cada fóton. Como visto, para um feixe de REM composto de energia numa ampla faixa de comprimentos de onda, ou de frequências, sua *energia total,* Q, é dada pela soma das energias de cada fóton individual, q_i, isto é,

$$Q = \sum q_i = \sum_{i=1} n_i q_i = \sum_{i=1} n_i h\nu_i \; [J] \tag{8.4}$$

onde a somatória é sobre toda a faixa de frequências contidas no fluxo radiante, n_i é o número de fótons em cada faixa de frequência e ν_i é a *frequência* no centro da faixa.

8.3.2   O fluxo radiante ou a potência radiante (Js⁻¹, Watt ou W)

Mais importante que conhecer a energia total é saber a quantidade de energia que passa por um ponto, ou uma seção, ou uma área dada, por unidade de tempo. Essa taxa de passagem de energia radiante é denominada de *fluxo radiante*, ou *potência radiante* (Φ), que tem unidade de Joules/segundo, ou Watts (W). Portanto, temos

$$\Phi = \frac{dQ}{dt} \; [Js^{-1}; W] \tag{8.5}$$

8.3.3   A densidade de fluxo por unidade de área, irradiância/ exitância (Wm⁻²)

De grande importância para a radiometria é a taxa de fluxo radiante que *incide* sobre uma superfície de um alvo qualquer, ou de um detector. Se normalizarmos o fluxo radiante *incidente* sobre uma superfície de área A, pela área, teremos o conceito de *irradiância* (E) (Figura 8.3), que tem a unidade de Wm⁻² e é definida por

$$E = \frac{d\Phi_{incidente}}{dA} \; [\mathrm{Wm^{-2}}] \qquad (8.6)$$

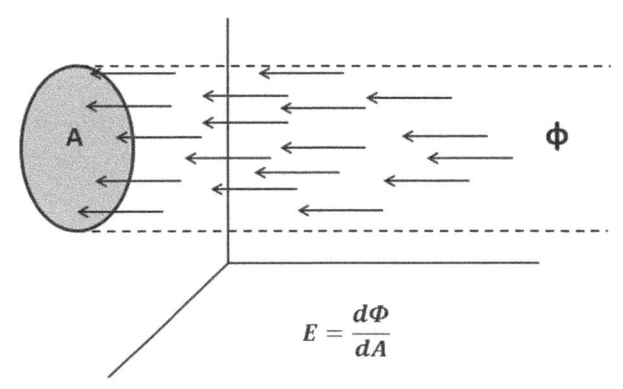

Figura 8.3 – Esquema do fluxo radiante incidente sobre uma superfície de área A, que define o conceito de irradiância (Wm^{-2}).

Semelhante ao conceito de irradiância E, se tomarmos o fluxo radiante que emana de uma superfície de área A e dividirmos esse fluxo pela área, teremos o conceito de *exitância* radiante (M), com a mesma unidade que a irradiância, isto é, Wm^{-2} (Figura 8.4). Portanto,

$$M = \frac{d\Phi_{emanente}}{dA} \; [\mathrm{Wm^{-2}}] \qquad (8.7)$$

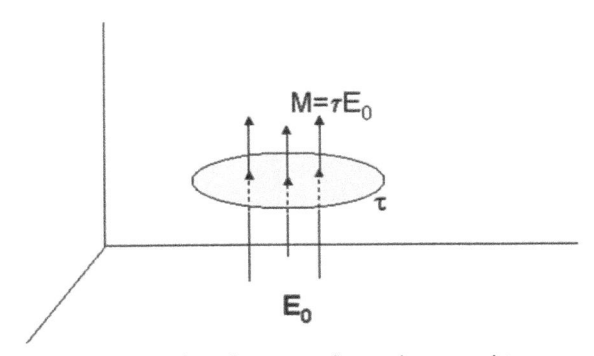

Figura 8.4 – Esquema da exitância radiante M (Wm^{-2}), ou seja, o fluxo radiante que deixa uma superfície de área A, dividido pela área. Na figura, supõe-se que o fluxo emanente de A seja causado pela irradiância E_o, que incide por baixo sobre A, e modulado pela transmitância τ da superfície de área A.

8.3.4   A intensidade radiante (Wsr⁻¹)

Devemos notar que tanto a irradiância como a exitância não fornecem informação alguma sobre a distribuição angular ou direcional do fluxo radiante. Para isso, definimos a grandeza *intensidade radiante* (I). Tomemos o fluxo radiante de uma fonte pontual, ou de uma pequena área de um alvo, numa dada direção (θ, ϕ) e num pequeno ângulo sólido $d\Omega$ (Figura 8.5). Define-se como intensidade radiante da fonte na direção (θ, ϕ) como a potência (W) emitida pela fonte por unidade de ângulo sólido (Ω):

$$I = I(\theta, \phi) = \frac{d\Phi}{d\Omega} \left[\mathrm{W sr}^{-1} \right] \tag{8.8}$$

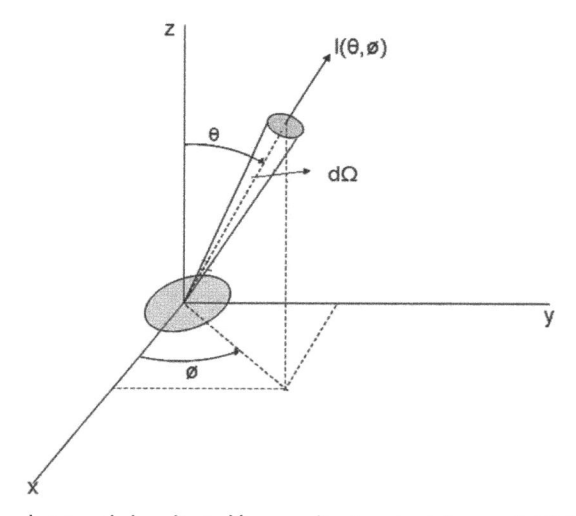

Figura 8.5 – Esquema da intensidade radiante (I) para a direção azimutal ø e zenital θ (Wsr⁻¹).

8.3.5   A radiância (Wm⁻²sr⁻¹)

A intensidade radiante descreve o fluxo radiante por unidade de ângulo sólido numa dada direção e proveniente de uma fonte pontual. Embora essa variável forneça informação direcional, ela não dá informação espacial de emissão de um alvo com área A. Para isso, é introduzido o conceito de *radiância*, que combina os conceitos de intensidade radiante e irradiância numa única variável. Define-se, então, a radiância de um alvo de área A numa dada direção como o fluxo radiante por unidade de ângulo sólido e por unidade de área projetada na direção considerada (Figura 8.6). Portanto, a unidade de radiância é $Wm^{-2}sr^{-1}$.

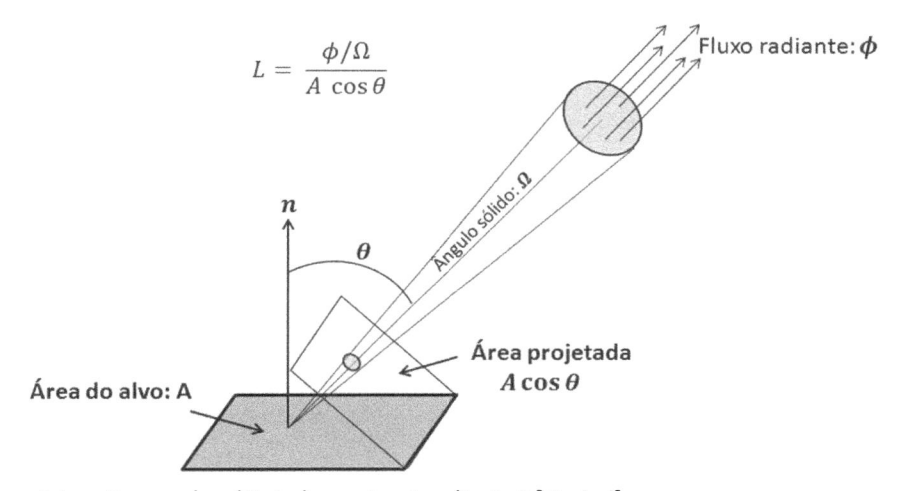

$$L = \frac{\phi/\Omega}{A\cos\theta}$$

Figura 8.6 – Esquema da radiância de uma área A na direção θ [$Wm^{-2}sr^{-1}$].

$$L = L\left(x, y, \theta, \phi\right) = \frac{d^2\Phi}{dA\cos\theta\, d\Omega}\left[Wm^{-2}sr^{-1}\right] \qquad (8.9)$$

A radiância fornece o fluxo radiante por unidade de área projetada para uma posição (x, y) na área de interesse e por unidade de ângulo sólido numa dada direção relativa à área de interesse. A radiância pode ser usada para caracterizar o fluxo radiante incidente, ou proveniente de uma superfície, ou através de qualquer superfície no espaço.

8.4 A INVARIÂNCIA DA RADIÂNCIA COM A DISTÂNCIA (PARA UM MEIO SEM DISSIPAÇÃO)

Uma propriedade muito importante da radiância para um meio sem dissipação é sua invariância com a distância. Como ilustrado na Figura 8.7, seja um fluxo radiante, caracterizado por um feixe de todos os raios que passam através de duas áreas elementares, dA_1 e dA_2, separadas por uma distância r.

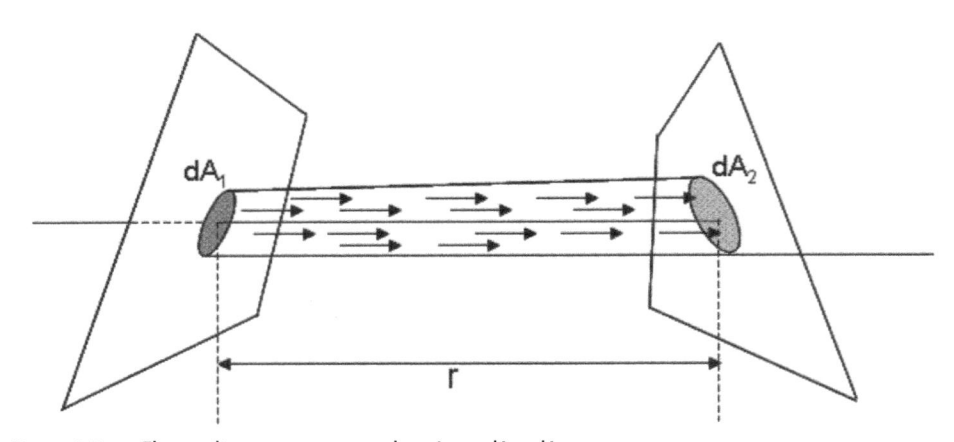

Figura 8.7 –   Fluxo radiante que passa por duas áreas, dA$_1$ e dA$_2$.

Definimos um vetor $\vec{r}$ que aponta na direção de propagação do fluxo e liga os centros das duas áreas elementares, dA$_1$ e dA$_2$. O ângulo feito entre $\vec{r}$ e a normal à superfície dA$_1$ é θ_1, e o ângulo entre $\vec{r}$ e dA$_2$ é θ_2. A distância entre as duas áreas é $r = |\vec{r}|$.

Desde que todos os raios que passam por dA$_1$ passem também por dA$_2$, o fluxo radiante por dA$_1$ (dΦ_1) é igual ao fluxo radiante por dA$_2$ (dΦ_2). As radiâncias associadas à dA$_1$ e à dA$_2$, L$_1$ e L$_2$ serão dadas por

$$L_1 = \frac{d^2\Phi_1}{dA_1 \cos\theta_1 \, d\Omega_1} \qquad e \qquad L_2 = \frac{d^2\Phi_2}{dA_2 \cos\theta_2 \, d\Omega_2} \qquad (8.10)$$

O ângulo sólido dΩ_1 é aquele subentendido pela área dA$_2$ no ponto central da área dA$_1$, e dΩ_2 é o ângulo sólido subentendido pela área dA$_1$ no centro da área dA$_2$ (Figura 8.8).
Isto é,

$$d\Omega_1 = dA_2 \cos\theta_2 / r^2 \qquad e \qquad d\Omega_2 = dA_1 \cos\theta_1 / r^2 \qquad (8.11)$$

Substituindo dΩ_1 e dΩ_2, conforme a equação (8.11), na equação (8.10), teremos

$$L_1 = \frac{r^2 d^2\Phi_1}{dA_1 \cos\theta_1 \, dA_2 \cos\theta_2} \qquad e \qquad L_2 = \frac{r^2 d^2\Phi_2}{dA_2 \cos\theta_2 \, dA_1 \cos\theta_1} \qquad (8.12)$$

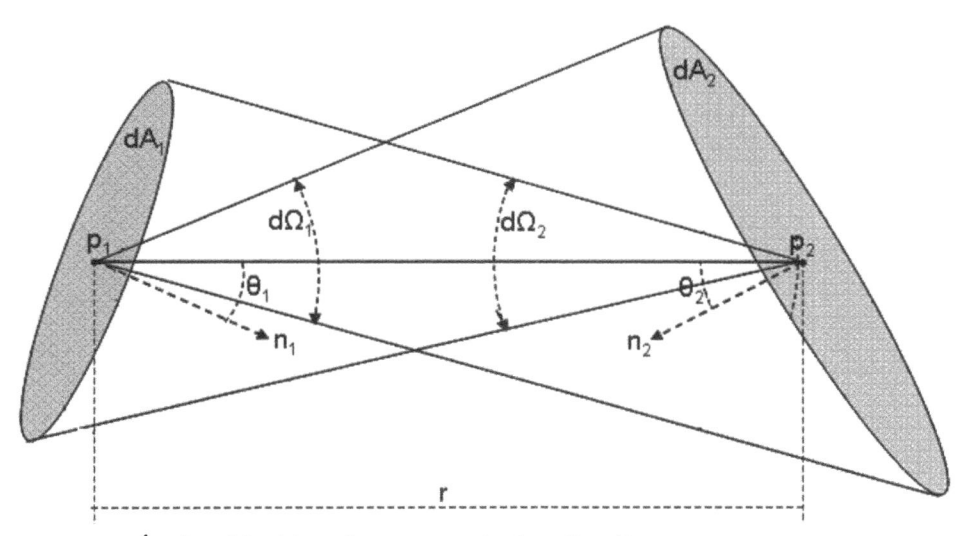

Figura 8.8 – Ângulos sólidos delimitados em p_1 e p_2 pelas áreas dA_2 e dA_1, respectivamente.

Como $d\Phi_1 = d\Phi_2$,

$$L_1 = L_2 \tag{8.13}$$

A equação (8.13) nos mostra que a radiância proveniente da área dA_1 é a mesma que incide em dA_2. Como todos os termos utilizados nessa demonstração são arbitrários, vemos que a *radiância é constante ao longo de um raio para um meio sem atenuação*. Esse conceito de invariância da radiância é muito importante, pois ele nos indica os princípios básicos de como devemos construir um radiômetro óptico.

8.5 A RADIÂNCIA MEDIDA POR UM SENSOR NUM RADIÔMETRO

Como demonstrado anteriormente, para um meio sem dissipação, a radiância L que provém de um alvo deve ser igual à radiância que chega à abertura de entrada de um radiômetro que tenha seu campo de visada totalmente inserido na área do alvo. Isso resulta do fato de o fluxo radiante $d\Phi$, emitido pelo alvo elementar dA, ser o mesmo que passa pela abertura do radiômetro.

Pelo mesmo raciocínio, podemos dizer que a radiância na abertura do instrumento, L_1, é igual à radiância L_2 que chega ao detector, instalado no interior do radiômetro. Vamos supor que o radiômetro esteja imageando uma fonte extensa. De cada elemento de área dA que compõe a área imageada (dentro do ângulo sólido Ω), um fluxo radiante elementar pode ser imaginado, sendo capturado pela abertura de entrada do radiômetro (Figura 8.9).

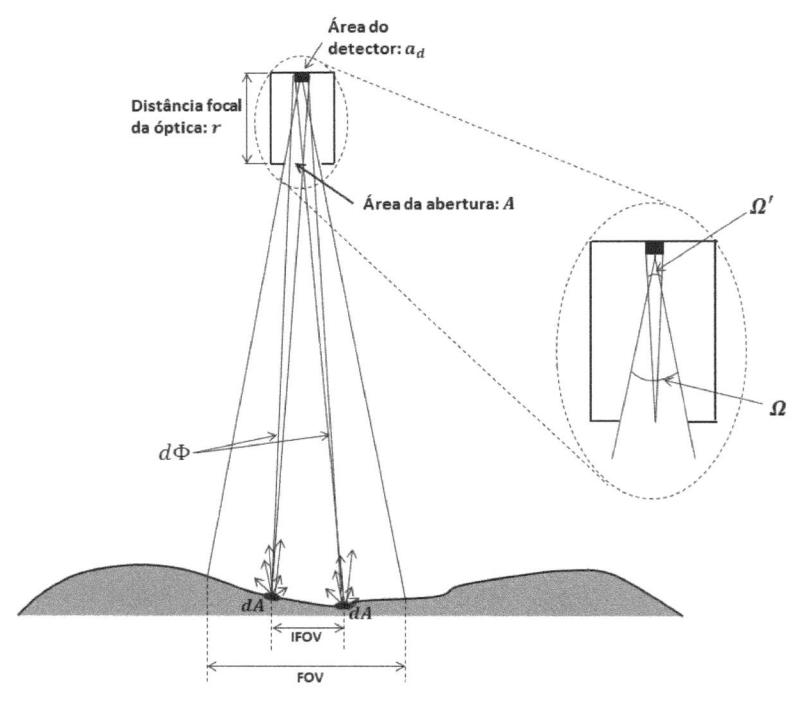

Figura 8.9 –　Esquema geométrico dos fluxos radiantes elementares (dΦ) que deixam uma pequena superfície dA e são inseridos num ângulo sólido dΩ determinado pela óptica de um radiômetro com abertura óptica A e distância focal r.

Sendo a_d a área do detector, A a área da abertura óptica e r a distância focal do radiômetro, vemos que o ângulo sólido Ω, determinado pela área de abertura no centro do detector, é dado por

$$\Omega = \frac{A}{r^2} \tag{8.14}$$

Da mesma forma, o ângulo sólido Ω', determinado pela área a_d do detector no centro da abertura do radiômetro, é dado por

$$\Omega' = \frac{a_d}{r^2} \tag{8.15}$$

A radiância, que emana da abertura óptica do radiômetro e é capturada pelo detector, é dada por

$$L_1 = \frac{d\Phi}{d\Omega'} \tag{8.16}$$

Usando a definição de Ω' acima, temos

$$L_1 = \frac{d\Phi}{A\left(a_d/r^2\right)} = \frac{d\Phi}{\Omega\, a_d} = L_2 \tag{8.17}$$

Assim, podemos dizer que a radiância medida no detector, L_2, que é a radiância do alvo, pode ser determinada pela razão entre o fluxo radiante incidente em sua abertura óptica e o produto do ângulo sólido Ω de visada do radiômetro (determinado pela área da abertura e a distância focal) e a área do detector a_d. Normalmente, procura-se fazer a razão (a_d/r^2) ser bem pequena $(\leq 0,01)$, para que a área plana da abertura do radiômetro seja uma boa aproximação da área curva usada na definição de ângulo sólido.

8.6 A INDEPENDÊNCIA DA RADIÂNCIA COM A DISTÂNCIA E O ÂNGULO DE VISADA

Vamos supor que um radiômetro instalado a bordo de um satélite faça a varredura de uma área que irradia uniformemente em todas as direções e que a atenuação atmosférica seja desprezível. A Figura 8.10 mostra o radiômetro para duas posições de visada, coletando os fluxos radiantes provenientes de duas áreas, A_1 e A_2. A área A_1 está a nadir do satélite a uma distância r_1, e a área A_2, que está a uma distância r_2, tem sua normal fazendo um ângulo θ com a direção de visada do radiômetro.

O ângulo sólido da óptica do radiômetro (Ω_3) determina o tamanho das áreas A_1 e A_2 em função das distâncias r_1 e r_2, isto é,

$$A_1 = \Omega_3 r_1^2 \qquad \text{e} \qquad A_2 \cos\theta = \Omega_3 r_2^2 \tag{8.18}$$

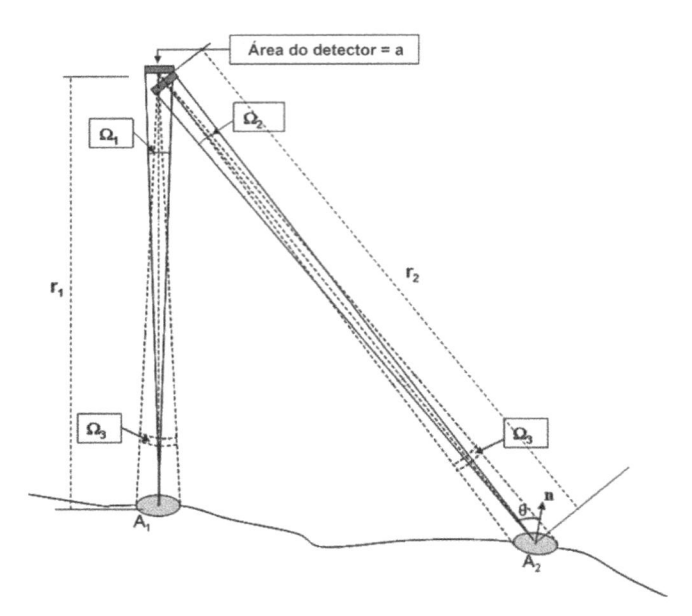

Figura 8.10 – Esquema da geometria de visada de um radiômetro para duas áreas elementares, A_1 e A_2.

Como, por hipótese, os fluxos radiantes que deixam A_1 e A_2 são iguais, podemos escrever

$$\Phi_1 = L_1 A_1 \Omega_1 = \Phi_2 = L_2 A_2 \cos\theta\, \Omega_2 \tag{8.19}$$

onde L_1 e L_2 são as radiâncias medidas pelo radiômetro provenientes das áreas A_1 e A_2, respectivamente.

Agora, $\Omega_1 = a/r_1^2 \qquad$ e $\qquad \Omega_2 = a/r_2^2 \tag{8.20}$

Substituindo as expressões para A_1, A_2, Ω_1 e Ω_2 na equação (8.19), temos

$$L_1 \Omega_3 r_{12}^2\ a/r_1^2 = L_2 \Omega_3 r_2^2\ a/r_2^2 \Rightarrow L_1 = L_2 \tag{8.21}$$

Este resultado é muito importante, pois ele nos mostra que a radiância de um alvo extenso que irradia uniformemente não depende da distância em que é realizada a medida, nem do ângulo de visada. Essas invariâncias são válidas desde que a atenuação atmosférica (ou do meio) seja desprezível e o alvo preencha totalmente o campo de visada do radiômetro.

8.7 A LEI DO COSSENO E DO INVERSO DO QUADRADO DA DISTÂNCIA PARA A IRRADIÂNCIA

Seja um fluxo radiante Φ proveniente de uma fonte pontual (uma fonte que está suficientemente afastada; o critério de "suficientemente afastada" será discutido posteriormente). Considere agora esse fluxo incidindo sobre uma superfície dA, cuja normal está orientada na direção de onde vem (ou para onde vai) o fluxo e, em seguida, sobre uma superfície cuja normal tem uma direção que faz um ângulo θ com relação à direção do fluxo (Figura 8.11).

A irradiância (ou exitância) na primeira superfície é dada por

$$E = \frac{d\Phi}{dA} \tag{8.22}$$

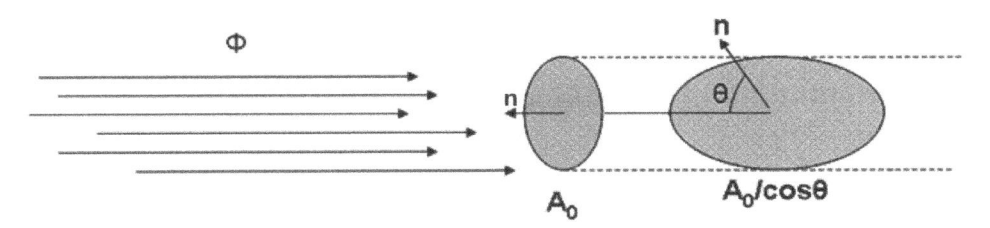

Figura 8.11 – Fluxo radiante incidente sobre duas áreas com diferentes orientações espaciais. A superfície inclinada tem sua área aumentada pelo inverso do cosseno do ângulo θ.

Como o fluxo sobre A_0 é o mesmo que o incidente sobre a superfície inclinada, temos

$$E_0 dA_0 = E_n \frac{dA_0}{\cos\theta} \tag{8.23}$$

onde E_n é a irradiância sobre a superfície inclinada. Assim,

$$E_n(\theta) = E_0 \cos\theta \tag{8.24}$$

isto é, a irradiância produzida por um fluxo radiante sobre uma superfície cuja normal faz um ângulo θ com relação à direção do fluxo é diminuída em relação à irradiância sob incidência normal pelo fator produto, cos (θ). Assim, *quanto maior o ângulo de inclinação da superfície em relação à direção do fluxo incidente, menor a irradiância.*

Considere, agora, duas áreas, A_1 e A_2, determinadas por um ângulo sólido Ω e que recebem um fluxo radiante Φ de um alvo situado às distâncias r_1 e r_2 das duas áreas, respectivamente (Figura 8.12).

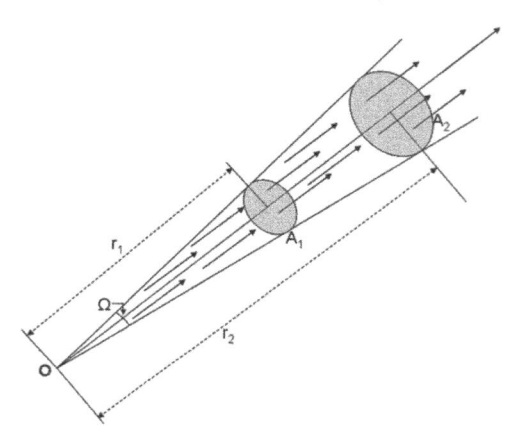

Figura 8.12 – Fluxo radiante Φ delimitado num cone de ângulo sólido Ω, passando por duas áreas, A_1 e A_2, distantes da fonte O, r_1 e r_2.

A irradiância em A_1 é dada por

$$E_1 = d\Phi / A_1 \tag{8.25}$$

e a irradiância em A_2 é dada por

$$E_2 = d\Phi / A_2 \tag{8.26}$$

Agora, considerando a definição de ângulo sólido, temos

$$A_1 = \Omega r_1^2 \qquad e \qquad A_2 = \Omega r_1^2 \tag{8.27}$$

Como o fluxo radiante é o mesmo nas duas superfícies, podemos escrever

$$E_1 A_1 = E_1 \ \Omega \ r_1^2 = E_2 A_2 = E_2 \ \Omega \ r_2^2 \rightarrow E_1 r_1^2 = E_2 r_2^2 \tag{8.28}$$

Portanto,

$$E_2 = E_1 \left(r_1/r_2 \right)^2 \tag{8.29}$$

Essa é a relação utilizada para a correção da irradiância no topo da atmosfera pela variação da irradiância solar com a distância Terra-Sol (equação 2.2). Naquele caso, $E_1 = E_o$, a constante solar, r_1, era a distância média Terra-Sol, e E_2 e r_2, respectivamente, a irradiância a ser calculada e a distância real Terra-Sol para o dia do ano escolhido.

Podemos fazer uma demonstração mais formal das leis do inverso do quadrado da distância e do cosseno para a irradiância para uma fonte pontual da seguinte forma: consideremos uma fonte pontual com uma intensidade radiante I e a uma distância r, uma superfície qualquer com uma área dA. A normal a essa superfície faz um ângulo θ com a linha que une a fonte pontual com o ponto central da área dA.

O fluxo radiante $d\Phi$, emitido pela fonte pontual num ângulo sólido $d\Omega$ que incide sobre dA, é dado por

$$d\Phi = I \, d\Omega \tag{8.30}$$

O ângulo $d\Omega$ é o ângulo sólido subentendido na fonte pontual pela área dA projetada na direção do fluxo, isto é,

$$d\Omega = dA \, \cos\theta/r^2 \tag{8.31}$$

Agora,

$$E = d\Phi/dA = \left(I \, dA \, \cos\theta/r^2 \right)/dA = I \cos\theta/r^2 \tag{8.32}$$

Vemos, assim, que a irradiância é função do cosseno do ângulo da normal à superfície com a direção da irradiação que sobre ela incide e varia com o inverso do quadrado da distância da fonte. O termo I não varia com a distância uma vez que é razão entre $d\Phi$ e $d\Omega$, ambos constantes na condição assumida.

A equação (8.32) também mostra como podemos calcular a irradiância produzida por uma fonte pontual de intensidade radiante I sobre uma área inclinada por um ângulo θ e a uma distância r da fonte.

Note que essa lei do inverso do quadrado da distância é estritamente correta apenas para fontes pontuais. Mesmo quando a fonte não é pontual (o que é muito comum), podemos, ainda, assumir o decaimento da irradiância com o inverso do quadrado da distância com razoável precisão se r for pelo menos cinco vezes maior que a máxima dimensão da fonte (Slater, 1980).

Como comentário final sobre os tópicos acima, podemos ilustrar como irradiância a sensação de calor que experimentamos em nossa pele ao sermos expostos a um fluxo termal emitido por uma chama de uma fogueira, por exemplo. Ao nos aproximarmos da fogueira, mesmo que somente um pouco, podemos sentir o aumento da "irradiância", isto é, da sensação de calor da fonte. O inverso ocorre quando nos afastamos da fogueira. Agora, nosso olho funciona como um radiômetro, tendo um sensor no plano focal e um ângulo sólido determinado pelo diâmetro da íris e pelo comprimento focal da óptica do olho. Assim, nossa sensação de uma luz mais intensa ou menos intensa é relacionada ao conceito de radiância. É bastante evidente que, conforme nos movimentamos, para longe ou para perto de uma fogueira, embora a sensação de calor mude com a distância (irradiância), o brilho da chama (radiância) não se altera.

EXERCÍCIOS

8.1   Um sensor de formato circular e de raio $r_s = 0,5$ cm recebe um fluxo radiante $f = 10^{-10}$ J s^{-1} proveniente de um alvo também circular e de raio $r_a = 0,5$ m. O alvo está localizado a 1.000 m do sensor, e sua normal faz um ângulo $\theta = 30°$ em relação à linha de visada do sensor. Calcule a radiância do alvo supondo que não haja atenuação entre ele e o sensor.

8.2   Considere uma fonte pontual com uma intensidade radiante $I = 10^{-1}$ W sr^{-1}. Qual o valor de irradiância que o fluxo radiante dessa fonte produzirá sobre um painel solar que está a 0,1 km de distância? A normal à superfície do painel faz um ângulo de 45° com a reta que une a fonte com o centro do painel. Que área deveria ter o painel para poder gerar uma potência de 0,1 W? Considere a eficiência do painel de 20%.

8.3   A exitância radiante da superfície do Sol pode ser calculada a partir de sua temperatura, $T = 5.800$ K, e a partir da seguinte equação $M = \sigma T^4$, onde $\sigma = 5,67 \times 10^{-8}$ Wm^{-2}K^{-4}. Sabendo-se que o disco solar visto da Terra determina um ângulo de $9,28 \times 10^{-3}$ radianos, calcule a radiância da superfície do Sol.

CAPÍTULO 9

AS RELAÇÕES ENTRE AS GRANDEZAS RADIOMÉTRICAS

9.1 A FORMA DIFERENCIAL DO ÂNGULO SÓLIDO

Dado que o conceito de ângulo sólido é extremamente importante em radiometria, sendo utilizado, por exemplo, nas definições de intensidade radiante e radiância, vejamos como podemos determinar o valor do ângulo sólido compreendido entre dois elementos incrementais de ângulos azimutais e zenitais, $d\phi$ e $d\theta$, respectivamente. Comecemos recordando que o ângulo sólido é definido como a razão entre a área delimitada pela intersecção de um cone com centro numa esfera de raio r e o quadrado do raio da esfera, r^2. Como área tem unidade de comprimento ao quadrado $[L^2]$, o ângulo sólido é adimensional, sendo o equivalente em três dimensões do conceito de ângulo plano. Enquanto a unidade de ângulo plano é o radiano, a unidade de ângulo sólido é denominada de esteradiano ou esferorradiano (sr).

Consideremos a Figura 9.1, que representa uma seção de uma esfera de raio r, com centro na origem de um sistema de coordenadas esférico (r, θ, ϕ). De acordo com a Figura 9.1, vemos que o elemento diferencial de área sobre uma esfera de raio r é dado por

$$dA = (r\ \text{sen}\theta\ d\phi) \cdot (r\ d\theta) = r^2\ \text{sen}\theta\ d\theta\ d\phi \tag{9.1}$$

Como o ângulo sólido $d\Omega$ é definido como dA/r^2, temos

$$d\Omega = \text{sen}\,\theta\ d\theta\ d\phi \tag{9.2}$$

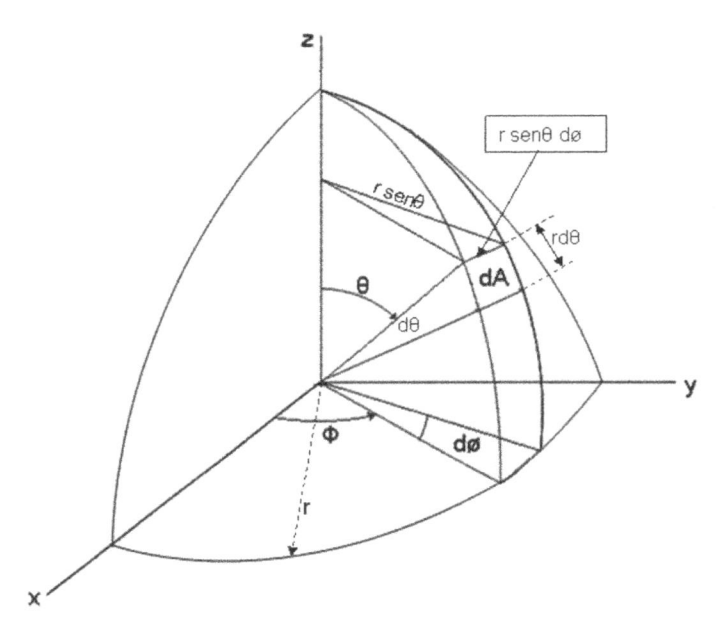

Figura 9.1 – Configuração geométrica para um elemento de ângulo sólido $d\Omega = dA/r^2$.

9.2 A RELAÇÃO ENTRE A RADIÂNCIA E A IRRADIÂNCIA/EXITÂNCIA RADIANTE

Vamos supor que conhecemos a radiância de uma superfície em todas as direções espaciais de um hemisfério através de medidas efetuadas com um radiômetro. Para estimar o fluxo radiante dessa superfície, devemos integrar a radiância para todos os ângulos sólidos e toda a extensão de área da fonte, isto é,

$$\phi = \iint\limits_{A\,\Omega} L\ \cos\theta\ d\Omega\ dA \quad [W] \tag{9.3}$$

O fator cos θ em (9.3) é decorrente da definição de radiância, em que se usa a área projetada na direção de interesse.

Pela definição de exitância radiante (equação 8.7), podemos escrever

$$\Phi = \int_A M \, dA \tag{9.4}$$

Portanto, comparando as equações (9.4) e (9.3), podemos concluir que

$$M = \int_\Omega L \cos\theta \, d\Omega \tag{9.5}$$

isto é, para se obter a exitância de uma área A, a partir de sua radiância, deve-se integrar a radiância para todos os ângulos sólidos correspondentes a um hemisfério, ponderando a radiância por cos θ. Levando-se em conta a expressão para o ângulo sólido diferencial dΩ, derivado na seção anterior (equação 9.2), temos:

$$M = \int_{\phi=0}^{2\pi} \int_{\theta=0}^{\pi/2} L(\theta,\phi)\cos\theta \, sen\theta \, d\theta \, d\phi \tag{9.6}$$

Assim, conhecida a distribuição espacial da radiância, essa é a equação a ser utilizada no cômputo da irradiância hemisférica.

9.3 A SUPERFÍCIE LAMBERTIANA

Uma superfície completamente difusa, isto é, cuja radiância é a mesma para qualquer direção do espaço (L não varia, nem com θ, nem com φ), é denominada de *superfície Lambertiana*. Para uma superfície Lambertiana, como L é constante, ele pode ser passado para fora da integral da equação (9.6), resultando em

$$M = L \int_0^{2\pi} \int_0^{\pi/2} \cos\theta \, sen\theta \, d\theta \, d\varphi = L \int_0^{2\pi} d\varphi \int_0^{\pi/2} \cos\theta \, sen\theta \, d\theta =$$

$$= 2\pi L \int_0^{\pi/2} \cos\theta \, sen\theta \, d\theta = 2\pi L \int_0^{\pi/2} \frac{1}{2} \, sen 2\theta \, d\theta = \pi L \left[-\frac{1}{2}\cos 2\theta \right]_0^{\pi/2} = \pi L \tag{9.7}$$

ou seja, para uma superfície Lambertiana,

$$\frac{M}{L} = \pi \tag{9.8}$$

Portanto, para uma superfície Lambertiana, a razão entre a exitância radiante hemisférica e a radiância é igual a π. Essa é uma relação muito importante, pois em geral se conhece a irradiância incidente sobre o alvo, ou a sua exitância radiante. Se o alvo puder, então, ser aproximado por uma superfície Lambertiana, sua radiância poderá ser facilmente determinada pela relação (9.8).

Outra maneira de caracterizar uma superfície Lambertiana é através de sua intensidade radiante I. Da definição de radiância, numa direção que faz um ângulo θ com relação à normal à superfície, temos

$$L_\theta = \frac{d^2\Phi}{dA\cos\theta\,d\Omega} \tag{9.9}$$

Mas a intensidade radiante é dada por

$$I = \frac{d\Phi}{d\Omega} \tag{9.10}$$

Portanto, podemos reescrever a radiância como

$$L_\theta = \frac{dI}{dA\cos\theta} \tag{9.11}$$

Agora, se a intensidade radiante numa dada direção θ em relação à normal à superfície for proporcional ao cos θ, isto é, $I(\theta) = I_0\cos\theta$, onde I_0 é a intensidade na direção da normal à superfície, então teremos para a radiância:

$$L_\theta = \frac{dI_0\cos\theta}{dA\cos\theta} = L_0 \tag{9.12}$$

isto é, se a intensidade radiante I de uma superfície decai com relação àquela na direção de sua normal I_0 com o cos θ, então a sua radiância é constante e igual àquela de sua normal. Como vimos anteriormente, essa é a definição de superfície Lambertiana. Portanto, para uma superfície Lambertiana, temos $I_\theta = I_0 \cos \theta$. O que faz uma superfície Lambertiana ter radiância independente de θ é sua intensidade radiante, que decai com o aumento de θ na mesma taxa que a área projetada decresce com o aumento desse ângulo. Os dois efeitos se compensam.

Considerando que a sensação de brilho de uma imagem é proporcional à radiância, uma superfície Lambertiana será "vista" igualmente de qualquer ângulo de visada. Embora uma superfície perfeitamente Lambertiana seja um conceito teórico, existem superfícies "quase" Lambertianas, tal como uma tela para projeção de vídeo ou filmes e, em particular, se evitarmos ângulos próximos de 90°. Uma superfície Lambertiana tem um comportamento oposto àquele de uma superfície especular (que reflete como um espelho). Enquanto a superfície especular reflete um feixe de luz somente numa única direção, a superfície Lambertiana se comporta como um refletor totalmente difuso, com a mesma reflectância para qualquer direção de visada.

9.4 O BALANÇO DOS FLUXOS RADIANTES: TRANSMITÂNCIA, REFLECTÂNCIA E ABSORTÂNCIA

Consideremos um fluxo radiante (Φ_λ) numa dada faixa bem estreita de comprimentos de onda, centrado no comprimento de onda λ. Se esse fluxo incidir sobre um meio, ou objeto, parte dele será absorvida, parte será transmitida e parte será refletida, como indicado na Figura 9.2.

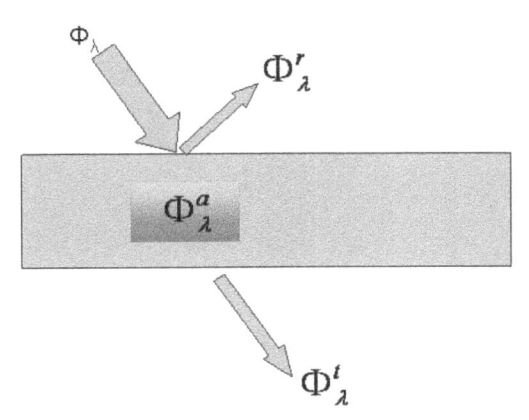

Figura 9.2 – O fluxo radiante total Φ incidente sobre um meio e seus componentes: refletido (Φ^r), absorvido (Φ^a) e transmitido (Φ^t).

A *transmissividade* caracteriza a capacidade de um meio deixar o fluxo se propagar através de si. Associado à transmissividade, define-se o conceito de *transmitância radiante* (τ) como a razão entre a exitância radiante (M_τ), que emana do meio, depois de ser propagada através dele, e a irradiância incidente sobre o meio (E_i), isto é,

$$\tau_\lambda = \frac{M_{\tau\lambda}}{E_{i\lambda}}$$ (9.13)

Se tomarmos os fluxos incidente e emanente, relativos a uma área A, E_i e M_τ, eles serão dados por

$$E_{i\lambda} = \Phi_\lambda/A \qquad e \qquad M_{\tau\lambda} = \Phi_\lambda^t/A$$ (9.14 a)

e

$$\tau_\lambda = \frac{\Phi_\lambda^t}{\Phi_\lambda}$$ (9.14 b)

Como M e E têm a mesma unidade (Wm^{-2}), a transmitância é adimensional. Note que, como Φ_λ^t nunca pode ser maior que Φ_λ, isto é, o fluxo transmitido é sempre menor ou igual ao fluxo incidente, $\tau \le 1$.

De maneira semelhante, a *refletividade* representa a capacidade de um meio redirecionar o fluxo, ou parte dele, para o mesmo hemisfério de onde veio. Associado à refletividade, definimos a *reflectância* (r ou ρ) de um meio como a razão entre a exitância radiante na posição onde incide o fluxo radiante e a irradiância incidente.

$$r_\lambda = \frac{M_{r\lambda}}{E_{i\lambda}}$$ (9.15)

Com $M_{r\lambda} = \Phi_\lambda^r/A$ (9.16 a)

e $\qquad r_\lambda = \frac{\Phi_\lambda^r}{\Phi_\lambda}.$ (9.16 b)

Da mesma maneira que para a transmitância, a reflectância é adimensional, e r ≤ 1.

A *absortividade* é a capacidade que o meio possui de remover fótons, ou parte da energia associada ao fluxo radiante que propaga num meio qualquer, convertendo-o em outra forma de energia, por exemplo, calor. Associada à absortividade, temos a *absortância* (**a**), que é a razão entre o fluxo radiante por unidade de área $M_{a\lambda}$, convertido em outra forma de energia, e a irradiância incidente.

$$a_\lambda = \frac{M_{a\lambda}}{E_{i\lambda}} = \frac{\Phi_\lambda^a}{\Phi_\lambda} \tag{9.17}$$

Como para os parâmetros anteriores, a absortância também é adimensional e menor ou igual à unidade.

Por conservação de energia, temos

$$\Phi_\lambda = \Phi_\lambda^a + \Phi_\lambda^r + \Phi_\lambda^t \tag{9.18}$$

Se dividirmos todos os termos da equação (9.18) por Φ_λ, teremos

$$\alpha + r + \tau = 1 \tag{9.19}$$

Se o meio for opaco, isto é, se sua transmitância for zero, $\tau = 0$, ou tão baixa que podemos considerá-la nula, então teremos:

$$\alpha + r = 1 \tag{9.20}$$

Assim, a reflectância é alta (baixa) quando a absortância é baixa (alta).

A Figura 9.3 mostra os espectros de absortância/transmitância para os vários constituintes atmosféricos nas faixas espectrais do visível e do infravermelho (IV). Valores foram derivados a partir de um modelo de transferência radiativa para uma atmosfera U.S. padrão e ao longo de uma direção de 45º de iluminação solar. O último gráfico representa a composição das transmissões de todos os componentes nos gráficos anteriores. É bastante visível o importante papel do vapor d'água na determinação da transmitância global atmosférica. Para o infravermelho termal (IVT), a absorção pelo ozônio (O_3) é fundamental na faixa centrada em 9,5 μm. O forte decaimento da transmitância nos comprimentos de onda mais curtos é bastante condicionado à presença e ao espalhamento por aerossóis.

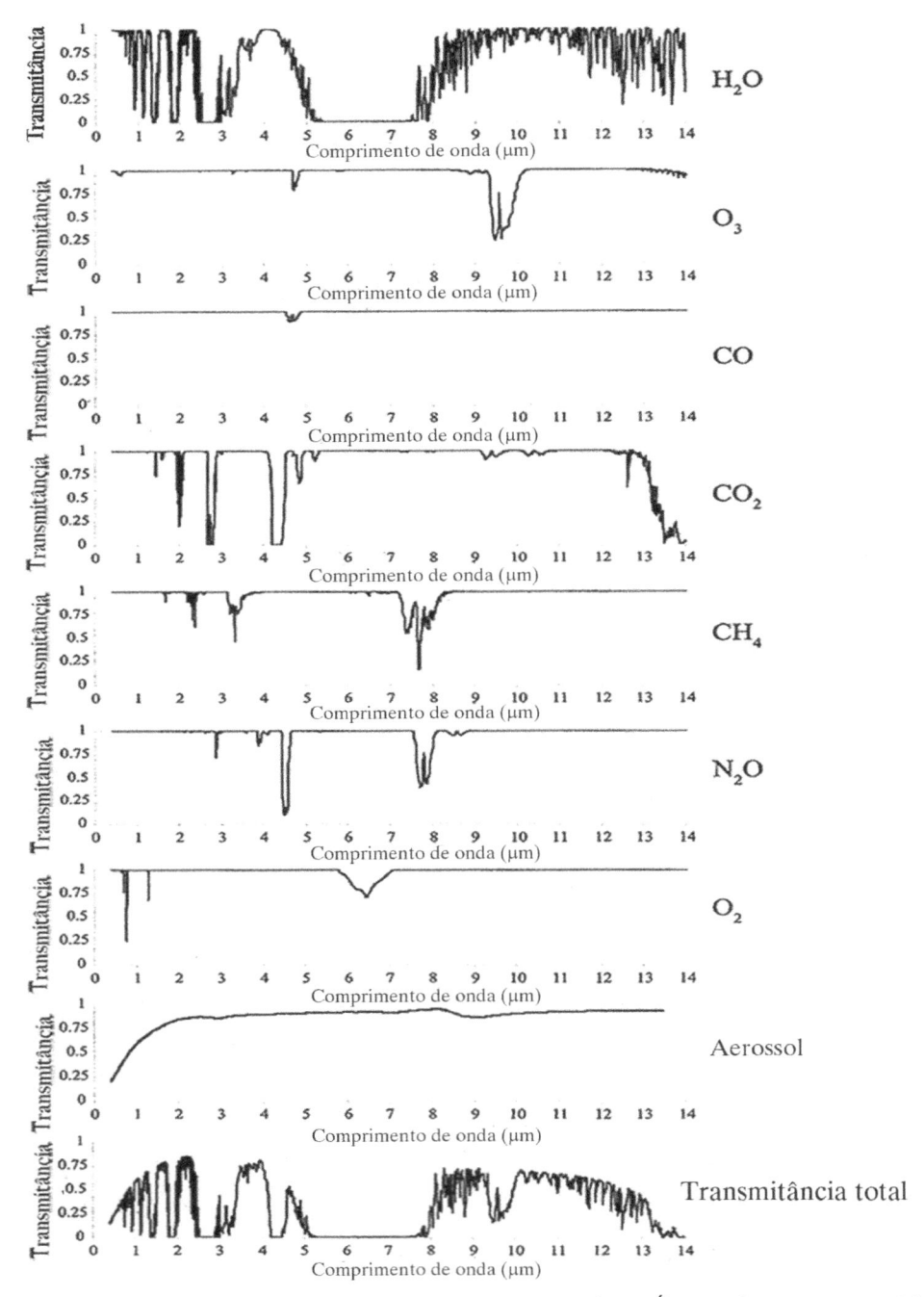

Figura 9.3 – Espectros de absorção para os vários componentes atmosféricos. Último gráfico: transmitância global atmosférica. Valores fornecidos pelo modelo de transferência radiativa MODTRAN. Fonte: Schott (2007), cf. Berk et al. (1989).

9.5 A REFLECTÂNCIA DIFUSA OU HEMISFÉRICA

Em geral, os alvos naturais se comportam como aproximações de uma superfície Lambertiana, isto é, sua radiância quase independe da direção de visada. Porém, o caso mais comum é de $L(\theta, \phi)$, com a radiância variando em relação aos ângulos zenital e azimutal. A *reflectância difusa* de um alvo é definida como a razão entre o fluxo radiante que emerge do alvo e o fluxo sobre ele incidente, considerados para todo o hemisfério acima do alvo; portanto, sem nenhuma consideração direcional.

Para calcular a reflectância difusa ρ_d, vamos supor uma pequena área elementar do alvo, dA, sobre a qual incide uma irradiância E_i. O fluxo radiante incidente em dA é, portanto, dado por

$$d\phi_i = E_i dA \tag{9.21}$$

O fluxo refletido por dA, derivado a partir da radiância L, medida por um radiômetro e para uma direção θ em relação à normal a dA e numa direção azimutal ϕ é dado por

$$d\phi_r(\theta, \phi) = L(\theta, \phi)\cos\theta\ dA\ d\Omega \tag{9.22}$$

O fluxo radiante refletido para todo o hemisfério ($d\phi_h$) é dado por integração da equação (9.22) para todas as direções e ângulos sólidos do hemisfério, isto é,

$$d\phi_h = dA \int_{\theta=0}^{\pi/2} \int_{\varphi=0}^{2\pi} L(\theta, \varphi)\cos\theta\ sen\theta\ d\theta\ d\varphi \tag{9.23}$$

E a *reflectância difusa* (ou hemisférica) é dada por

$$\rho_d = \frac{d\phi_h}{d\phi_i} \tag{9.24}$$

Portanto, para o caso mais geral em que a radiância depende de θ e ϕ, para a determinação da reflectância difusa, devemos realizar a integração indicada pela equação (9.23) para o cálculo de $d\phi_h$. Quando o alvo puder ser assumido como Lambertiano, ou bastante próximo a essa condição, podemos simplificar, utilizando a relação (9.8):

$$d\phi_b = \pi L \; dA \tag{9.25}$$

Nessa condição, podemos escrever

$$\rho_d = \frac{d\phi_b}{d\phi_i} = \frac{\pi L}{E_i} \tag{9.26}$$

Observe, entretanto, que a equação (9.26) para a reflectância hemisférica é válida somente para alvos Lambertianos, ou que se comportam como boa aproximação a esse limite.

Assim, se tivermos a irradiância E_i incidente sobre uma superfície Lambertiana de reflectância difusa ρ_d, pela equação (9.26) sua radiância será dada por

$$L = \frac{\rho_d E_i}{\pi} \tag{9.27}$$

A equação (9.27) é muito importante, pois nos mostra que a radiância de um alvo, num dado comprimento de onda, pode ser modelada como um produto da irradiância incidente sobre o alvo (em geral, a irradiância solar atenuada pelos efeitos atmosféricos) e a reflectância espectral do alvo (ρ_d^λ). O fator π converte a irradiância E em unidades de radiância, assumindo que o alvo pode ser aproximado como Lambertiano, isto é, um refletor difuso. Vemos, portanto, que o valor da radiância de um alvo numa dada faixa do espectro depende igualmente da irradiância sobre ele incidente naquela faixa espectral e da reflectância do alvo naquela faixa. O conjunto dos valores de ρ_d^λ de um alvo é normalmente chamado de sua *assinatura espectral*.

9.6 A ASSINATURA ESPECTRAL DE ALGUNS ALVOS NATURAIS

A Figura 9.4 mostra os espectros de reflectância (ρ_d^λ) de alguns tipos de pastagens norte-americanas (gráfico superior) e para plantações de trigo, beterrabas e aveia (gráfico inferior) na faixa espectral de 400 a 2.400 nm. Note a baixa reflectância no verde e vermelho e o grande aumento por volta de 700 nm, que se estende até o infravermelho próximo (IVP) a 1.200 nm. As duas grandes quedas de reflectância observadas em 1.400 e 1.900 nm são causadas pelo conteúdo de água líquida

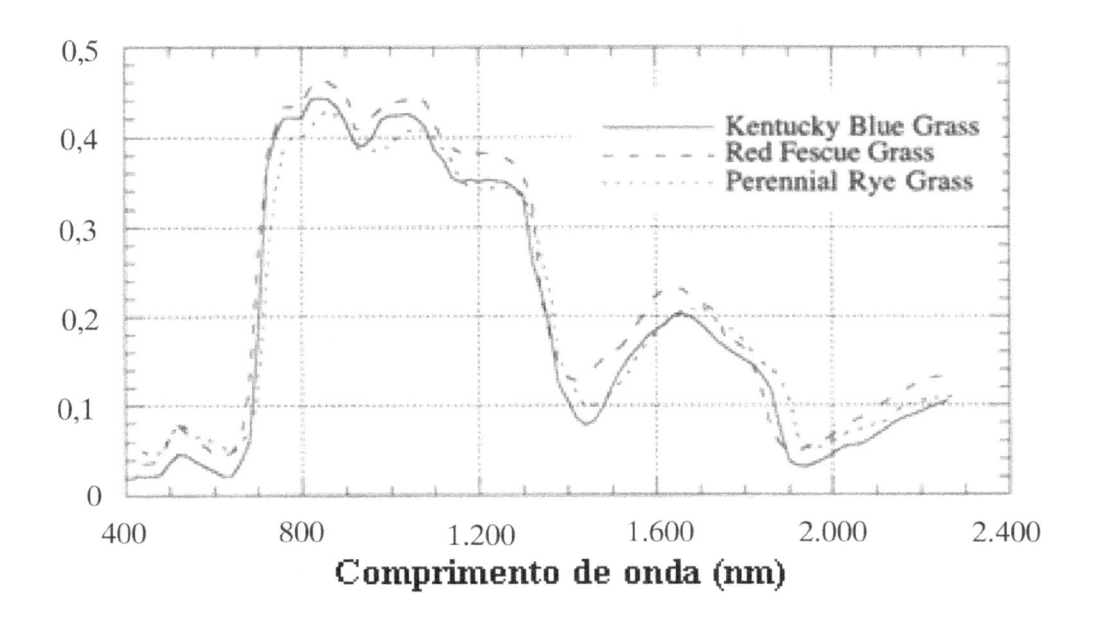

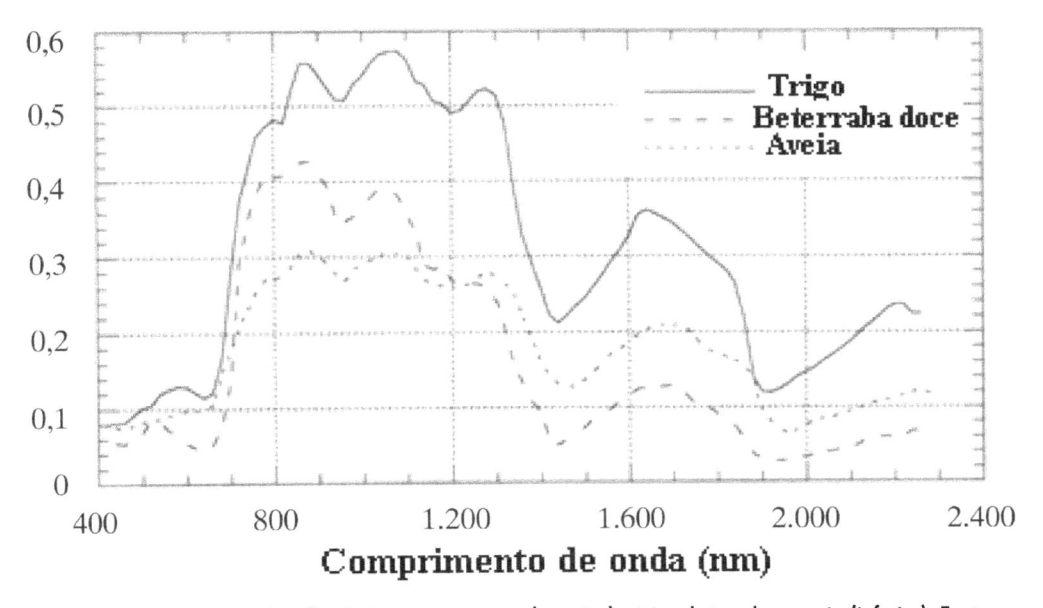

Figura 9.4 – Espectros de reflectância para pastagens (superior) e trigo, beterraba e aveia (inferior). Fonte: Schowengerdt (2007).

presente nas folhas (ver o espectro de absorção da água na Figura 9.3). Note, como indicado pela equação (9.20), que a reflectância diminui com o aumento da absortância. Portanto, os fortes decaimentos de reflectância estão geralmente associados como picos de absorção do material. A forte reflectância da vegetação entre 700 e 1.200 nm é utilizada em praticamente todos os sensores remotos orbitais desenhados para monitorar a vegetação. Por exemplo, os sensores TM/ETM dos satélites LANDSAT possuem duas bandas, uma entre 760 e 900 nm, usada para monitorar o vigor da vegetação, e outra entre 1.550 e 1.750 nm, usada para monitorar o estresse hídrico da vegetação. Mesmo o sensor AVHRR, desenvolvido principalmente para aplicações meteorológicas e oceanográficas, possui um canal entre 725 e 1.100 nm para o monitoramento de vegetação.

Exemplos de espectros de reflectância para alguns minerais são mostrados na Figura 9.5. Note a diminuição da reflectância com o aumento do conteúdo de umidade e as mesmas bandas de absorção da água em 1.400 e 1.900 nm, presentes nos espectros de vegetação.

A Figura 9.6 mostra a variação da reflectância espectral de corpos d'água com diferentes concentrações e tipos de sedimentos em suspensão (solo argiloso e siltoso). No mesmo gráfico, é apresentada a reflectância espectral da água pura como comparação. Um aumento da reflectância é observado com o aumento da concentração de sedimentos em suspensão na água. O decaimento da reflectância a partir das imediações de 600 nm é causado pelo forte aumento da absorção da água. Observe, também, que a reflectância para o solo argiloso é menor em cerca de 10% em relação ao solo siltoso, e esse efeito é causado pela presença de maior concentração de matéria orgânica no solo argiloso.

Entre 580 e 690 nm e no IVP, nota-se um aumento da reflectância bastante acentuado com o aumento da concentração de material em suspensão. Também se vê um deslocamento dos picos de reflectância para comprimentos de onda longos à medida que a concentração de sedimentos aumenta. Jensen (2009) sugere que a faixa de 580 a 690 nm pode ser usada como fonte de informação sobre o tipo de sedimento presente na água, e a faixa entre 714 e 880 nm pode ser útil para caracterizar a quantidade de sedimentos presentes nos casos de altas concentrações.

A Figura 9.7 mostra os espectros de reflectância para a água do mar com diferentes concentrações de clorofila-a (C_a), pigmento presente predominantemente no plâncton. Observe que nas proximidades do pico de absorção da clorofila em 443 nm, para concentrações muito baixas de clorofila, ou para a água praticamente

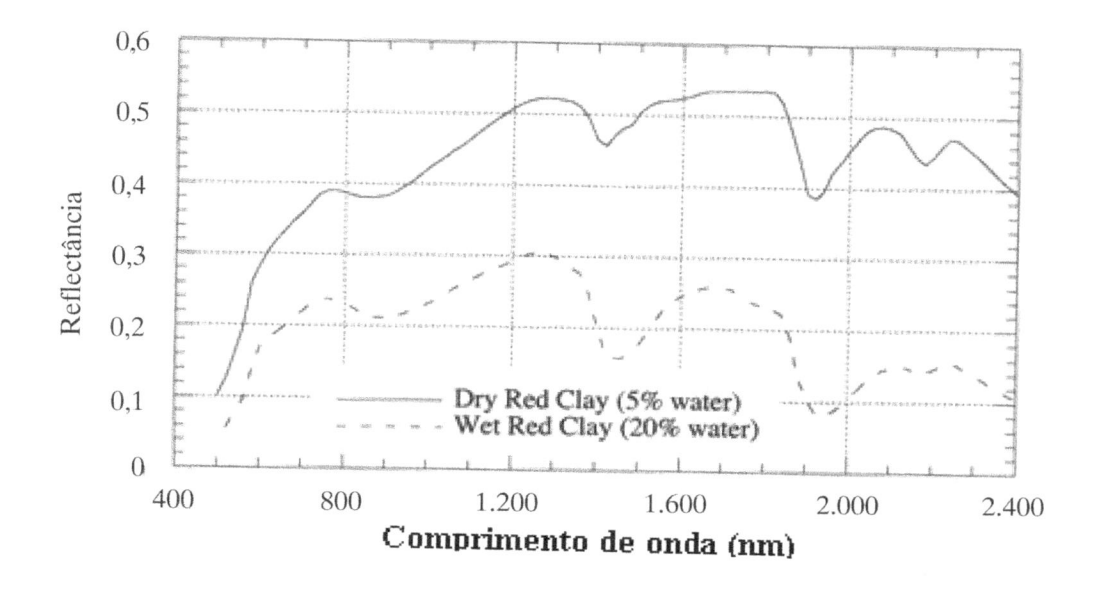

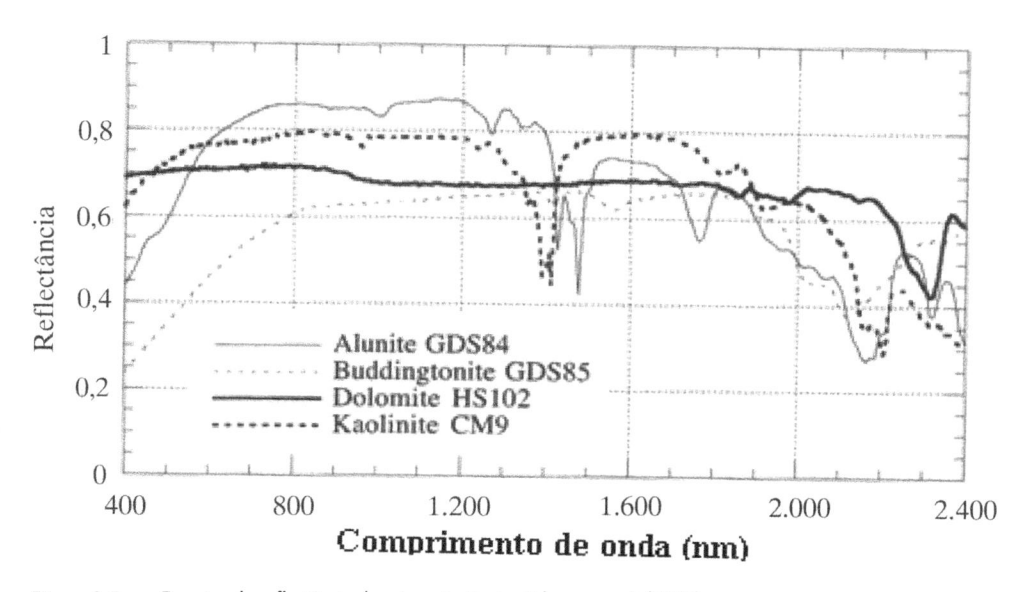

Figura 9.5 – Espectro de reflectância de minerais. Fonte: Schowengerdt (2007).

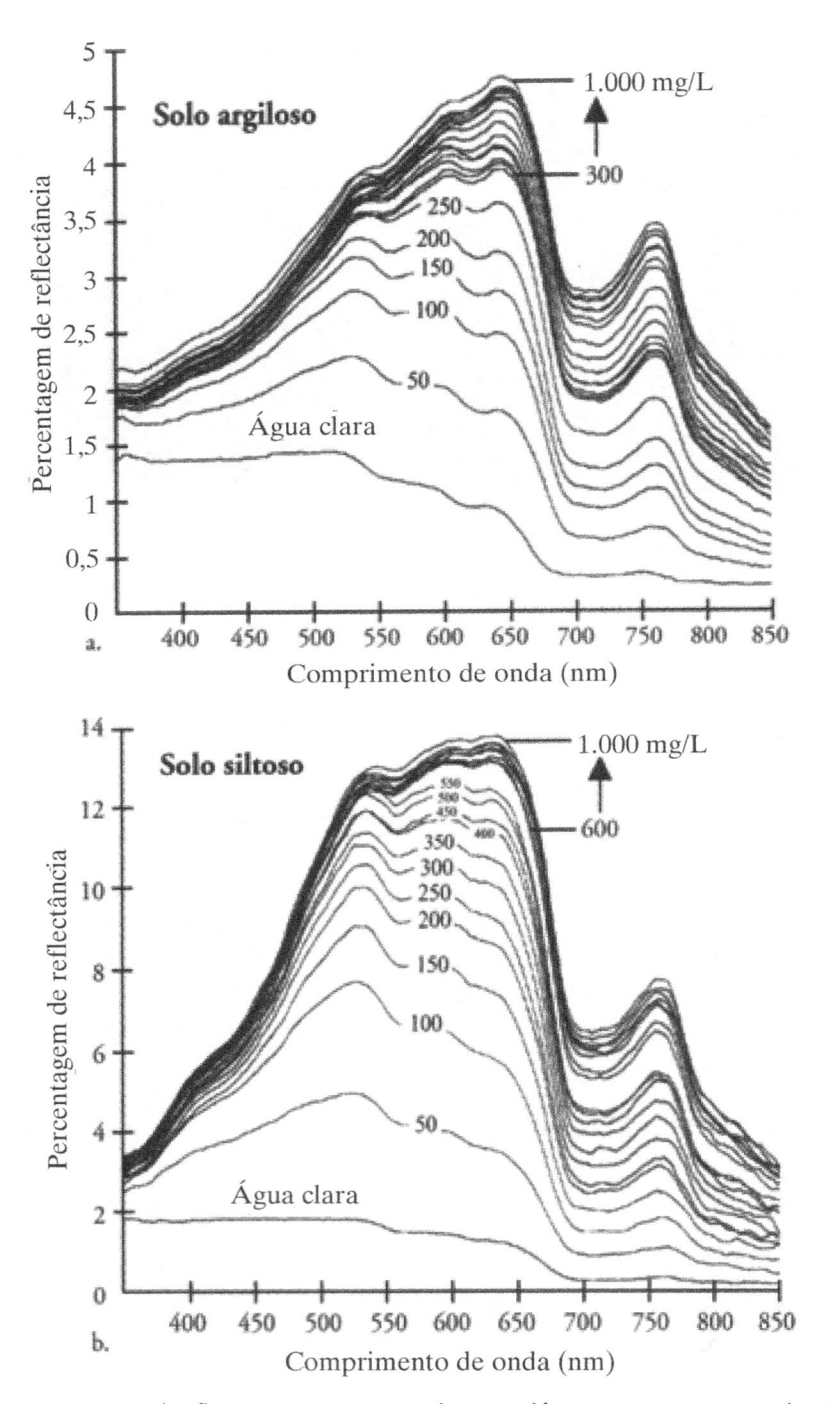

Figura 9.6 –   Espectros de reflectância *in situ* para a água clara e com diferentes concentrações e tipos de sedimentos em suspensão. Fonte: Jensen (2009).

pura, a reflectância é da ordem de 0,08 (8%). Com o aumento de C_a, ocorre uma forte redução da reflectância nessa faixa espectral (azul) e o máximo de reflectância se desloca para a região de 500 nm (verde). Portanto, a água pura, ou com muito pouca matéria orgânica e sedimentos, tem a cor predominantemente azul. Com o aumento de C_a, a água vai se tornando cada vez mais esverdeada. Para concentrações de C_a bastante altas, nota-se outro pico de reflectância por volta de 680 nm, correspondente ao pico de fluorescência da clorofila.

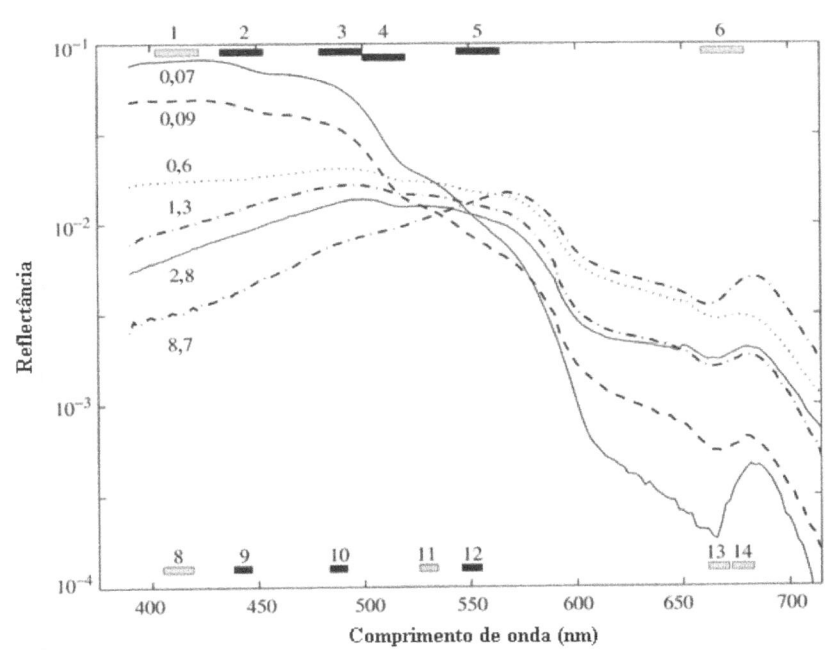

Figura 9.7 – Espectros de reflectância do oceano, logo abaixo da superfície, para diferentes valores de C_a, sendo a concentração de clorofila em mg m^{-3}. As barrinhas na parte inferior representam bandas do sensor MODIS e, na parte superior, do sensor SeaWiFS. Fonte: Martin (2004).

EXERCÍCIOS

9.1 Um alvo não Lambertiano apresenta uma radiância cardioidal dada por:

$$L(\theta) = L_o (1+2 \cos \theta), (0 \leq \theta \leq \pi/2),$$

Onde θ é o ângulo entre uma dada direção e a normal ao alvo.

a) Calcule a exitância radiante associada para essa distribuição de radiância.
b) Como essa exitância se compara àquela de um alvo perfeitamente Lambertiano com radiância L_o?

9.2   Na figura abaixo, P representa uma fonte pontual Lambertiana, cuja intensidade radiante I é máxima na direção de A, e vale nessa direção 5 Wsr⁻¹. A superfície S, irradiada por P, é também Lambertiana e tem uma reflectância hemisférica ρ = 0,80. Pergunta-se:

a) Qual é a intensidade radiante de P na direção do ponto B?
b) Qual é o valor da irradiância da superfície S no ponto B?
c) Qual é a exitância radiante da superfície S em B?
d) Qual é a irradiância no ponto C?
e) Qual é o valor da radiância de uma pequena área dA no ponto B?

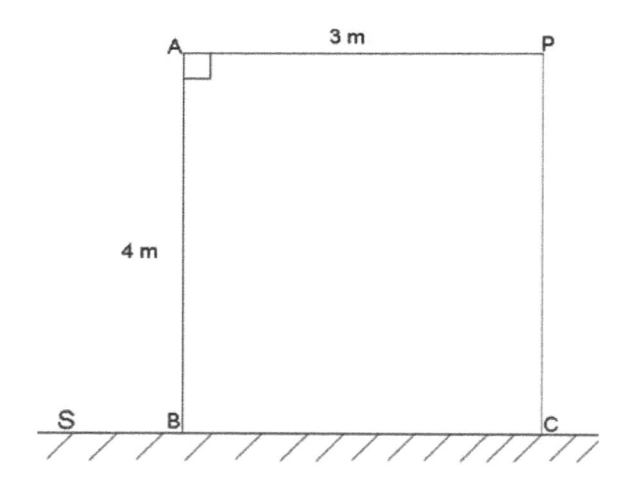

10

A ATENUAÇÃO DA RADIAÇÃO ELETROMAGNÉTICA POR ABSORÇÃO

10.1 INTRODUÇÃO

Como visto no capítulo 5, nas expressões (5.21) e (5.27), se o índice de refração de um material for complexo, isto é, se,

$$n = n_r + i\, n_i \tag{10.1}$$

com $n_i \neq 0$, então a onda eletromagnética (OEM) terá sua amplitude reduzida exponencialmente à medida que ela se propaga no meio. Como a energia da onda é proporcional ao quadrado da amplitude da onda (equações 4.16, 4.17 e 4.19), mostramos que a energia da onda decai exponencialmente, como

$$\exp\left(-2\omega n_i x / c_0\right) \tag{10.2}$$

O termo $(2\omega n_i/c_0)$, que tem unidade de inverso de comprimento, é o *coeficiente de absorção* do meio, $a(\omega)$. Em função do comprimento de onda λ, seria (ver equação 3.27 e considere aqui $\nu = f$),

$$a(\lambda) = \frac{2\omega n_i}{c} = \frac{4\pi\nu n_i}{c} = \frac{4\pi n_i}{\lambda} \tag{10.3}$$

Assim, o coeficiente de absorção a(λ) depende explicitamente de λ (denominador da expressão) e também por meio da dependência de n_i de λ, isto é, $n_i(\lambda)$. Vê-se, assim, que bandas de absorção (grandes aumentos nos valores de a(λ)) estão associadas a picos (saltos positivos) na parte complexa do índice de refração do material.

A Figura 10.1 mostra como n_i e n_r variam com λ para a água. Para λ = 440 nm (azul), n_i = 9 × 10^{-10}, mas para λ = 10 μm (infravermelho termal), n_i = 5 × 10^{-2}, isto é, um aumento da ordem de 10^8, o que mostra a grande variação de n_i com o comprimento de onda (ou frequência). Note os vários picos de absorção da água entre 1 μm (1000 nm) e 10 μm na parte imaginária do índice de refração n_i.

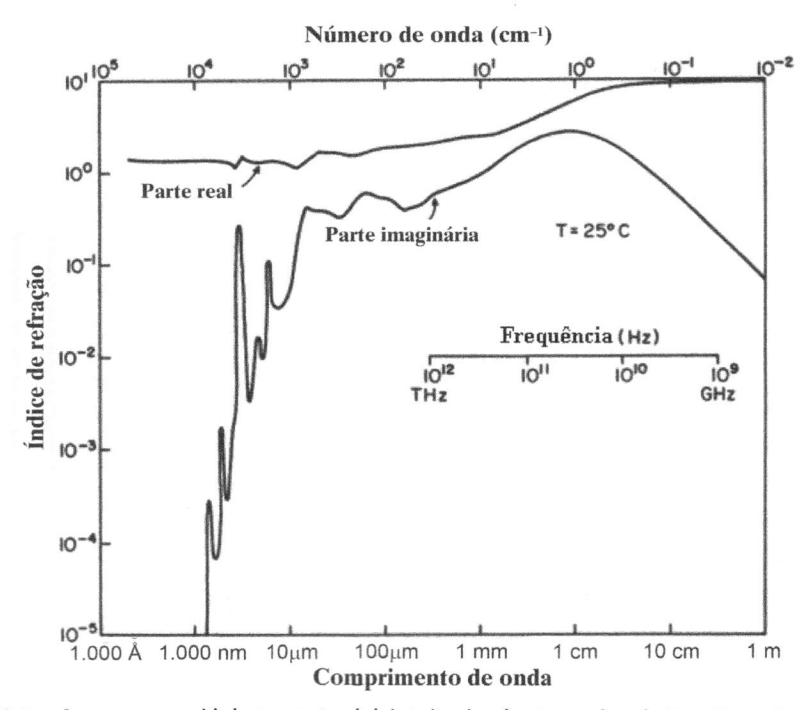

Figura 10.1 – Componentes real (n_r) e imaginário (n_i) do índice de refração complexo da água. Fonte: Maul (1985).

10.2 O COEFICIENTE DE ABSORÇÃO

Vamos agora conceituar de outra maneira o coeficiente de absorção de um meio, começando pelo caso mais simples em que podemos considerá-lo invariante com a distância em relação a uma origem qualquer, isto é, $a(\lambda)$, mas independentemente da posição.

Seja um fluxo radiante Φ_o, monocromático (um comprimento de onda qualquer λ_o), que propaga numa direção x através de um meio absorvedor. Seja $\Phi(x)$ o fluxo após ter percorrido a distância x (medida a partir da origem onde o fluxo era Φ_o). A cada incremento dx de distância, o fluxo radiante sofre um decréscimo $d\Phi$. Observa-se que iguais frações de fluxo radiante $(d\Phi/\Phi)$ são absorvidas em distâncias iguais, isto é,

$$\frac{d\Phi}{\Phi} = -a \ dx \tag{10.4}$$

onde o parâmetro a dá a taxa de decaimento do fluxo em função da distância percorrida dx.

Integrando essa equação em relação à variável x, temos (ver equação A3.23):

$$\ln \Phi(x) = -ax + c \tag{10.5}$$

Como em x = 0, temos $\Phi(x = 0) = \Phi_0$; portanto, $c = \ln \Phi_0$ e (10.5) torna-se

$$\ln \Phi(x) = -ax + \ln \Phi_0 \tag{10.6}$$

ou

$$\ln \Phi(x) - \ln \Phi_0 = -a \, x \tag{10.7}$$

ou

$$\ln \frac{\Phi(x)}{\Phi_0} = -a \, x \tag{10.8}$$

Tomando a exponencial dos dois lados, teremos:

$$\Phi(x) = \Phi_0 e^{-ax} \tag{10.9}$$

A taxa de decaimento exponencial a, como vimos anteriormente, é o *coeficiente de absorção* do meio. Em muitos textos, essa equação é denominada de Lei da absorção de Lambert, Beer-Lambert ou de Bouguer. Se x for dado em metros, o coeficiente de absorção, a, terá a dimensão de m^{-1}. Note que quanto maior for o valor de a, mais rapidamente decai o fluxo.

Considerando a definição de transmitância τ (equação 9.14 b), temos

$$\tau(x) = \frac{\Phi(x)}{\Phi_0} = e^{-ax} \tag{10.10}$$

Vê-se pela equação (10.10) que, conhecendo-se o coeficiente de absorção, pode-se determinar a transmitância para um comprimento de trajetória dado (x). Quanto maior o coeficiente de absorção a, menor a transmitância.

10.3   A ABSORÇÃO ATMOSFÉRICA DO FLUXO RADIANTE

Vejamos agora a formulação para a absorção que costuma ser utilizada nos modelos de transferência radiativa de correção atmosférica. Nesse caso, não podemos assumir que o coeficiente de absorção seja independente da posição, sendo ele, em geral, dependente da altura, ou seja, a(z). Para essa derivação, assumiremos o ponto de vista corpuscular da radiação, isto é, que o fluxo radiante é composto de fótons de vários comprimentos de onda que compõem o espectro da radiação solar, ou da radiância recebida pelo sensor a bordo do satélite. O processo de absorção é, então, caracterizado pela absorção da energia dos fótons pelos componentes atmosféricos (moléculas dos gases, vapor d'água e aerossóis) e sua conversão em outra forma de energia (por exemplo, calor). A derivação se dá considerando as relações entre o número e a eficiência desses componentes atmosféricos e seus efeitos sobre o fluxo radiante.

Vamos começar definindo para cada comprimento de onda a *seção reta de absorção (absorption cross section)*, C_α, como o tamanho efetivo, ou a área efetiva de uma molécula para interceptar o fluxo de fótons naquele comprimento de onda. Isso pode ser expresso como

$$C_\alpha = C_g \xi = \pi r^2 \xi \, [m^2] \tag{10.11}$$

onde C_g [m²] é a seção reta geométrica para uma molécula de raio r [m] e ξ [adimensional] é um *fator de eficiência* (função de λ), que é proporcional à capacidade da molécula de absorver o fluxo radiante. Esses dados podem ser derivados em função da temperatura e da pressão, a partir de dados experimentais. Uma molécula é, então, assumida como um absorvedor perfeito naquela seção reta. Note que C_α, embora dada em m², não é necessariamente a área geométrica da partícula, ou molécula, que absorve a radiação. Se $\xi > 1$, a seção reta da partícula representa uma área maior que sua área real, o mesmo raciocínio vale se $\xi < 1$.

Agora, para computarmos a quantidade fracional de energia perdida por absorção ($d\Phi/\Phi$), por unidade de comprimento de percurso do fluxo, precisamos saber a densidade do número de moléculas, isto é, o número de moléculas por unidade de volume. Considere para isso a Figura 10.2.

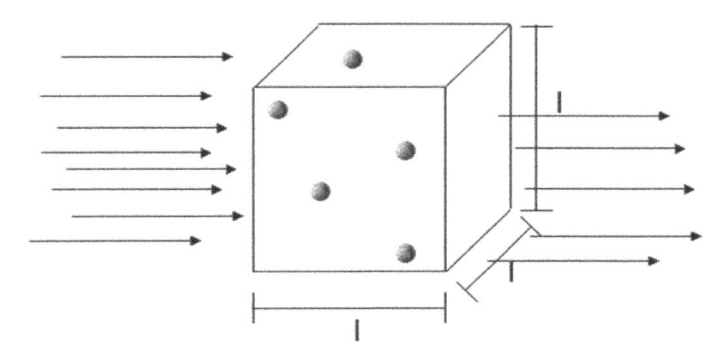

Figura 10.2 – Volume unitário de lado l (por exemplo, cm) contendo m elementos de absorção e recebendo um fluxo radiante na face esquerda. O volume é assumido pequeno, mas grande o bastante para que o caminho livre entre as moléculas absorvedoras seja grande. A projeção das moléculas sobre uma das faces do cubo não conterá sobreposição. Adaptado de Schott (2007).

Considerando, agora, a seção reta de absorção de cada molécula, C_α, e o número de moléculas por unidade de área, m', a área bloqueada pelas moléculas por unidade de comprimento de trajetória l (cm), A_b, é dada por

$$A_b = m'C_\alpha \tag{10.12}$$

A área da face do volume (A_f) sobre o qual projetamos as moléculas é

$$A_f = l^2 \quad [cm^2] \tag{10.13}$$

Então, a fração dessa área, efetivamente bloqueada pelas moléculas absorvedoras, será

$$F = \frac{A_b}{A_f} = \frac{m'C_\alpha}{l^2} \quad \left[cm^2/cm^2\right] \text{(adimensional)} \quad (10.14)$$

Portanto, a quantidade fracional de fluxo absorvido, β_α, por unidade de percurso do fluxo (l) é dada por

$$\beta_\alpha = \frac{F}{l} = \frac{m'}{l^3}C_\alpha \quad \left[cm^{-1}\right] \quad (10.15)$$

ou

$$\beta_\alpha = \frac{m'}{V}C_\alpha = mC_\alpha \quad \left[cm^{-1}\right] \quad (10.16)$$

onde **V** é volume unitário e **m** é o *número densidade* de moléculas, ou o número de moléculas por unidade de volume. β_α é o nosso anteriormente definido *coeficiente de absorção (a)*. Note que o coeficiente de absorção de um dado componente, presente no meio, depende de sua seção reta de absorção (C_α), que é função do comprimento de onda, e da densidade de elementos absorvedores por unidade de volume (m).

Agora, assumindo que o coeficiente de absorção é função da altura z, $\beta_\alpha(z)$, podemos escrever a equação (10.4) como

$$\frac{d\Phi}{\Phi} = -\beta_\alpha(z)dz \quad (10.17)$$

Portanto,

$$\int_{\Phi_0}^{\Phi} \frac{d\Phi}{\Phi} = -\int_0^z \beta_\alpha(z)dz \Rightarrow \ln\Phi\big|_{\Phi_0}^{\Phi} = -\int_0^z \beta_\alpha(z)dz \Rightarrow \ln\Phi_z - \ln\Phi_0 = \ln\left(\frac{\Phi_z}{\Phi_0}\right) =$$

$$= -\int_0^z \beta_\alpha(z)dz \quad (10.18)$$

Tomando a exponencial, teremos

$$\Phi(z) = \Phi_0 e^{-\int_0^z \beta_\alpha(z)\,dz} \tag{10.19}$$

ou seja,

$$\tau(z) = \frac{\Phi(z)}{\Phi_0} = e^{-\int_0^z \beta_\alpha(z)\,dz} \tag{10.20}$$

Essa é a expressão mais genérica para a transmitância, considerando-se somente o processo de absorção e o fato de o coeficiente de absorção ser função da distância percorrida pelo feixe de radiação; aqui, a altura na atmosfera. Se β_α for constante, isto é, não depender de z, ele poderá ser colocado para fora da integral, e teremos uma expressão idêntica à anterior (equação 10.10). Em alguns casos, para facilitar o cálculo da atenuação atmosférica, pode-se considerar a atmosfera dividida em fatias horizontais homogêneas, de modo que dentro de cada fatia podemos assumir β_α constante e usar a expressão simplificada, variando β_α somente de uma camada para a seguinte.

10.4 A PROFUNDIDADE ÓPTICA

A integral presente na função exponencial para o cálculo da transmitância na equação (10.20) é denominada *profundidade óptica*, ou *espessura óptica* (δ_α), isto é,

$$\delta_\alpha = \int_0^z \beta_\alpha(z)\,dz \tag{10.21}$$

O produto ($\beta_\alpha z$) é adimensional, pois β_α tem dimensão $[L^{-1}]$, e, assim, a profundidade óptica é adimensional.

Para o caso em que β_α é constante, não variando com z, (10.21) simplifica-se para

$$\delta_\alpha = \beta_\alpha z \tag{10.22}$$

Em termos da profundidade óptica, a transmitância é, então, dada por

$$\tau = e^{-\delta_\alpha} \qquad\qquad\qquad (10.23)$$

Da mesma forma que para o comprimento de absorção (equação 5.31), quando a profundidade óptica for igual a 1, $\delta_\alpha = 1$, $\tau = 0,37$, isto é, o fluxo radiante será reduzido a 37% de seu valor inicial; quando $\delta_\alpha = 2$, $\tau = 0,14$, o fluxo restante terá sua energia reduzida a 14%.

Portanto, *quanto maior a profundidade óptica, maior será a absorção sofrida pelo fluxo radiante, e menor a transmitância.* Note que a profundidade óptica é referente a uma particular distância de percurso. Por exemplo, a profundidade óptica atmosférica corresponde ao produto de β_α pelo caminho total de percurso do fluxo radiante por toda a atmosfera. Caso fatiássemos a atmosfera em camadas uniformes, teríamos a profundidade óptica de cada camada, dada pelo produto do coeficiente de absorção pelo comprimento da trajetória do fluxo na camada. Observe que esse comprimento pode ser maior que a largura da camada se o fluxo a percorrer fazendo um ângulo inclinado em relação à normal z. Por exemplo, se o comprimento da trajetória do feixe solar para o Sol no zênite for H, o comprimento de trajetória para um ângulo zenital θ_z, l, será dado por l = H/cos θ_z = H sec θ_z e

$$\delta_\alpha = \beta_\alpha H \sec\theta_z \qquad\qquad\qquad (10.24)$$

A derivação anterior pode ser explicitada para cada componente constituinte da atmosfera. Para isso, podemos introduzir um índice i para caracterizar cada constituinte. Assumindo que não haja interação entre as moléculas em relação à propagação do fluxo radiante, a transmitância total, τ, pode ser dada como o *produtório* das transmitâncias individuais, associadas a cada constituinte atmosférico. Portanto, podemos escrever

$$\tau = \prod_i \tau_i = e^{-\sum \delta_i} \qquad\qquad\qquad (10.25)$$

ou,

$$\tau = e^{-\sum \beta_{\alpha_i} z} = e^{-\sum m_i C_{\alpha_i} z} = e^{-\delta_\alpha} \qquad\qquad\qquad (10.26)$$

onde definimos $\beta_\alpha = \sum \beta_{\alpha_i}$, que é o coeficiente de absorção integral, resultado de todos os componentes juntos, e δ_α é a profundidade óptica integrada, composição da absorção de todos os componentes atmosféricos.

Como mencionado, uma maneira de se calcular a transmissão de um feixe radiante pela atmosfera é considerar a atmosfera como composta de uma série de j camadas homogêneas e fazer a integração numérica para cada camada. Para isso, é necessário que sejam conhecidos, ou possam ser estimados, os parâmetros **m** e C_α e como eles variam com a altura, a pressão e a temperatura ao longo da trajetória (que pode ser inclinada). Fazendo essa simplificação, isto é, representando uma atmosfera contínua por uma série de camadas homogêneas, a transmitância pode ser calculada como

$$\tau = e^{-\sum_j \left(\sum_i m_{ij} C_{\alpha_{ij}} z_j \right)} = e^{-\sum_j \delta_j} = e^{-\delta_\alpha} \tag{10.27}$$

Note que o índice i especifica cada componente atmosférico, e o índice j, as camadas. A profundidade óptica total da atmosfera será dada pela *somatória* das profundidades ópticas de cada camada.

EXERCÍCIOS

10.1 Considere que o coeficiente de absorção, numa dada frequência ν, varia com a altura z na atmosfera de acordo com a expressão

$$\beta_\alpha(\nu, z) = \beta_\alpha(\nu, 0) \exp\left(-\frac{z}{H} \right)$$

onde $\beta_\alpha(\nu, 0)$ é o valor do coeficiente de absorção para $z = 0$ (isto é, na superfície) e H é uma escala de altura. Considerando que a profundidade óptica atmosférica numa dada altura z é dada por

$$\delta_\alpha(\nu, z) = \int_z^\infty \beta_\alpha(\nu, z') dz'$$

a) Determine a expressão para a profundidade óptica $\delta_\alpha(\nu, z)$, assumindo a variação de β_α com z dada.

b) Se H = 8,4 km e $\beta_\alpha(z = 0) = 4 \times 10^{-5} m^{-1}$, determine a partir da expressão derivada do exercício a) a transmitância atmosférica para: z = 0, z = 5 km e z = 10 km.

10.2 Considere que a atmosfera terrestre possa ser representada por quatro camadas homogêneas com uma altura total de 80 km (figura abaixo). Ao topo da atmosfera chega uma irradiância solar E_s, que, após passar por toda a atmosfera, incide sobre um alvo Lambertiano na superfície segundo um ângulo θ_1 em relação à direção zenital. A reflectância difusa do alvo é $\rho = 0,7$. Um satélite colocado no topo da atmosfera vê o alvo segundo um ângulo zenital $\theta_2 = 45°$. Suponha nosso alvo na latitude de 14° 50' S e longitude 55° 45' W, em 13 de janeiro, às 10h30 (horário local).

a) Determine a irradiância solar no topo da atmosfera nesse momento.
b) Assumindo o decaimento exponencial de β_α tal como dado no exercício anterior, determine as profundidades ópticas e respectivas transmitâncias de cada camada atmosférica para o fluxo solar descendente.
c) Qual é o valor da irradiância incidente sobre o alvo?
d) Qual é o valor da radiância que deixa o alvo na superfície?
e) Assumindo o decaimento exponencial de β_α tal como dado no exercício anterior, determinar as profundidades ópticas e respectivas transmitâncias para cada camada atmosférica para o fluxo solar ascendente.
f) Qual é o valor da radiância medida pelo sensor a bordo do satélite?

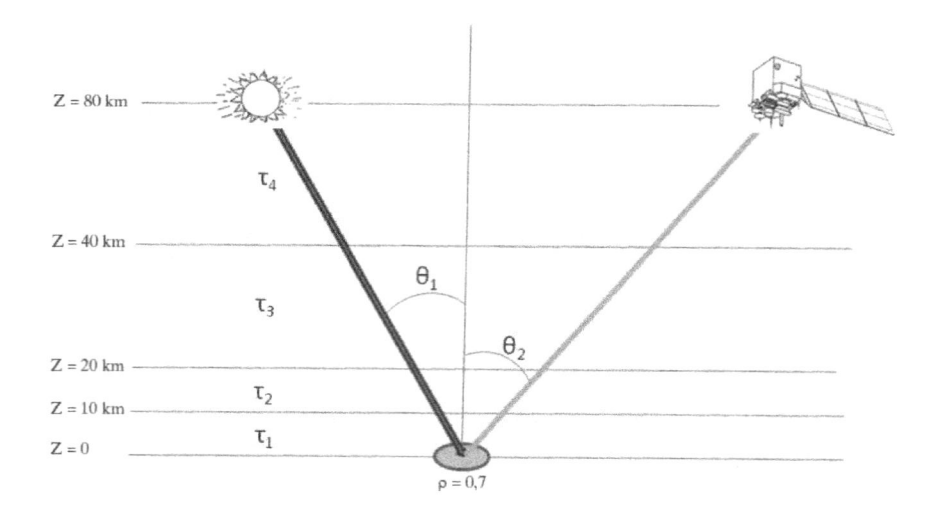

O ESPALHAMENTO DA RADIAÇÃO ELETROMAGNÉTICA

11.1 INTRODUÇÃO

Como visto anteriormente, a radiação eletromagnética (REM) pode sofrer atenuação por efeito de absorção ao se propagar em um meio qualquer, isto é, parte da energia do fluxo radiante é convertida em outra forma qualquer de energia, por exemplo, calor. Entretanto, essa não é a única forma de atenuação do fluxo radiante. Outra importante componente na atenuação está associada ao processo de espalhamento, que redireciona parte dos fótons para fora do feixe original, causando uma diminuição do fluxo original e uma nova distribuição do fluxo radiante no espaço. A luz difusa presente na atmosfera terrestre tem sua origem no processo de espalhamento causado pelos componentes atmosféricos, tais como as moléculas dos gases constituintes, as partículas, os aerossóis, a poeira e os produtos resultantes da queima de combustíveis fósseis.

O processo de espalhamento da luz na atmosfera é muito importante para o sensoriamento remoto, pois além de reduzir o fluxo radiante na direção de propagação, faz a radiância observada pelo satélite no campo instantâneo de visada (IFOV) do sensor conter fluxo difuso, que vem diretamente da atmosfera, ou é proveniente de fora do *pixel* em observação, mas entra na direção de visada (Figura 11.1).

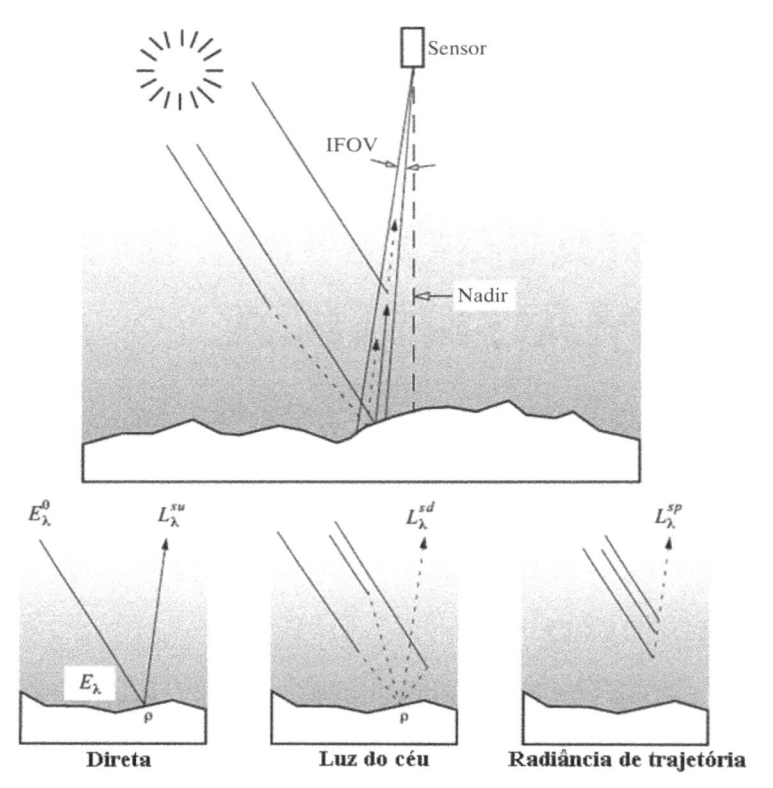

Figura 11.1 – Componentes da radiância solar que chegam a um sensor orbital. E_λ^0 = irradiância solar no topo da atmosfera; L_λ^{su} = radiância no satélite vinda diretamente por reflexão da irradiância direta pelo *pixel* (com reflectância ρ) após atenuação pela atmosfera (E_λ); L_λ^{sd} = radiância difusa atmosférica que é refletida pelo *pixel* na direção do satélite; L_λ^{sp} = radiância difusa espalhada pela atmosfera que chega ao satélite sem ter interagido com o alvo. Fonte: Schowengerdt (2007).

O processo de espalhamento da REM na atmosfera é geralmente discutido por duas teorias. O primeiro é o *espalhamento Rayleigh*, que é causado por partículas ou moléculas, cujas dimensões são pequenas quando comparadas ao comprimento de onda da REM. Na faixa do visível, o espalhamento causado pelas moléculas dos diversos gases constituintes é o espalhamento tipo Rayleigh. O segundo processo importante é o *espalhamento Mie*, que ocorre quando o tamanho dos elementos espalhadores é da mesma ordem, mas maior que o comprimento de onda. A Figura

11.2 mostra esquematicamente a distribuição angular esperada da luz na faixa do visível incidente sobre partículas com diferentes tamanhos.

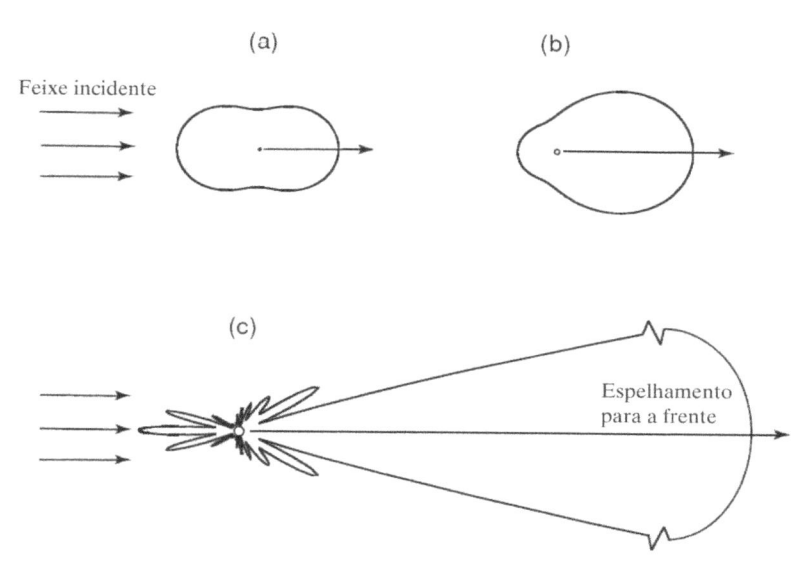

Figura 11.2 – Padrões de distribuição angular de luz espalhada por partículas aerossóis de diversos tamanhos iluminadas por luz direta no comprimento de onda $\lambda = 0,5\ \mu m$. (a) $10^{-4}\ \mu m$; (b) $0,1\ \mu m$ e (c) $1\ \mu m$. Fonte: Liou (2002).

Na atmosfera terrestre e para a faixa do visível, é comum o espalhamento Mie estar associado a aerossóis, a pequenas partículas de poeira, a produtos derivados de combustíveis fósseis e a partículas de sal suspensas na atmosfera sobre os oceanos ou na zona costeira. Quando as partículas espalhadoras são muito grandes em relação ao comprimento de onda da radiação, temos o assim chamado *espalhamento não seletivo*. Nesse caso, temos, para a atmosfera terrestre, grandes partículas de poeira, gotas d'água, cristais de gelo, entre outros.

11.2 O COEFICIENTE DE ESPALHAMENTO VOLUMÉTRICO (β_v) E O COEFICIENTE DE ESPALHAMENTO (β_s)

Consideremos um fluxo radiante, de irradiância E, que se propaga na direção z e incide sobre um pequeno volume de um meio espalhador dV = dA dz, onde dA = dx dy é a área perpendicular à direção do feixe incidente (Figura 11.3).

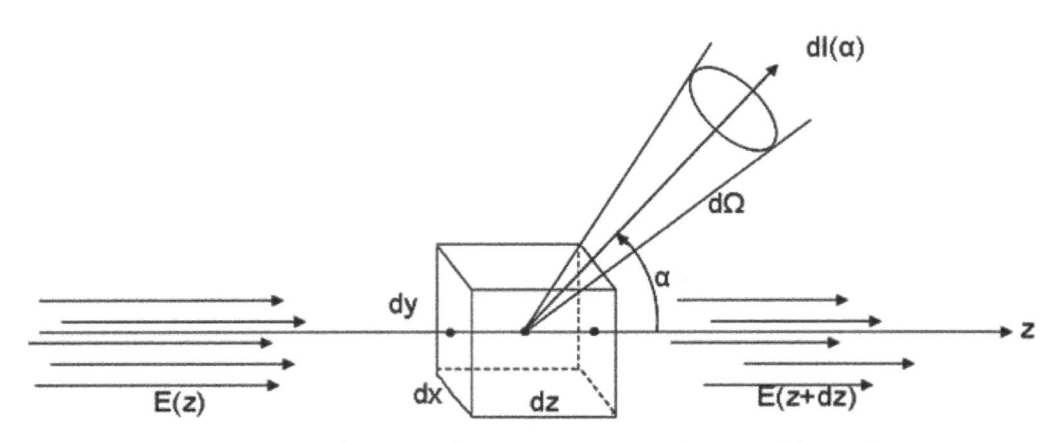

Figura 11.3 – Elementos para definição do coeficiente de espalhamento volumétrico. E(z) = irradiância incidente sobre um pequeno volume de espalhamento dV = dx dy dz; E(z + dz) = irradiância que deixa o volume dV; dΩ = elemento de ângulo sólido numa direção α, onde se define uma intensidade radiante dI, função de α.

Como parte do fluxo incidente no interior do volume dV é espalhada para outras direções diferentes da direção do fluxo incidente, haverá uma diminuição no fluxo na direção z, e a irradiância diminuirá com a distância ao longo da trajetória original do feixe.

Vamos assumir que o volume dV é suficientemente pequeno para que em seu interior apenas ocorra um único espalhamento (*single scattering*), isto é, cada fóton sofre, no máximo, um único espalhamento no volume. Além disso, assumiremos que o espalhamento será simétrico em relação à direção z, dependendo somente do ângulo α (Figura 11.3), e toda a radiação espalhada será de mesma frequência que a radiação incidente, chamado de *espalhamento elástico*.

Para uma irradiância E, o fluxo radiante incidente sobre a face dx dy, de área dA, será dado por:

$$\Phi = E dA \tag{11.1}$$

O fluxo espalhado numa dada direção e num ângulo sólido dΩ será dado por

$$d\Phi = dI \, d\Omega \tag{11.2}$$

onde I é a intensidade radiante (Wsr^{-1}) espalhada naquela direção.

Define-se o *coeficiente de espalhamento volumétrico*, $\beta_V(\alpha,\lambda)$, como a taxa fracional de fluxo radiante ($d\Phi/\Phi$) espalhado numa dada direção por unidade de comprimento de propagação e por unidade de ângulo sólido, em relação ao fluxo radiante incidente sobre a área dA do volume dV, isto é,

$$\beta_v(\alpha,\lambda) = \frac{(d\Phi/\Phi)}{dz\,d\Omega} = \frac{dI(\alpha)}{E\,dA\,dz} \quad \left[\text{cm}^{-1}\,\text{sr}^{-1}\right] \tag{11.3}$$

onde a equação (11.3) foi reescrita usando-se as expressões (11.1) e (11.2).

A partir da definição de β_V, que é função do ângulo α, podemos definir o *coeficiente de espalhamento* $\beta_S(\lambda)$, que fornece a fração do fluxo radiante *espalhado em todas as direções* por unidade de comprimento de propagação. Para isso, integramos $\beta_V(\alpha,\lambda)$ em ângulo sólido para todo o espaço, isto é,

$$\beta_s(\lambda) = \int_{\alpha=0}^{\pi}\int_{\varphi=0}^{2\pi} \beta_v(\alpha,\lambda)\,\text{sen}\,\alpha\,d\alpha\,d\varphi = 2\pi\int_0^{\pi}\beta_v(\alpha,\lambda)\,\text{sen}\,\alpha\,d\alpha \;\left[\text{cm}^{-1}\right] \tag{11.4}$$

onde o diferencial de ângulo sólido $d\Omega$ é dado pela equação (9.2).

O coeficiente de espalhamento $\beta_S(\lambda)$ tem uma interpretação similar ao $\beta_\alpha(\lambda)$, o coeficiente de absorção (equação 10.17). Neste caso, ele fornece a atenuação do fluxo radiante, por unidade de comprimento de propagação, causado por perda de fótons que foram desviados da direção do fluxo incidente.

Assim, em termos do coeficiente de espalhamento, podemos reescrever (10.17) como

$$\frac{d\Phi}{\Phi} = -\beta_S(\lambda)\,dz \tag{11.5}$$

onde o sinal negativo foi inserido para caracterizar a diminuição do fluxo radiante à medida que o feixe se propaga no meio. Vemos que essa equação é idêntica em forma àquela utilizada na conceituação do coeficiente de absorção (a, ou β_α), as equações (10.4) ou (10.17). A solução da equação (11.5) é também um decaimento exponencial do fluxo na direção do feixe incidente, agora por ação do espalhamento. Podemos, então, definir uma transmitância $\tau_S(\lambda,z)$, que é associada ao decaimento do fluxo radiante por efeito de espalhamento.

$$\tau_S(s) = \frac{\Phi(z)}{\Phi_0} = e^{-\int_0^z \beta_S(z)\,dz} \tag{11.6}$$

Podemos, também, definir uma profundidade óptica associada ao espalhamento δ_S,

$$\delta_S = \int_0^z \beta_S(s)\,dz \tag{11.7}$$

Se β_S não variar com z, então podemos escrever

$$\delta_S = \beta_S\, z \tag{11.8}$$

A transmitância associada ao espalhamento, em função da profundidade óptica de espalhamento, é dada por

$$\tau_S(s) = e^{-\delta_S} \tag{11.9}$$

11.3 O ESPALHAMENTO ISOTRÓPICO E A FUNÇÃO DE FASE DE ESPALHAMENTO

No caso de espalhamento isotrópico, que independe de α e do ângulo azimutal ϕ, isto é,

$$\beta_V(\alpha,\lambda) = \text{constante} = \beta_0(\lambda) \tag{11.10}$$

Teremos, pela equação (11.4),

$$\beta_S(\lambda) = 4\pi\,\beta_0(\lambda) \tag{11.11}$$

onde o fator 4π aparece pela integração do elemento de ângulo sólido em todas as direções.

A partir dessas considerações, define-se a *função de fase de espalhamento* (*scattering phase function*), P(α), como

$$P(\alpha) = 4\pi \, \beta_V(\alpha,\lambda)/\beta_S(\lambda) \quad \left[cm^{-1}/cm^{-1}\right] = \left[sr^{-1}\right] \tag{11.12}$$

Assim, $P(\alpha)$ é independente de λ e tem unidade de sr^{-1}. Quando o espalhamento é isotrópico, vemos pelas equações (11.10) e (11.11) que $P(\alpha) \equiv 1$. Da equação (11.12), podemos escrever

$$\beta_V(\alpha,\lambda) = P(\alpha)\beta_S(\lambda)/4\pi \tag{11.13}$$

Portanto, a função de fase $P(\alpha)$ mostra a dependência angular do espalhamento, enquanto o coeficiente de espalhamento $\beta_S(\lambda)$ expressa a dependência com o comprimento de onda. Vê-se pela equação (11.13) que o processo de espalhamento, caracterizado na função de espalhamento volumétrico, pode ser dado pelo produto das duas funções, $P(\alpha)$, que descreve como o espalhamento varia com a direção, e β_S, que descreve como o espalhamento varia com o comprimento de onda, ou seja, a variação espectral do espalhamento.

11.4 O ESPALHAMENTO RAYLEIGH

Embora numa dada situação possamos ter partículas espalhadoras com inúmeras formas, podemos assumi-las com uma dimensão característica r, o raio de uma partícula esférica equivalente. As teorias de espalhamento em geral assumem essa simplificação e expressam o coeficiente de espalhamento volumétrico β_V, ou o coeficiente de espalhamento β_S, em função do parâmetro adimensional q = 2πr/λ, que representa a razão entre o tamanho da partícula (ou seu perímetro) e o comprimento de onda da radiação espalhada. O espalhamento Rayleigh está na faixa q ≪ 1, isto é, o tamanho característico das partículas espalhadoras pode ser considerado muito menor que o comprimento de onda em questão.

Em 1871, Lord Rayleigh, em seu estudo sobre a causa da coloração azul do céu, derivou a seguinte expressão para o coeficiente de espalhamento volumétrico para a luz não polarizada, causado principalmente por moléculas dos gases constituintes na atmosfera:

$$\beta_V^r(\alpha,\lambda) = \frac{2\pi^2}{m\lambda^4}\left(n^2(\lambda)-1\right)^2\left(1+\cos^2\alpha\right) \quad \left[cm^{-1} \ sr^{-1}\right] \tag{11.14}$$

onde α é o ângulo de deflexão do fluxo radiante em relação ao fluxo incidente, **n** é o índice de refração do meio (função do comprimento de onda) e **m** é o número densidade apresentado anteriormente, isto é, o número de partículas espalhadoras por unidade de volume.

Uma característica marcante dessa expressão é a forte dependência de β_V de λ^{-4}. Na faixa do visível, o espalhamento da radiação solar causado por moléculas de ar pode ser descrito pela equação anterior, indicando que a luz azul (comprimentos de onda mais curtos) é muito mais espalhada que a luz vermelha (comprimentos de onda mais longos). Como exemplo, a razão entre os espalhamentos atmosféricos no azul ($\lambda \approx 470$ nm) e no vermelho ($\lambda \approx 640$ nm) é

$$\frac{\beta_S(azul)}{\beta_S(vermelho)} \alpha \left(\frac{0,64}{0,47}\right)^2 = 3,45 \tag{11.15}$$

onde, por simplificação, assumimos que n(470) $\approx$ n(640).

Assim, o espalhamento atmosférico molecular (Rayleigh) é muito mais intenso na região azul do espectro visível, o que confere a coloração azul característica para a atmosfera. Quando a trajetória do feixe solar é muito grande, o que ocorre próximo ao nascente e ao pôr do sol, o grande espalhamento nos comprimentos de onda curtos para fora do feixe solar produz nascentes e poentes com coloração avermelhada.

A fórmula para o espalhamento Rayleigh (equação 11.14) parece indicar que quanto mais partículas espalhadoras por unidade de volume estiverem presentes (maior **m**), menor será o espalhamento, pois **m** aparece no denominador, o que vai contra a nossa intuição. Isso, entretanto, não ocorre, pois o índice de refração atmosférico **n** (no numerador) aumenta a uma taxa mais rápida à medida que se chega aos níveis mais baixos da atmosfera, onde aumenta a concentração dos elementos espalhadores (Figura 11.4).

Outro aspecto também muito importante do espalhamento Rayleigh refere-se à distribuição angular do fluxo espalhado. Como mostrado na Figura 11.5, o espalhamento molecular é simétrico nas direções à frente (*forward scattering*) e atrás (*backscattering*).

A partir da função de espalhamento volumétrico Rayleigh, β_v^r, podemos calcular o coeficiente de espalhamento molecular (ou Rayleigh), β_s^r, por integração em todos os ângulos sólidos.

$$\beta_S^r = \int_\Omega \beta_V^r(\alpha)\, d\Omega = \int_0^{2\pi} \int_0^{\pi} \frac{2\pi^2}{m\lambda^4} \left(n^2(\lambda)-1\right)^2 \left(1+\cos^2\alpha\right) sen\,\alpha\, d\alpha\, d\varphi =$$

$$= \frac{2\pi^2}{m\lambda^4} \left(n^2(\lambda)-1\right)^2 \int_0^{2\pi} \int_0^{\pi} \left(1+\cos^2\alpha\right) sen\,\alpha\, d\alpha\, d\varphi$$

(11.16)

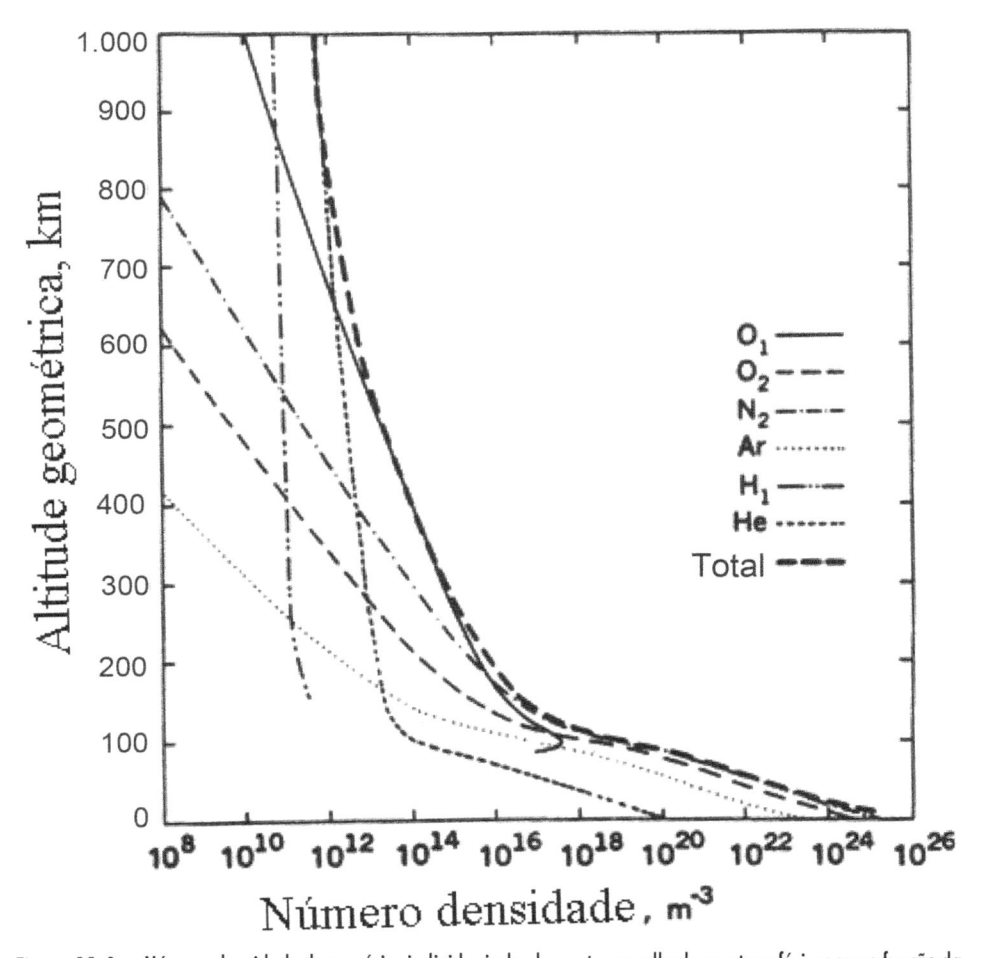

Figura 11.4 – Número densidade das espécies individuais de elementos espalhadores atmosféricos como função da altura para uma atmosfera U.S. padrão. Fonte: Slater (1980).

Com propósito didático, a integração dupla da equação (11.16) pode ser feita da seguinte forma:

$$\int_0^{2\pi}\int_0^{\pi}(1+\cos^2\alpha)\,sen\,\alpha\,d\alpha\,d\varphi = \int_0^{2\pi}d\varphi\int_0^{\pi}(1+\cos^2\alpha)\,sen\,\alpha\,d\alpha =$$

$$= 2\pi\int_0^{\pi}(sen\,\alpha + sen\,\alpha\cos^2\alpha)\,d\alpha = 2\pi\left(\int_0^{\pi}sen\,\alpha\,d\alpha + \int_0^{\pi}sen\,\alpha\cos^2\alpha\,d\alpha\right) =$$

$$= 2\pi\left(-\cos\alpha\Big|_0^{\pi} + \int_0^{\pi}sen\,\alpha(1-sen^2\alpha)\,d\alpha\right) = \tag{11.17}$$

$$= 2\pi\left(2 + \int_0^{\pi}sen\,\alpha\,d\alpha - \int_0^{\pi}sen^3\alpha\,d\alpha\right) =$$

$$= 2\pi\left(4 + \frac{1}{3}\cos\alpha\left(sen^2\alpha + 2\right)\Big|_0^{\pi}\right) = 2\pi\left(4 - \frac{4}{3}\right) = \frac{16\pi}{3}$$

Assim, β_S^r, o coeficiente de espalhamento molecular (Rayleigh), é dado por

$$\beta_S^r(\lambda) = \frac{32\pi^3\left(n^2(\lambda)-1\right)^2}{3\lambda^4 m} \quad [cm^{-1}] \tag{11.18}$$

De modo semelhante ao que ocorre com o coeficiente de absorção (a), o coeficiente de espalhamento Rayleigh, β_S^r, nos dá a perda de energia do fluxo radiante por unidade de distância propagada causada por espalhamento.

Também em analogia à seção reta de absorção (C_α), equação (10.16), podemos definir a seção reta de espalhamento Rayleigh, C_r, como sendo

$$C_r = \frac{\beta_S^r}{m}\left[\frac{cm^{-1}}{cm^{-3}}\right] \quad [cm^2] \tag{11.19}$$

C_r expressa a área efetiva de um elemento espalhador em termos de sua capacidade de promover o espalhamento do fluxo. O parâmetro **m** é o número de elementos espalhadores por unidade de volume.

A *profundidade óptica de espalhamento Rayleigh* pode ser expressa como

$$\delta_r = \beta_S^r z = \left(mC_r\right)z \tag{11.20}$$

cuja transmitância associada τ é dada por

$$\tau = e^{-\delta_r} \tag{11.21}$$

Com a definição de P(α) dada pelas equações (11.12), (11.14) e (11.18), a *função de fase de espalhamento Rayleigh* é dada por

$$P(\alpha) = \frac{3}{4}(1 + \cos^2\alpha) \tag{11.21}$$

mostrada na Figura 11.5. A equação (11.21) mostra a simetria nas direções à frente e para trás ($\alpha = 0$ e $\alpha = 180°$) e uma redução da magnitude do espalhamento para $\alpha = 90°$ e $270°$.

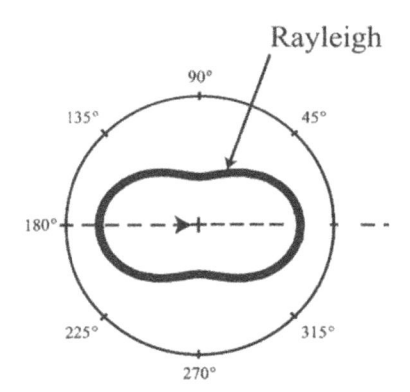

Figura 11.5 – Função de fase de espalhamento Rayleigh. O fluxo radiante incide sobre a partícula ao longo da horizontal vindo da esquerda.

Outro aspecto importante para certas aplicações em sensoriamento remoto é que o espalhamento molecular introduz polarização na componente difusa espalhada pela atmosfera. O grau de polarização (GDP), induzido pelo espalhamento atmosférico Rayleigh, é dado por

$$GDP = \frac{1 - \cos^2\alpha}{1 + \cos^2\alpha} \tag{11.22}$$

A Figura 11.6 ilustra o parâmetro GDP (DOP – *degree of polarization*, em inglês) para o espalhamento Rayleigh.

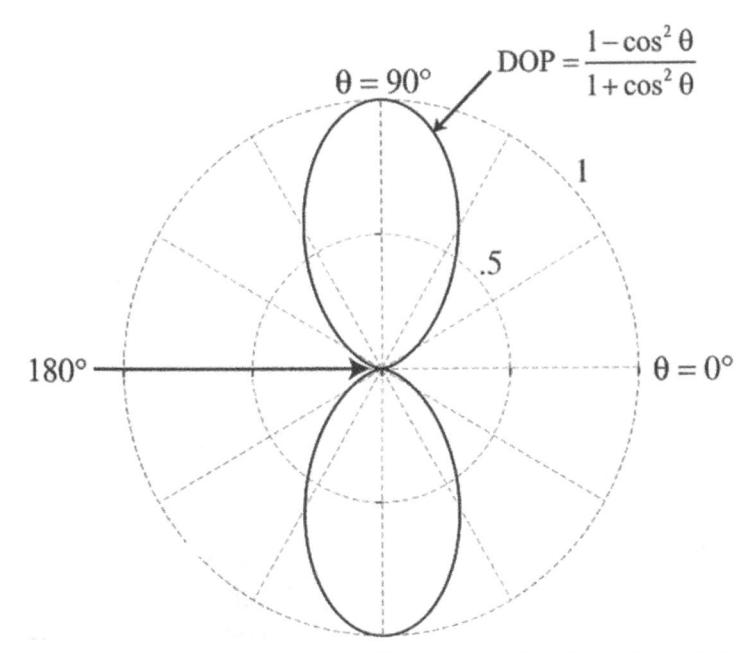

Figura 11.6 – Grau de polarização produzido pelo espalhamento Rayleigh em função do ângulo de espalhamento (θ). O fluxo radiante propaga da esquerda para a direita.

Vê-se pela equação (11.22) que a luz não polarizada permanece assim nas direções à frente (α = 0°) e atrás (α = 180°), isto é, GDP = 0. Até aproximadamente 30° do feixe, nas direções à frente e atrás, o GDP é ainda quase zero. Entretanto, nas direções maiores que ±30° da direção do feixe (para a direita e a esquerda), o espalhamento Rayleigh induz forte polarização. Para α = ±90°, isto é, nas direções ortogonais à direção de propagação do feixe original, GDP = 1, isto é, a luz que antes era não polarizada fica totalmente polarizada.

Esse processo de polarização da radiância difusa pode constituir um problema. Por exemplo, se um sensor a bordo de um satélite for sensível ao grau de polarização da radiação, suas medidas de radiância poderão ser alteradas por esse efeito, dependendo das condições de iluminação e de visada. Por outro lado, se tivermos sensores especialmente projetados para medir o GDP da luz, pode-se utilizar essa informação para se estimar características de espalhamento atmosférico.

Outro aspecto importante referente ao espalhamento da radiação pela atmosfera é que quando a profundidade óptica da atmosfera aumenta, seja pelo aumento do ângulo zenital solar (equação 10.24), ou pelo aumento do espalhamento propriamente dito, aumenta a razão entre a luz difusa atmosférica em relação à componente que veio diretamente da superfície. A Figura 11.7 ilustra esse caso para uma atmosfera Rayleigh. Na figura, M é a emitância radiante total no topo da atmosfera (a irradiância que escapa de volta para o espaço, ou a irradiância vista por um satélite olhando para a Terra), M_g é a componente da irradiância TOA (*top of atmosphere*) que interagiu com a superfície, e M_s é a componente que foi totalmente espalhada pela atmosfera, sem ter interagido com a superfície. A simulação foi feita para uma atmosfera Rayleigh, com o ângulo zenital solar $\theta_z = 66,4°$ e a superfície da Terra com uma reflectância r = 0,1 (10%).

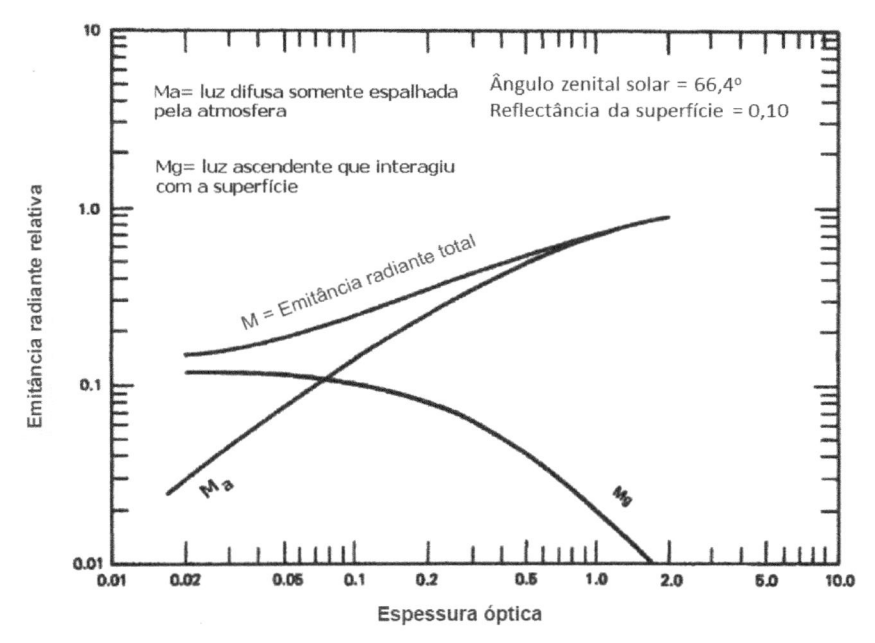

Figura 11.7 – Frações da irradiância total no topo da atmosfera (M) produzidas por radiação que interagiu com a superfície (M_g), e totalmente produzidas na atmosfera sem interagir com a superfície (M_a), em função da profundidade óptica (ou espessura óptica). Atmosfera Rayleigh com um ângulo zenital solar de 66,4° e superfície Lambertiana com uma reflectância de 10%. Fonte: Fraser, 1964.

Note que, para baixos valores de profundidade óptica δ_r, a emitância é dominada pela radiação que interagiu com a superfície (M_g), isto é, contém informação sobre a superfície. À medida que δ cresce (τ decresce), aumenta a proporção de radiação atmosférica difusa (M_a) e diminui a fração referente à radiação vinda da superfície. A partir de um determinado valor de profundidade óptica, temos mais luz difusa atmosférica que radiação vinda da superfície. Para altos valores de δ (da ordem de 1), praticamente toda a radiação TOA é radiação difusa atmosférica, que não contém mais informação alguma sobre as características da superfície.

Para as condições da simulação, a fração do fluxo total no topo da atmosfera efetivamente refletida pelo alvo no solo somente é maior que M_a (a componente do fluxo que foi gerado apenas por espalhamento atmosférico) quando a profundidade óptica é menor que 0,08, ou seja, a transmitância, $\tau = e^{-0,08} = 0,92$, uma atmosfera muito limpa.

11.5 O ESPALHAMENTO MIE

Na faixa de valores de q entre 0,1 e 50, o espalhamento é mais bem explicado pela teoria de Mie. As expressões derivadas para a função de espalhamento volumétrico $\beta_V(\alpha,\lambda)$ e o coeficiente de espalhamento $\beta_S(\lambda)$ Mie são, entretanto, bastante complexas, envolvendo séries cujos coeficientes são funções esféricas de Bessel. Entretanto, no limite em que as partículas espalhadoras são pequenas com relação ao comprimento de onda, a teoria de Mie recupera o espalhamento de Rayleigh. Alguns textos consideram que a faixa 1 < q < 2 corresponde a um regime de espalhamento transicional entre Rayleigh e Mie.

No regime de espalhamento Mie, o coeficiente de espalhamento β_S oscila de forma rápida em função de q, mas o espalhamento para a frente predomina sobre o espalhamento para trás como indicado na Figura 11.8. O espalhamento da luz solar por partículas de névoa, fumaça, poeira ou aerossóis se dá nesse regime.

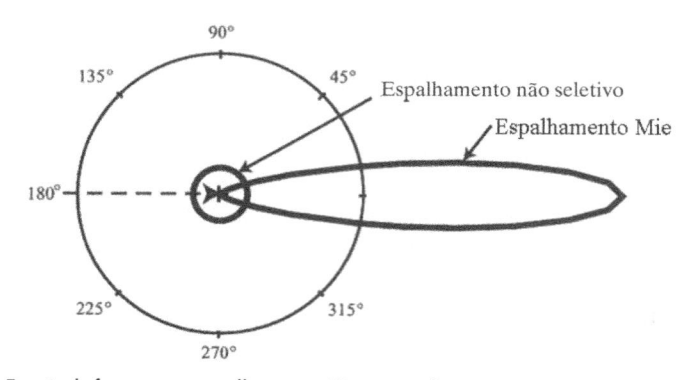

Figura 11.8 – Função de fase para os espalhamentos Mie e não seletivo.

Quando as partículas espalhadoras são bem uniformes em tamanho, a luz solar espalhada pode apresentar tonalidade azulada, ou avermelhada, dependendo se $\partial\beta_s/\partial q$ é positivo ou negativo nos comprimentos de onda do visível. Se as partículas apresentam ampla variação de tamanhos de modo a abarcar vários máximos e mínimos nos valores de β_s, então a luz espalhada terá coloração neutra, ou esbranquiçada.

Segundo a teoria de espalhamento da radiação eletromagnética por esferas de raio **a** de dimensão similar ao comprimento de onda, teoria denominada de espalhamento Lorenz-Mie, a seção reta de espalhamento Mie (normalizada pela área da seção reta da partícula) é dada por (Liou, 2002):

$$\frac{C_r}{\pi a^2} = Q_S = c_1 q^4 \left(1 + c_2 q^2 + c_3 q^4 + \cdots\right) \tag{11.23}$$

onde C_r é a seção reta de espalhamento e Q_s é denominado de *fator de eficiência de espalhamento*. É importante ressaltar que Q_s tem o mesmo significado do termo ξ, o fator de eficiência para a seção reta de absorção (equação 10.11). Os coeficientes c_i da equação 11.23 para o caso de partículas não absorvedoras são dados por

$$c_1 = \frac{8}{3}\left(\frac{n^2-1}{n^2+2}\right)^2 \qquad\qquad c_2 = \frac{6}{5}\left(\frac{n^2-1}{n^2+2}\right)$$

$$\tag{11.24}$$

$$c_3 = \frac{8}{175}\frac{n^6 + 41n^4 - 28n^2 + 284}{\left(n^2+2\right)^2} + \frac{1}{900}\left(\frac{n^2+2}{2n^2+2}\right)\left[15 + \left(2n^2+3\right)^2\right]$$

onde **n** é o índice de refração das partículas. O coeficiente de espalhamento β_s é, então, obtido multiplicando-se C_r por m, o número de partículas espalhadoras por unidade de volume. Portanto, para a obtenção de β_s, multiplica-se a equação (11.23) por m e πa^2.

Para as moléculas dos gases atmosféricos, a ~ 10^{-4} μm. Quando iluminadas por luz na faixa do visível, q ~ 10^{-3}. Nesse caso, podemos desprezar os termos de mais alta ordem da equação (11.23) e ficar somente com o primeiro termo, que representa o espalhamento Rayleigh, com sua dependência de λ^{-4}. Portanto, como dito anteriormente, a teoria do espalhamento Mie contempla o espalhamento Rayleigh (não o contrário).

Para partículas de aerossóis e de nuvens, a ~ 10^{-1} μm ou maior; portanto, na faixa do visível, q ~ 1, ou maior. Nesse caso, a luz espalhada é menos dependente do comprimento de onda, sendo predominantemente dependente do tamanho da partícula.

Com relação à função de fase de espalhamento obtida a partir da teoria de Lorenz-Mie, a Figura 11.9 mostra o caso de gotículas de nuvens (~ 10 µm) e aerossóis (~ 1 µm) iluminados com luz na faixa do visível. Vê-se que o espalhamento por gotículas é fortemente concentrado nas direções próximas à direção de incidência. Um mínimo é observado para direções em torno de 100°, voltando a apresentar um complexo padrão de aumento nas direções para trás, porém bem menos intenso que nas direções para a frente. O pico de retroespalhamento de gotículas de nuvens em 138° é o conhecido padrão do arco-íris. O padrão de espalhamento para aerossóis apresenta um máximo nas direções para a frente, com um mínimo por volta de 120° a 130° e um novo máximo local na região de 150° a 170°. A figura também mostra o padrão de espalhamento molecular (Rayleigh) a título de comparação.

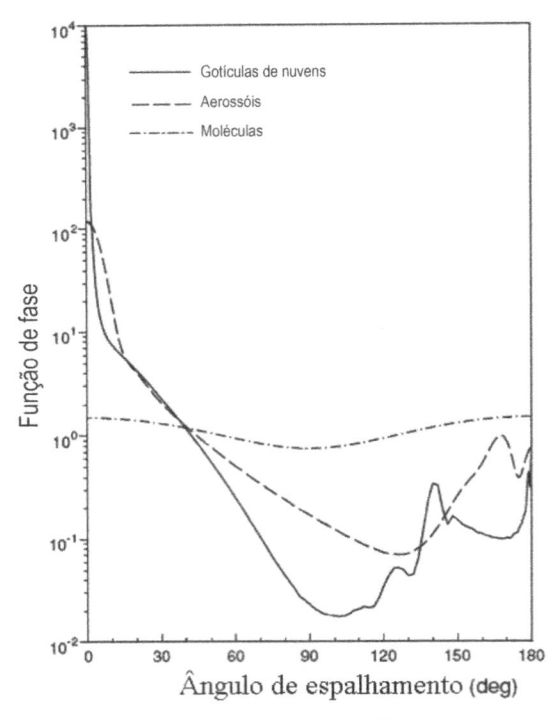

Figura 11.9 – Função de fase de espalhamento Mie para gotículas de nuvens, aerossóis e moléculas atmosféricas iluminados por radiação em 0,5 µm. A curva traço-ponto representa o caso de espalhamento molecular. Fonte: Liou, 2002.

11.6 O ESPALHAMENTO ATMOSFÉRICO EFETIVO

Alguns trabalhos indicam que, mesmo para uma atmosfera limpa, o espalhamento da radiação solar se dá de acordo com uma lei de potência de λ do tipo $\lambda^{-0,7}$ a $\lambda^{-2,0}$, e não exatamente como λ^{-4} como previsto pela teoria de Rayleigh (Figura 11.10). De qualquer maneira, uma atmosfera limpa espalha cerca de 50% mais luz azul que luz vermelha.

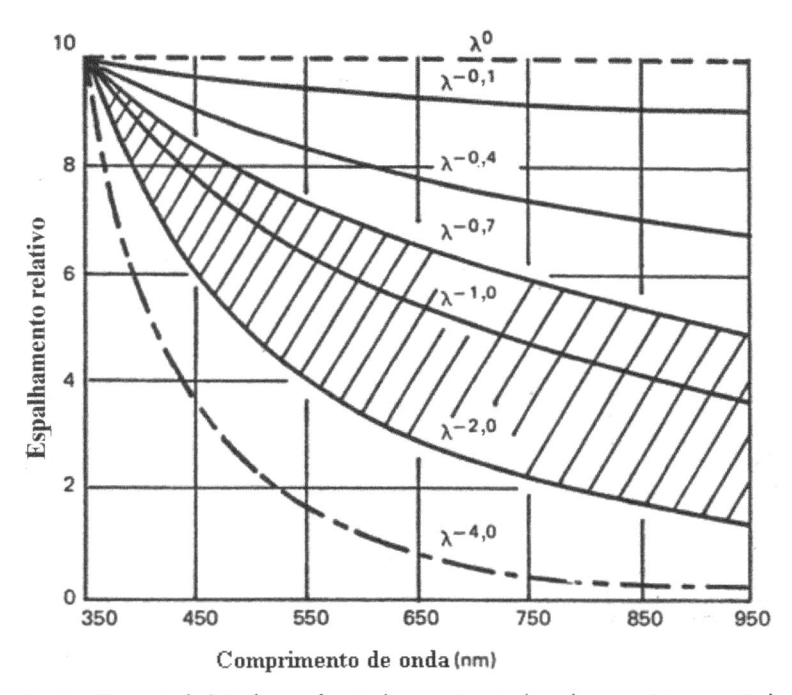

Figura 11.10 – Espalhamento (relativo) como função de comprimento de onda para várias magnitudes de névoa atmosférica: névoa saturada (curva mais acima), com espalhamento não seletivo (λ^0); condição de mínima névoa (última curva mais abaixo, atmosfera Rayleigh) e área hachurada (atmosfera clara real, $\lambda^{-0,7}$ a $\lambda^{-2,0}$). Fonte: Slater (1980), de Curcio (1961).

A Figura 11.11 mostra valores de transmitância atmosférica medidos por um sensor para vários ângulos de visada em relação ao nadir ($\Theta = 0°$ indica visada no nadir). Medidas realizadas por volta do meio-dia, com uma altitude solar de 48,5°, no dia 28 de fevereiro de 1956, para uma região de radiância uniforme de solo numa localidade da Flórida, Estados Unidos. As várias medidas correspondem a diferentes *pixels*, cada vez mais afastados do nadir com o aumento de Θ. A condição atmosférica durante o experimento era de céu sem nuvens, mas com forte névoa no primeiro quilômetro atmosférico. As medidas de transmitância mostram o resultado de uma camada de névoa no primeiro quilômetro da atmosfera. Por volta de 800 m de altitude, nota-se uma brusca queda de transmitância; a partir dessa altitude, a transmitância continua a diminuir, porém numa taxa bem mais baixa.

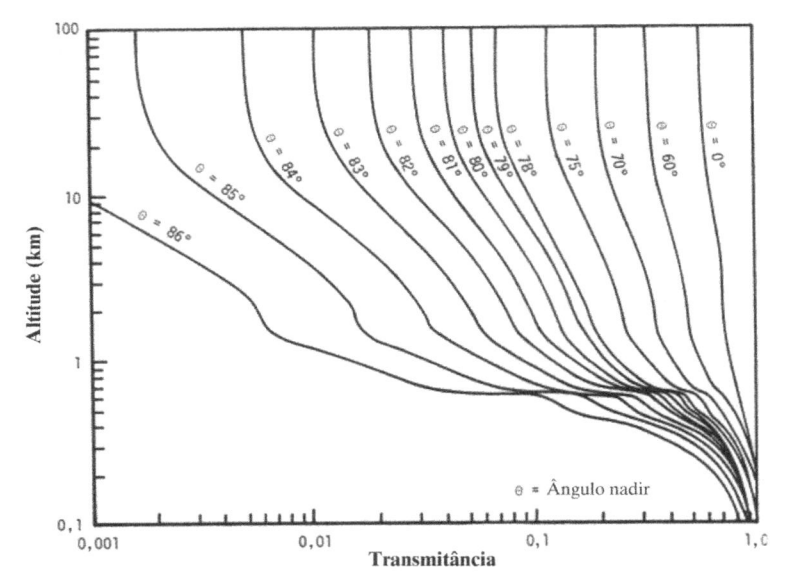

Figura 11.11 – Transmitância atmosférica para vários ângulos de visada em relação ao nadir. Fonte: Slater (1980), de Boileau et al. (1964).

A radiância difusa retroespalhada pela atmosfera em direção ao sensor constitui uma componente que degrada a informação vinda do alvo e causa diminuição de contraste. Kaufman (1984, 1985) mostrou que, para uma superfície não uniforme, o espalhamento atmosférico pode reduzir a resolução aparente de sensores tipo Landsat e a separabilidade de classes presentes na imagem. Essa componente difusa pode fazer também a radiância proveniente de alvos nas imediações do alvo em análise acabar entrando no campo de visada do sensor, afetando a radiância do alvo de interesse. É importante notar que o espalhamento atua como fator de decaimento do feixe direto de radiação incidente no alvo e no decaimento do fluxo que sai do alvo e se propaga em direção ao sensor. Entretanto, o espalhamento é também responsável por uma componente aditiva de fluxo radiante que chega ao sensor, ou sem ter interagido com o alvo (chamada de *radiância de trajetória*), ou por espalhamentos anteriores na atmosfera (ou em outros alvos), e adentra no campo de visada do sensor. Como salientado por Slater (1980), o espalhamento faz a atmosfera ter uma radiância intrínseca. Mesmo durante o dia, numa atmosfera sem espalhamento, o Sol brilharia contra uma "noite escura". Isso é o que ocorre, por exemplo, na Lua, que, por falta de atmosfera, não tem espalhamento e, consequentemente, não tem luz difusa atmosférica.

11.7 O COEFICIENTE DE EXTINÇÃO β_{EXT} E A TRANSMITÂNCIA TOTAL

Vimos anteriormente que tanto a absorção quanto o espalhamento resultam num decaimento exponencial do fluxo radiante. Para a absorção, a taxa de decaimento é caracterizada pelo *coeficiente de absorção* $\beta_\alpha(\lambda,z)$, que, no caso mais geral, é função do comprimento de onda da radiação e pode variar ao longo da trajetória do feixe radiante. Assim, a transmitância associada ao processo de absorção é dada por

$$\tau_a(z) = \frac{\Phi(z)}{\Phi_0} = e^{-\int\limits_0^z \beta_\alpha(z)\,dz} \tag{11.25}$$

Vimos também que, associado ao decaimento do fluxo radiante causado por espalhamento, temos o *coeficiente de espalhamento* $\beta_S(\lambda)$, que também pode variar no espaço. Uma transmitância associada apenas ao processo de espalhamento pode ser definida de forma análoga:

$$\tau_S(z) = \frac{\Phi(z)}{\Phi_0} = e^{-\int\limits_0^z \beta_\alpha(z)\,dz} \tag{11.26}$$

Se tomarmos os efeitos combinados de absorção e espalhamento de um feixe radiante que se propaga através de um meio absorvedor e espalhador, a *atenuação* total do fluxo pode ser expressa por

$$\Phi(z) = \Phi_0 e^{-(\beta_\alpha + \beta_S)z} \tag{11.27}$$

Em óptica física atmosférica, o coeficiente soma $\beta_\alpha + \beta_s = \beta_{ext}$ é chamado de *coeficiente de extinção*. Assim, β_{ext} dá a taxa exponencial de decaimento do fluxo radiante pelos efeitos combinados de absorção e espalhamento.

A profundidade óptica total causada pelos processos de absorção e espalhamento δ_T é, então, dada por

$$\delta_T = \int_0^z \left(\beta_\alpha + \beta_S \right) dz = \int_0^z \beta_{ext}\, dz \qquad (11.28)$$

E a transmitância total é dada por

$$\tau_T = \exp\left(-\delta_T\right) \qquad (11.29)$$

EXERCÍCIOS

11.1 O fluxo radiante de um feixe luminoso apresentou a seguinte taxa de decaimento ao se propagar num meio:

Fluxo (W)	Distância (m)
1	0
0,6065	5
0,3679	10
0,2231	15
0,1353	20
0,0821	25
0,0498	30
0,0302	35
0,0183	40
0,0111	45

a) A partir desses dados, determine o coeficiente de extinção do meio.

b) Sendo a transmitância definida como a razão entre o fluxo numa distância e o fluxo na origem, qual seria a transmitância desse meio para a distância de 200 m?

11.2 A profundidade óptica da atmosfera devido ao espalhamento Rayleigh $\left(\delta_S^r\right)$ para uma trajetória vertical pode ser aproximada pela expressão

$$\delta_S^r \approx \frac{N_A p_0}{M_m g} \frac{128\pi^5 a^6}{3\lambda^4}$$

onde N_A = número de Avogadro = 6×10^{23}, p_0 = pressão à superfície = 10^5 Pa, M_m = massa molecular das moléculas atmosféricas = $2,9 \times 10^{-2}$ kg/mol, g = aceleração da gravidade = 9,8 ms^{-2}, a = raio típico das moléculas = 10^{-10} m, λ = comprimento de onda da radiação.

a) Estime a partir da expressão acima qual comprimento de onda está associado a uma transmitância por espalhamento Rayleigh de 37%.

b) Calcule as transmitâncias de espalhamento Rayleigh para os comprimentos de onda de 0,3, 0,4, 0,5, 0,6 e 0,7 µm. Comente os resultados.

11.3 A seção reta de espalhamento Rayleigh é dada por Liou (2002) pela expressão

$$C_r(\lambda) = \frac{8\pi^3 \left(n_r^2 - 1\right)^2}{3\lambda^4 N_S^2} f(\delta)$$

onde n_r = parte real do índice de refração das moléculas atmosféricas, N_s = número total de moléculas por unidade de volume, λ = comprimento onda da radiação e $f(\delta)$ = fator de correção que leva em conta a anisotropia das moléculas, isto é, a variação do índice de refração com as direções x, y e z. O fator de correção é dado por $f(\delta) = (6+3\delta)/(6-7\delta)$ e $\delta = 0,035$.

A dependência com o comprimento de onda da parte real do índice de refração das moléculas atmosféricas (n_r) pode ser aproximada pela seguinte expressão:

$$(n_r - 1) \times 10^8 = 6,4328 \times 10^3 + \frac{2,949810 \times 10^6}{146 - \lambda^{-2}} + \frac{2,5540 \times 10^4}{41 - \lambda^{-2}}$$

com λ dado em mícrons.

a) A partir dos dados acima e considerando que o número de moléculas por centímetro cúbico no nível do mar para a condição-padrão é cerca de 2,55 $\times 10^{19}$ cm^{-3}, calcule a seção reta de espalhamento Rayleigh na superfície nos comprimentos de onda 0,3, 0,4, 0,5, 0,6 e 0,7 μm.
Nota: transforme λ para cm para calcular C_r, pois N_s está dado por cm^3.
b) Faça um gráfico da variação de C_r com λ e comente o resultado.

11.4 A profundidade óptica de toda a atmosfera, considerando somente o espalhamento Rayleigh (atmosfera molecular) num dado comprimento de onda, pode ser calculada a partir de sua seção reta de espalhamento pela expressão

$$\delta_r(\lambda) = C_r(\lambda) \int_0^{z_\infty} N_S(z)\,dz$$

Como dado por Liou (2002), consideremos que N_s tem o seguinte perfil com a altura:

Altura (km)	0	2	4	6	8	10	12	14	16
N (x10^{18}) (cm^{-3})	25,5	20,9	17,0	13,7	10,9	8,6	6,49	4,74	3,46

a) Calcule a profundidade óptica Rayleigh de toda a atmosfera para os comprimentos de onda do item **a** do exercício anterior. Sugestão: use o $C_r(\lambda)$ do item **a** do exercício anterior, ajuste uma curva $N(z) = N_0 \exp(-bz)$ com os dados da tabela e use os dados da curva ajustada para fazer a integração até 40 km de altura.
b) Calcule as transmitâncias de espalhamento Rayleigh referentes ao item anterior.
Faça um gráfico da profundidade óptica e da transmitância em função do comprimento de onda e comente os resultados.
c) Como esse resultado se compara aos resultados do exercício 11.2?

12

A REFLEXÃO DA RADIAÇÃO ELETROMAGNÉTICA

12.1 INTRODUÇÃO

Um grande número de aplicações na área de sensoriamento remoto (SR) é realizado por meio de coleta, processamento e análise da radiação eletromagnética (REM) proveniente do Sol, que é refletida pelos alvos na superfície da Terra em direção ao sensor. A radiação refletida pelo alvo não precisa ser necessariamente de origem solar, pois pode ter sido emitida por um sensor ativo, instalado a bordo de um satélite ou avião, como é o caso de radares de micro-ondas. Como visto no capítulo 9, equação (9.27), se o alvo puder ser aproximado como Lambertiano, em cada comprimento de onda, a radiância que deixa um alvo em direção ao sensor pode ser modelada pelo produto da reflectância do alvo pela irradiância incidente sobre ele e o resultado dividido pelo fator π.

É importante levar em conta que a magnitude, ou a distribuição espacial da REM refletida por um determinado alvo, é dependente de uma série de parâmetros, tais como o comprimento de onda da REM, o ângulo de incidência, a polarização da REM, as propriedades elétricas do alvo (constante dielétrica, ou índice de refração) e a rugosidade da superfície.

O comprimento de onda, o ângulo de incidência e a polarização são propriedades da REM, que, sob certas circunstâncias, podem ser controladas pelo desenho do sistema sensor, ou pela geometria de visada. A refletividade de um alvo depende, no entanto, além dos parâmetros anteriores, das propriedades elétricas e da textura ou rugosidade intrínseca do alvo.

Embora a reflexão seja tratada como se ocorresse na superfície do alvo, ela de fato envolve uma penetração e uma interação da REM com uma camada do material do alvo, a qual pode, em muitos casos, ser extremamente fina. Mesmo a reflexão da REM em superfícies metálicas (como em espelhos com película de prata polida) ocorre numa camada submilimétrica do material. De qualquer maneira, a reflexão é normalmente tratada como um fenômeno de superfície.

Dependendo da rugosidade da superfície do alvo em relação ao comprimento de onda da REM incidente, o alvo pode comportar-se como um refletor especular, um refletor quase especular, um refletor quase Lambertiano, ou um alvo Lambertiano, ou seja, um refletor perfeitamente difuso. A Figura 12.1 ilustra a distribuição geométrica da radiação refletida pelo alvo em cada caso.

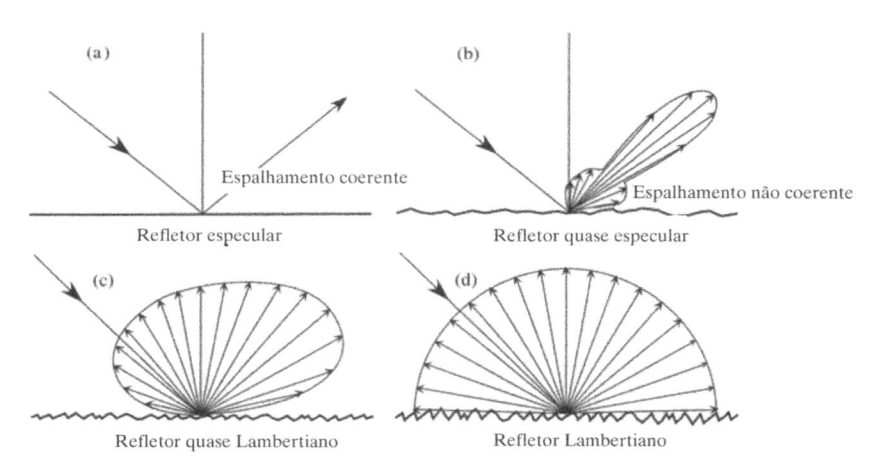

Figura 12.1 – Reflexão e espalhamento de uma onda eletromagnética na superfície de alvos com diferentes rugosidades. Fonte: Martin (2004).

Para o caso de reflexão especular, o feixe incidente, a reta normal no ponto de reflexão e o feixe refletido estão todos num mesmo plano, o plano de incidência. Além do mais, na reflexão especular, o ângulo de reflexão é igual ao ângulo de incidência.

12.2   O CRITÉRIO DE RAYLEIGH

O critério geralmente usado para avaliar se uma superfície se comporta como um refletor especular é dado pela seguinte relação, denominada critério de Rayleigh.

$$h \leq \frac{\lambda}{8\cos\theta_{in}}$$

(12.1)

onde h representa a escala típica de altura das irregularidades do alvo, que pode ser calculada com a métrica raiz quadrática média (RMS, *root mean square*) das elevações e depressões da superfície em relação a um valor médio. O parâmetro θ_{in} é o ângulo de incidência em relação à normal a uma reta que caracteriza a superfície.

Assim, pelo critério de Rayleigh, para que um alvo se comporte como um refletor especular, as irregularidades de sua superfície têm de ser, na média, inferiores a 1/8 do comprimento de onda da radiação incidente, levando-se em conta também o ângulo de incidência. Vê-se pelo critério de Rayleigh que a condição de refletividade especular é mais facilmente obtida para maiores ângulos de incidência. Uma superfície que é moderadamente rugosa pode tornar-se "lisa" para ângulos de visada bem rasantes. Um exemplo bastante comum desse fato é observado numa rodovia asfaltada que passa a refletir a luz solar quando o Sol se encontra praticamente na linha do horizonte.

Se tomarmos um feixe luminoso de comprimento de onda $\lambda = 0,5$ μm, as irregularidades para ângulos de incidência próximos à normal devem ser inferiores a 60 nm, para que a superfície tenha uma reflexão especular. Se estivermos, entretanto, considerando um feixe de ondas de rádio em micro-ondas VHF com $\lambda = 2$ m, então **h** deve ser inferior a cerca de 30 cm.

12.3   A REFLEXÃO FRESNEL PARA SUPERFÍCIES ESPECULARES

A reflexão da REM numa superfície que satisfaz o critério de Rayleigh pode ser deduzida com rigor pela solução das equações de Maxwell considerando a continuidade das soluções para os campos elétricos e magnéticos para os dois meios em que se propaga a radiação. A derivação dos coeficientes de refletividade foge ao escopo deste texto, e o que nos interessa aqui é conhecer os resultados obtidos, derivados em equações separadas para as componentes do fluxo radiante refletido, para as polarizações vertical e horizontal.

É importante notar que, na maioria dos casos, o campo elétrico (ou magnético) incidente em uma superfície que satisfaz o critério de Rayleigh e separa dois meios com índices de refração diferentes é parcialmente refletido. Parte do fluxo radiante da onda é transmitida pela interface entre os dois meios, constituindo o que já definimos como transmitância da superfície. A Figura 12.2 indica o caso de uma onda eletromagnética (OEM) caracterizada por seu campo elétrico E^i, que incide na superfície fazendo um ângulo θ com a normal à superfície. O campo refletido E^r faz o mesmo ângulo θ com a normal. O fluxo transmitido, caracterizado pelo campo elétrico transmitido E^t, faz um ângulo θ_t com a normal que satisfaz a lei da refração de Snell, dada por

$$n_1 sen\,\theta = n_2 sen\,\theta_t \tag{12.2}$$

onde n_1 e n_2 são os índices de refração dos meios 1 e 2, respectivamente.

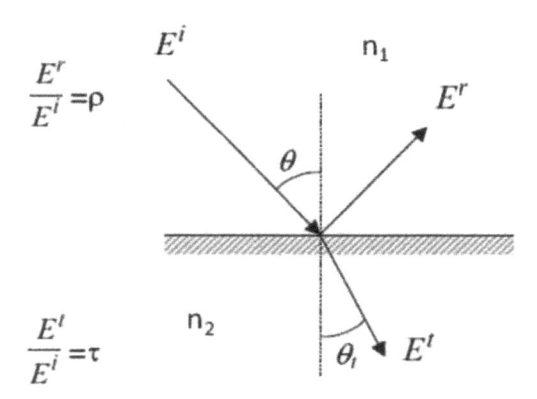

Figura 12.2 – Direções de incidência, reflexão e transmissão (refração) do campo elétrico incidente em uma superfície polida.

Define-se o *coeficiente de reflexão* (ou *de refletividade*) *Fresnel* (ρ) como a razão entre os campos elétricos refletido e incidente. Note que o campo elétrico possui magnitude e fase. Se, por exemplo, a componente horizontal de E^i for positiva e a componente horizontal de E^r for negativa, ρ será negativo. Conceito similar pode ser aplicado ao coeficiente de transmitância Fresnel τ, razão entre E^t e E^i.

A densidade de potência (Wm^{-2}) refletida pela superfície é dada pelo *coeficiente de reflexão de potência* (R),

$$R = \left| \rho^2 \right| \tag{12.3}$$

onde usamos o símbolo de módulo, pois os campos elétricos refletidos e incidentes são números complexos e possuem magnitude e fase. Toma-se o quadrado de ρ, pois, como mostrado, a densidade de potência da onda é proporcional ao quadrado da magnitude do campo elétrico.

Para o caso em que a densidade resultante de cargas elétricas no material é nula, isto é, ρ (densidade de carga) = 0, e para um meio não condutor, isto é, σ = 0, temos os coeficientes de refletividade Fresnel, para as polarizações horizontal e vertical, dados por

$$\rho_H = \frac{\cos\theta_{in} - \sqrt{\varepsilon/\varepsilon_0 - sen^2\theta_{in}}}{\cos\theta_{in} + \sqrt{\varepsilon/\varepsilon_0 - sen^2\theta_{in}}} \tag{12.4}$$

$$\rho_V = \frac{-\varepsilon/\varepsilon_0 \cos\theta_{in} + \sqrt{\varepsilon/\varepsilon_0 - sen^2\theta_{in}}}{\varepsilon/\varepsilon_0 \cos\theta_{in} + \sqrt{\varepsilon/\varepsilon_0 - sen^2\theta_{in}}} \tag{12.5}$$

Vemos, portanto, que os coeficientes de reflexão dependem da constante dielétrica do material refletor, que, nesse caso, é considerada real e igual a $\varepsilon/\varepsilon_0$.

12.4 O ÂNGULO DE POLARIZAÇÃO OU ÂNGULO DE BREWSTER

É possível mostrar pelas equações anteriores a existência de um ângulo de incidência que torna o numerador da expressão para o coeficiente de refletividade vertical (ρ_V) igual a zero. Assim, para esse ângulo, nenhuma onda eletromagnética polarizada verticalmente é refletida. Devido a essa característica, esse ângulo é chamado de *ângulo de polarização*, ou *ângulo de Brewster*, pois uma radiação não polarizada nesse ângulo será refletida somente com polarização horizontal, isto é, passará a ser totalmente polarizada.

No ângulo de polarização, o feixe refratado (transmitido), ou seja, que penetra no meio, faz um ângulo de 90° com o feixe refletido. Usando a lei de Snell (equação

12.2) para a refração, onde θ_i é o ângulo de incidência, θ_{rfl} é o ângulo de reflexão, que é igual a θ_i, θ_{rfr} é o ângulo de refração, n_i é o índice de refração do meio 1 (no caso, o ar) e n_2 é o índice de refração do material, temos

$$n_1 sen\,\theta_1 = n_2 sen\,\theta_{rfr} \qquad (12.6)$$

Como $\theta_i + \theta_{rfr} + \pi/2 = \pi \rightarrow \theta_{rfr} = \pi/2 - \theta_i$, que, substituído em (12.6), resulta em

$$n_1 sen\,\theta_1 = n_2 sen\left(\frac{\pi}{2} - \theta_i\right) = n_2 \cos\theta_i \qquad (12.7)$$

Como $n_1 \sim 1$, podemos escrever

$$\tan\theta_{in} = n \quad (n = \text{índice do meio 2}) \qquad (12.8)$$

Portanto, o ângulo de Brewster pode ser facilmente calculado como

$$\theta_{Brewster} = \arctan(n_2) \qquad (12.9)$$

A Figura 12.3 mostra os coeficientes de reflexão de potência para diferentes ângulos de incidência e para dois materiais com índices de refração n = 3 e n = 8 (para o caso em que a parte imaginária de n pode ser desprezada em relação à parte real). Usando a relação para o ângulo de Brewster para n = 3 e n = 8, temos

$$\theta_{in}\,(n = 3) = \text{atan}\,(3) = 71{,}6°$$

$$\theta_{in}\,(n = 8) = \text{atan}\,(8) = 82{,}9°$$

como mostrado nas curvas da Figura 12.3. Vemos, também, que os coeficientes de refletividade de potência Fresnel se simplificam para a expressão seguinte quando $\theta = 0°$, isto é, incidência ao longo da normal à superfície:

$$\rho_H^2 = \rho_V^2 = \left(\frac{n-1}{n+1}\right)^2, \text{ para } \theta_i = 0° \qquad (12.10)$$

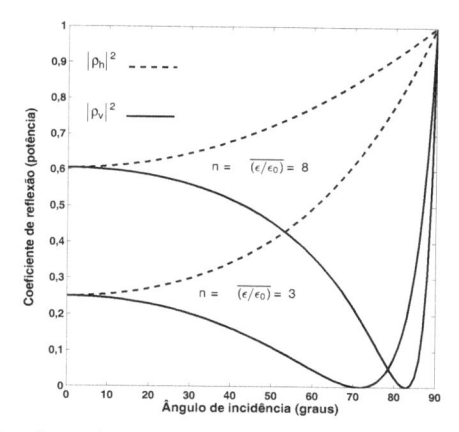

Figura 12.3 – Coeficientes de reflexão de potência Fresnel para n = 3 e n = 8. Linhas tracejadas: polarização horizontal; linhas cheias: polarização vertical.

Assim, para o caso mostrado na Figura 12.3, temos

$$R_H = R_V = 0,25 \ (n = 3) \ e = 0,6 \ (n = 8)$$

Para a água e na faixa do visível do espectro, podemos assumir a componente imaginária do índice de refração como zero e usar a formulação anterior com $n_r =$ 1,33, resultando na Figura 12.4. Note que a reflectância da água para o visível no nadir é muito baixa, da ordem de 2%. Além disso, essa baixa reflectância é quase constante até ângulos de incidência da ordem de 30°.

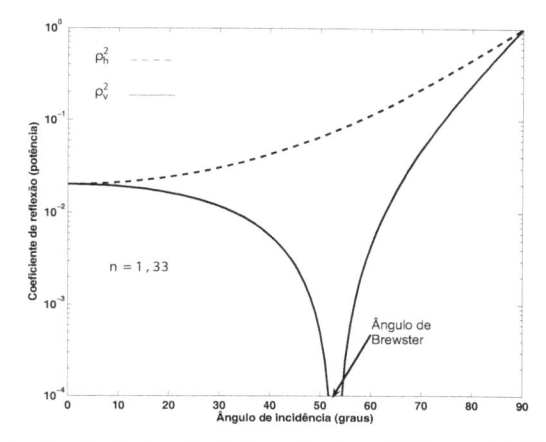

Figura 12.4 – Coeficientes de reflexão de potência Fresnel horizontal (R_H) e vertical (R_V) para a água na região visível do espectro, onde o índice de refração pode ser assumido real n = 1,33. O ângulo de Brewster ocorre em $\theta_{in} = 53,1°$.

12.5 A REFLEXÃO FRESNEL PARA SUPERFÍCIES COM ÍNDICE DE REFRAÇÃO COMPLEXO

No caso mais geral, a constante dielétrica, $K_e = n^2$, é função do comprimento de onda (e mesmo da temperatura) e é dada em sua forma complexa por

$$K_e(\lambda, T) = \varepsilon' + i\varepsilon'' = \varepsilon' + i\frac{\sigma}{\omega\varepsilon_0}, \text{ onde } \varepsilon' = \varepsilon/\varepsilon_0 \tag{12.11}$$

A constante dielétrica, além de variar com o comprimento de onda e a temperatura, depende da compactação e do conteúdo de umidade do material refletor. É claro que variações nesses parâmetros produzirão variações na refletividade.

Se a frequência da onda eletromagnética (ω) é baixa, o termo complexo da constante dielétrica pode começar a predominar, e o material comportar-se como um condutor, como ocorre em micro-ondas. Sabe-se também que, na faixa de micro-ondas, a condutividade dos solos aumenta consideravelmente com o conteúdo de umidade deles, implicando em variações correspondentes na refletividade nessa banda espectral, o que pode ser usado para monitorar a umidade do solo. A Figura 12.5 mostra a variação das componentes real e imaginária da constante dielétrica da areia em micro-ondas para vários conteúdos de umidade.

Para o caso geral em que desejamos determinar o coeficiente de refletividade entre o ar, que é um dielétrico (condutividade baixa), e um meio com condutividade não desprezível (como um metal, a água do mar ou a água para frequência de micro-ondas), as equações anteriores devem ser modificadas levando-se em conta o índice de refração complexo, $n = n_r + i\,n_i$, resultando em (Maul, 1985)

$$\rho_H^2 = \frac{\left(\cos\theta_{in} - \sqrt[4]{x^2+y^2}\cos(\phi/2)\right)^2 + \left(\sqrt[4]{x^2+y^2}\,sen(\theta/2)\right)^2}{\left(\cos\theta_{in} + \sqrt[4]{x^2+y^2}\cos(\phi/2)\right)^2 + \left(\sqrt[4]{x^2+y^2}\,sen(\theta/2)\right)^2} \tag{12.12}$$

$$\rho_V^2 = \frac{\left(\left(x + sen^2\theta_{in}\right)\cos\theta_{in} - \sqrt[4]{x^2+y^2}\cos(\phi/2)\right)^2 + \left(y\cos\theta_{in} - \sqrt[4]{x^2+y^2}\,sen(\theta/2)\right)^2}{\left(\left(x + sen^2\theta_{in}\right)\cos\theta_{in} + \sqrt[4]{x^2+y^2}\cos(\phi/2)\right)^2 + \left(y\cos\theta_{in} - \sqrt[4]{x^2+y^2}\,sen(\theta/2)\right)^2} \tag{12.13}$$

onde $x = n_r^2 - n_i^2 - sen^2\theta_{in}$, $y = 2n_r n_i$ e $\phi = \arctan(y/x)$.

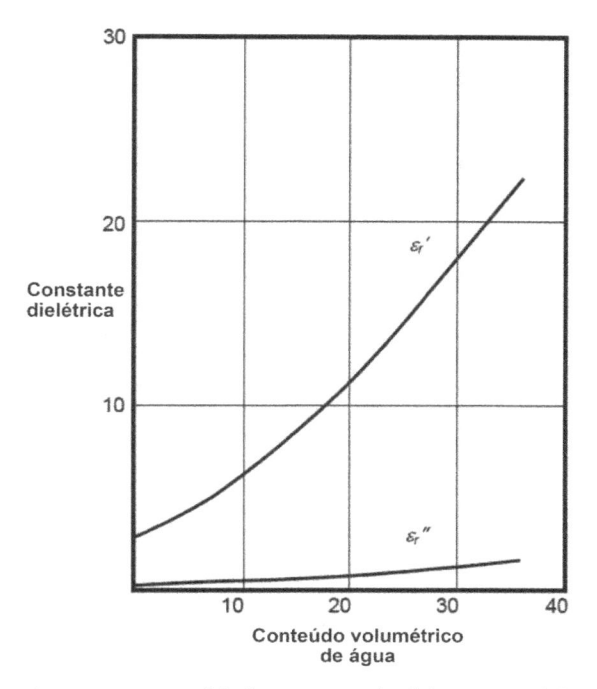

Figura 12.5 – Variação das componentes real (ε') e imaginária (ε'') da constante dielétrica complexa da areia para diferentes valores de umidade, na frequência micro-ondas de 1,4 GHz. Fonte: Richards (2009), compilado de Wang (1980).

Para o caso de incidência normal, isto é, $\theta_{in} = 0^0$, temos

$$\rho_H^2 = \rho_V^2 = \frac{\left(n_r - 1\right)^2 + n_i^2}{\left(n_r + 1\right)^2 + n_i^2} \tag{12.14}$$

Se tomarmos agora a água pura para $\lambda = 1$ cm na região de micro-ondas, o índice de refração tem o seguinte valor: $n = 6,2 + i\,3$. A Figura 12.6 mostra as curvas de reflectância da água ($R = |\rho^2|$) nessa região do espectro. Em contraste com o caso anterior, para a faixa do visível, para a região de micro-ondas, a reflectância para incidência normal é próxima a 60% (a água se comporta como um metal refletor). Vemos também que, no ângulo de polarização, a componente polarizada verticalmente tem reflectância da ordem de 6%, e não zero como na região visível do espectro, embora nesse ângulo a reflectância para a luz polarizada horizontalmente seja significantemente maior, da ordem de 92%.

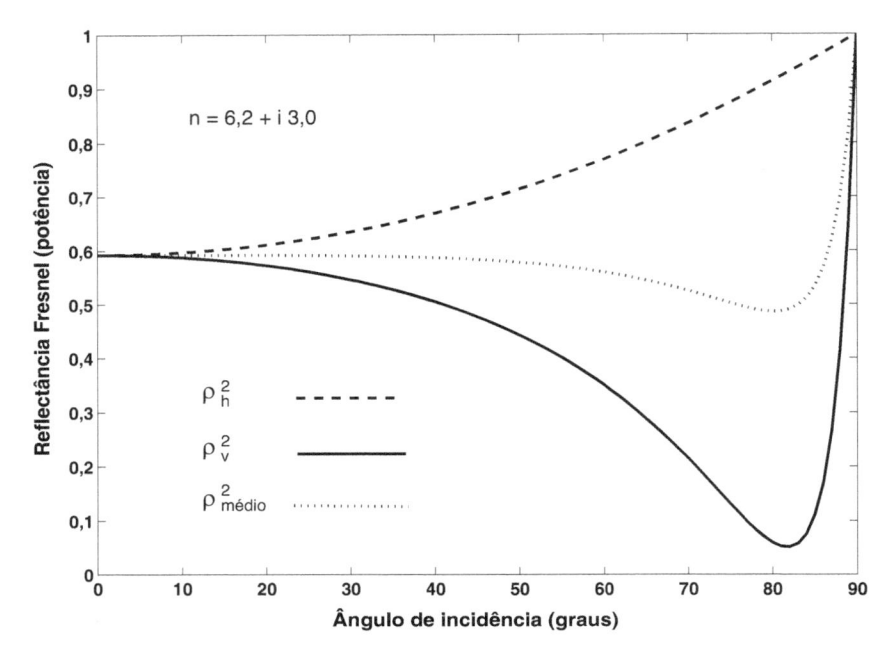

Figura 12.6 – Coeficientes de reflexão de potência Fresnel para a água pura na região de micro-ondas, para $\lambda =$ 1 cm. A curva pontilhada representa a reflectância para uma luz não polarizada, sendo calculada como a média dos valores ρ_V e ρ_H.

Para superfícies com alta condutividade como os metais, a parte imaginária da constante dielétrica predomina e o coeficiente de refletividade se torna praticamente igual a 1 para qualquer ângulo de incidência. Um exemplo desse caso é mostrado na Figura 12.7, em que temos os coeficientes de reflexão de potência para uma superfície polida de prata em $\lambda = 0{,}5$ µm com n = 0,13 + i 2,9.

Para uma superfície polida de um material com uma banda de absorção num comprimento de onda λ_0, onde $n_i \gg n_r$, se um fluxo radiante de amplo espectro incidir sobre ele, o fluxo refletido conterá grande porção da luz refletida ao redor de λ_0, como indicado na Figura 12.8.

Para superfícies compostas de material particulado, a onda eletromagnética sofre espalhamento múltiplo no interior do material, e parte da energia espalhada acaba por penetrar nas partículas do meio. Se o material do meio contiver bandas de absorção, então parte da energia espalhada no meio acabará sendo absorvida nesses comprimentos de onda ao redor das linhas de absorção. À medida que as partículas ficam maiores, a absorção se torna mais proeminente, e a energia total refletida diminui, como indicado na Figura 12.9.

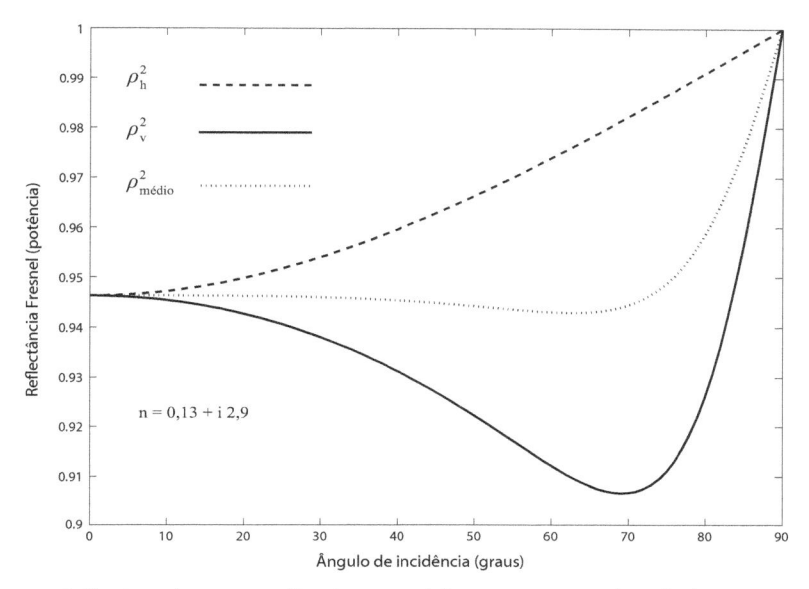

Figura 12.7 – Reflectância de uma superfície de prata polida no comprimento de onda de 0,5 μm. Note que a parte imaginária do índice de refração é muito maior que a parte real nesse comprimento de onda. A reflectância é maior que 90% para qualquer ângulo de visada. Observe que o ângulo de Brewster é cerca de 70º.

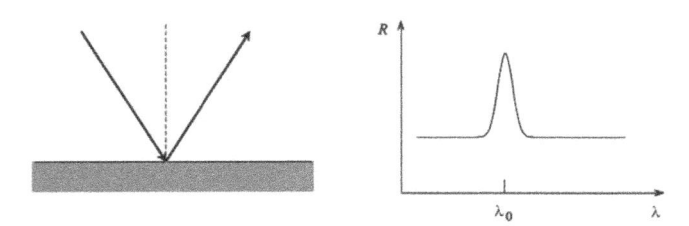

Figura 12.8 – Para uma superfície polida, temos um aumento da reflexão da luz nas proximidades de uma linha de absorção onde $n_i >> n_r$. Fonte: Elachi e van Zyl (2006).

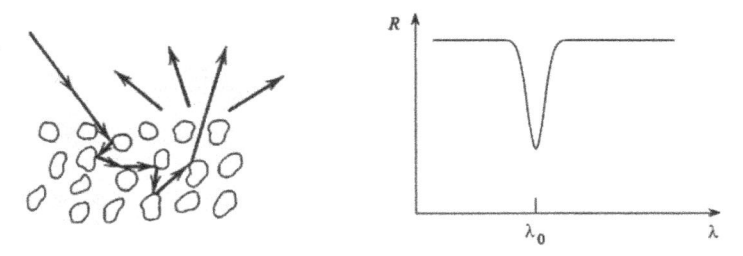

Figura 12.9 – Para um meio particulado, tem-se um espalhamento volumétrico na camada de reflexão no interior do material; a absorção do fluxo numa banda de absorção faz a energia refletida diminuir nas proximidades da linha de absorção. Fonte: Elachi e van Zyl (2006).

Observe que se a superfície não é lisa, isto é, sua rugosidade média tem altura superior a mais ou menos λ/8, então os gráficos dos coeficientes de refletividade não são suaves, apresentando a rugosidade da superfície, ou periodicidades. Ademais, no ângulo de Brewster, ρ_V passa por um mínimo, mas não é zero.

Outra grandeza normalmente utilizada como medida da reflexão é o *albedo*, que é definido como a energia radiante solar total de retorno de um corpo celeste qualquer (a Terra, por exemplo) dividida pela energia solar sobre ele incidente. Muitas vezes, o conceito de albedo é utilizado de maneira semelhante para a reflectância difusa de um alvo, sendo, então, dado como a razão entre a energia solar por ele refletida dividida pela energia solar incidente.

12.6 A FUNÇÃO DE DISTRIBUIÇÃO DE REFLECTÂNCIA BIDIRECIONAL (FDRB)

Vimos que um alvo perfeitamente liso (de acordo com o critério de Rayleigh) refletirá a energia incidente numa única direção, a qual faz o mesmo ângulo em relação à normal que o raio incidente. Para um alvo quase especular, a maior parte da energia será refletida nas imediações da direção especular. Um alvo perfeitamente difuso (Lambertiano) refletirá igualmente em todas as direções, e um alvo quase difuso terá maior brilho na direção de reflexão especular, embora ele também espalhe energia em todas as direções (ver Figura 12.1).

Vimos também que, para caracterizar direcionalmente o fluxo radiante, precisamos da grandeza física radiância. Se tomarmos a envoltória de todos os vetores, que, com suas direções e magnitudes, caracterizam a distribuição do fluxo refletido por um alvo, ela pode ser imaginada como uma função de distribuição de probabilidade para a radiância para qualquer direção. Como indicado na Figura 12.10, podemos imaginar um fluxo radiante que incide numa posição de um alvo, sendo caracterizado pelas direções espaciais θ_i e ϕ_i e a radiância refletida pelo alvo pelas direções θ_r e ϕ_r. As direções θ e ϕ são denominadas zenital e azimutal, respectivamente.

Podemos definir a *reflectância bidirecional* (r_{fdrb}) como a razão entre a radiância na direção caracterizada pelos ângulos θ_r e Φ_r e a irradiância incidente, que provém da direção (θ_i, Φ_i), isto é,

$$r_{fdrb} = \frac{L(\theta_r, \phi_r)}{E(\theta_i, \phi_i)} \quad [\text{sr}^{-1}] \tag{12.15}$$

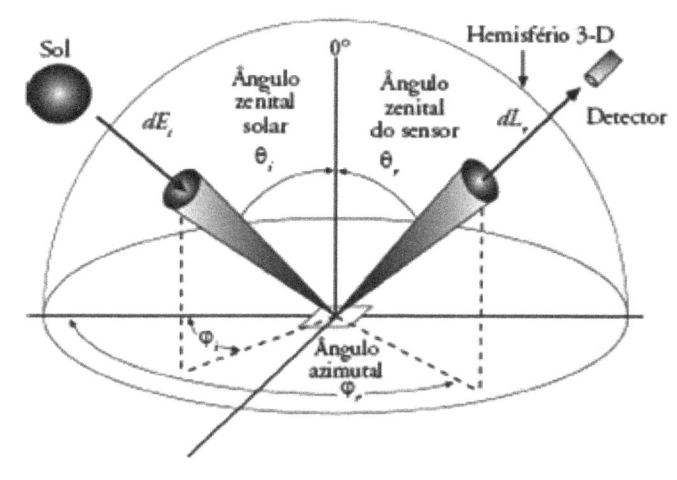

Função distribuição de reflectância bidirecional (FDRB)

Figura 12.10 – Configuração geométrica de iluminação e visada para a conceituação da FDRB. Fonte: Jensen (2009).

Em função da reflectância bidirecional, pode-se definir a FDRB, $f(\theta_r, \phi_r, \theta_i, \phi_i)$, que descreve os valores da reflectância bidirecional para *todas* as combinações de ângulos de incidência e de reflexão. Note também que a FDRB é, em geral, uma função do comprimento de onda.

A Figura 12.11 mostra uma configuração de plantio em linha, a configuração de iluminação e visada, e os padrões de radiância espectral esperados para diferentes ângulos azimutais de visada.

Note que quando o ângulo azimutal é 90° ou 270°, isto é, o plano de visada é ortogonal ao plano de iluminação e na direção do plantio, o sensor recebe radiância muito influenciada pela porção de solo que está sombreada (ver orientação do Sol), além da vegetação. Para as orientações azimutais 0° ou 180°, dependendo do ângulo θ de visada, o sensor estará observando predominantemente a vegetação. Vemos, então, que a reflectância espectral e a consequente radiância detectada podem apresentar forte variação dependendo da geometria de iluminação e visada, desviando-se significativamente do modelo de radiância Lambertiano. Lembre que, para o modelo Lambertiano, a radiância foi assumida sendo derivada da irradiância incidente E_i e de uma reflectância difusa ρ_d pela equação $L = \rho_d E_i/\pi$. Essa equação pode ser também interpretada como $\rho(\lambda) = \pi L_\lambda/E_{i\lambda}$, o que para o caso mostrado acima é totalmente insatisfatório.

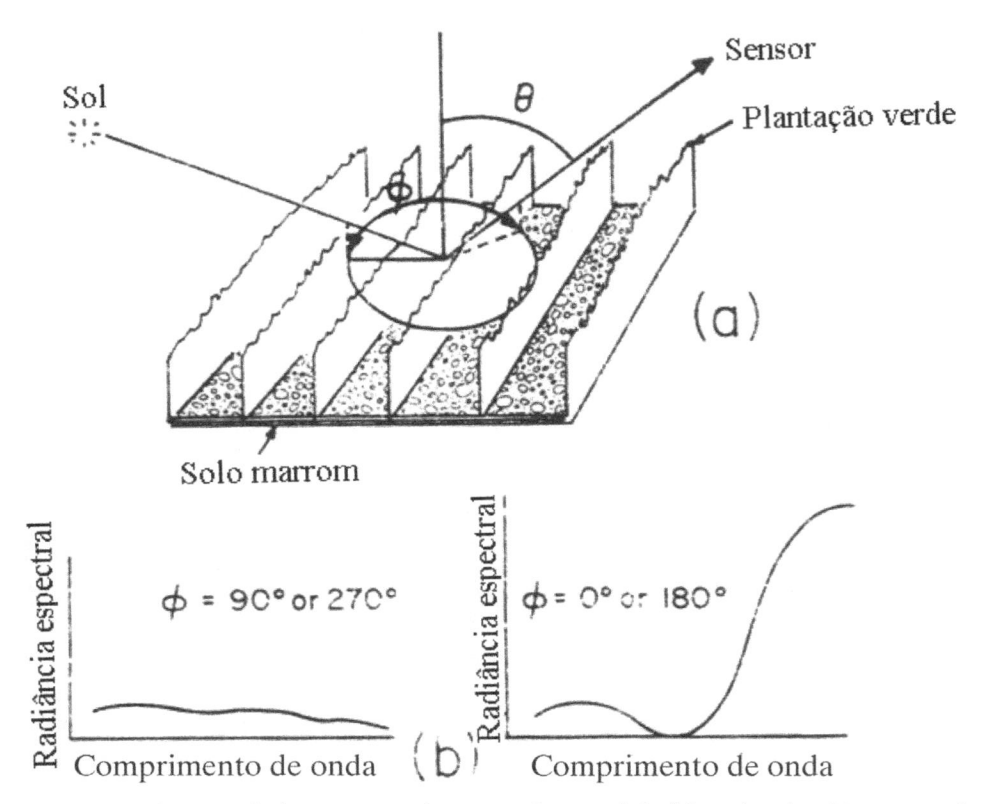

Figura 12.11 – Geometria de iluminação e visada para um plantio em linha (a) e padrão de radiância espectral para duas direções de visada em azimute (b). Fonte: Slater (1980).

Grande parte dos alvos naturais exibe um comportamento mais característico de um modelo de BRDF. Assim, o fluxo radiante proveniente de um pequeno alvo depende: (a) do ângulo de incidência da radiação; (b) do ângulo azimutal do plano de incidência; (c) do ângulo zenital de visada; (d) do ângulo azimutal de visada; (e) do ângulo sólido subentendido pela fonte de fluxo incidente no ponto do alvo; e (f) do ângulo sólido subentendido pelo sensor no alvo.

Um gráfico da função BRDF é tridimensional e fornece para um fluxo incidente dado a distribuição direcional da radiância refletida por unidade de irradiância incidente. Como a BRDF depende, de fato, de quatro parâmetros, seu gráfico pode ser feito fixando-se, por exemplo, os ângulos de incidência (θ_i) e azimutal (ϕ_i), como mostrado na Figura 12.12.

Observe que, ao contrário da reflectância, que é uma razão adimensional entre a exitância e a irradiância e tem seus valores limitados ao intervalo $0 \leq \rho \leq 1$, a FDRB é uma razão entre radiância e irradiância e tem, assim, a unidade sr^{-1}. A FDRB pode assumir qualquer valor positivo. Para o caso em que o alvo é uma superfície perfeitamente lisa e tem uma reflexão especular, a FDRB será igual a zero para todas as direções fora da direção especular e, teoricamente, teria um valor infinito na direção de reflexão especular, uma vez que o ângulo sólido será infinitamente pequeno nesse caso. Entretanto, segundo Palmer e Grant (2010), a FDRB de uma superfície refletora especular perfeita (que satisfaz o critério de Rayleigh) é dada por ρ/Ω, onde ρ é sua reflectância e Ω_i é o ângulo sólido subentendido pela fonte radiante no alvo. Por exemplo, seja uma placa de vidro opaco com uma reflectância $\rho = 0,05$ iluminada pelo fluxo solar. Sendo o ângulo de visada do Sol na Terra $\theta = 0,5329^\circ$, o ângulo sólido por ele subentendido no alvo é dado por $\Omega_i = 2\pi\left[1-\cos\left(\frac{\theta}{2}\right)\right] = 6,8\times10^{-5}$ sr. Assim, nessa condição de iluminação, a FDRB = 735,9 e a radiância do alvo seria obtida multiplicando-se a FDRB pela irradiância incidente. Se a fonte for hemisférica, a FDRB é dada por ρ/π, que é a mesma para um refletor perfeitamente difuso. Esses resultados mostram que no interior de uma esfera integradora amostras difusoras e especulares, que têm a mesma reflectância, são indistinguíveis.

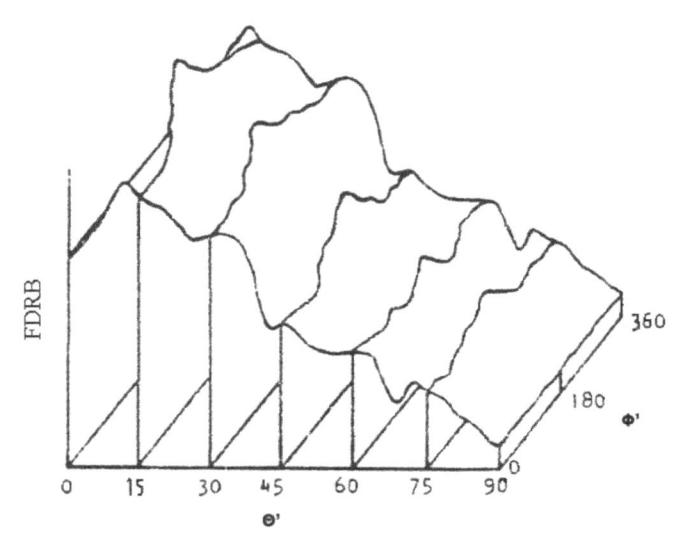

Figura 12.12 – Exemplo de FDRB para uma dada configuração de ângulos zenitais e azimutais do feixe incidente. Os ângulos θ' e Φ' representam os ângulos zenitais e azimutais de visada. Fonte: Slater (1980).

A Figura 12.13 mostra que os efeitos da FDRB podem ser significativos mesmo quando o alvo não apresenta aparentemente nenhuma estrutura direcional definida, como um campo gramado. Como mostrado no exemplo a seguir, a cena (neste caso, uma fotografia) é mais clara (maior radiância) nas direções para trás do que nas direções para a frente. A cena mais escura foi aquela tomada no nadir.

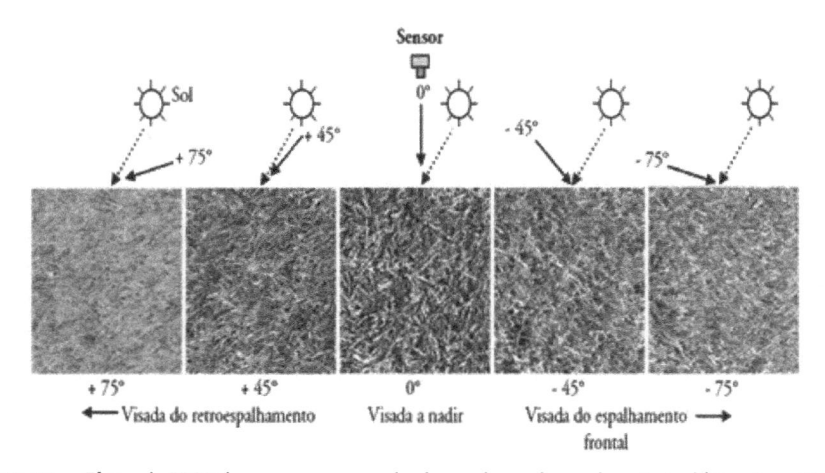

Figura 12.13 – Efeitos da FDRB de um campo gramado observado no plano solar principal (Φ_i - Φ_r = 0⁰ ou 180⁰) e θ_i = 35⁰; os ângulos de visada estão indicados junto às setas. Fonte: Jensen (2009).

Um conceito também introduzido em relação aos efeitos da FDRB sobre a radiância de alvos é o *fator de anisotropia* (ANIF), que é definido como a razão entre a reflectância bidirecional numa dada direção em relação à reflectância a nadir, isto é,

$$ANIF\left(\theta_i;\varphi_1;\theta_r;\varphi_r;\lambda\right) = \frac{r_{fdrb}\left(\theta_i;\varphi_1;\theta_r;\varphi_r;\lambda\right)}{r_0\left(\theta_i;\varphi_1;\lambda\right)} \tag{12.16}$$

Neste ponto, é pertinente mencionar que, dadas todas as combinações de ângulos de iluminação e visada, o levantamento da FDRB ou da ANIF é extremamente difícil, senão impossível. Um levantamento das principais características da FDRB pode, entretanto, ser obtido por meio de um equipamento denominado goniômetro, um arranjo experimental em que um radiômetro pode ser rapidamente movido em elevação e azimute varrendo em cada posição um espectro do alvo estudado. Uma ilustração desse tipo de equipamento é mostrada na Figura 12.14.

Como exemplo do grau de dificuldade para se obter uma boa representação das propriedades de reflexão de um material sob diferentes condições de iluminação e observação, Feng (1990) menciona que, no mínimo, cada amostra deveria ser iluminada em cinco ângulos diferentes (de 0° a 75° em incrementos de 15°) e observada em quinze diferentes ângulos (–75° a 75° em incrementos de 10°) e nove ângulos azimutais (de 0° a 90° em incrementos de 10°). Para bem caracterizar o espectro de reflexão, são sugeridos 210 comprimentos de onda no intervalo de 400 a 2.500 nm em incrementos de 10 nm. Para se observar os efeitos da polarização, todas as medidas deveriam ser feitas em dois estados de polarização. Se isso pudesse ser feito, por exemplo, num ambiente de laboratório, teríamos $5 \times 15 \times 9 \times 210 \times 2 = 283.500$ medidas. Evidentemente, um arranjo experimental para realizar essas medidas só seria viável se fosse automatizado e controlado por computador para comandar as medidas e armazená-las.

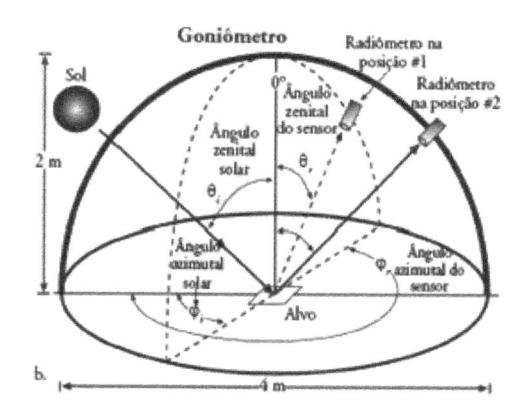

Figura 12.14 – Exemplo de um goniômetro Sandmeier e fatores de geometria de iluminação e visada considerados durante as medições. Fonte: Jensen (2009).

Mesmo com as dificuldades mencionadas, alguns exemplos de medidas para o levantamento da FDBR no campo têm sido reportados (Deering, 1988). Torrance e Sparrow (1967) desenvolveram um modelo teórico para estimar as características bidirecionais da reflectância em função do índice de refração complexo do material (via suas curvas de reflectância Fresnel) e das características de rugosidade do material. Com esse modelo, os autores conseguiram explicar a origem dos picos de reflectância fora da direção de reflectância especular. Essa é outra possível abordagem na estimativa da FDBR, porém, além de sua complexidade teórica, ela demanda um conhecimento das propriedades ópticas e estruturais da superfície do material, que nem sempre é fácil de obter para alvos normais como solos etc.

A Figura 12.15 mostra um exemplo de ANIF derivada a partir dos dados da FDRB obtidos por medidas realizadas com um goniômetro.

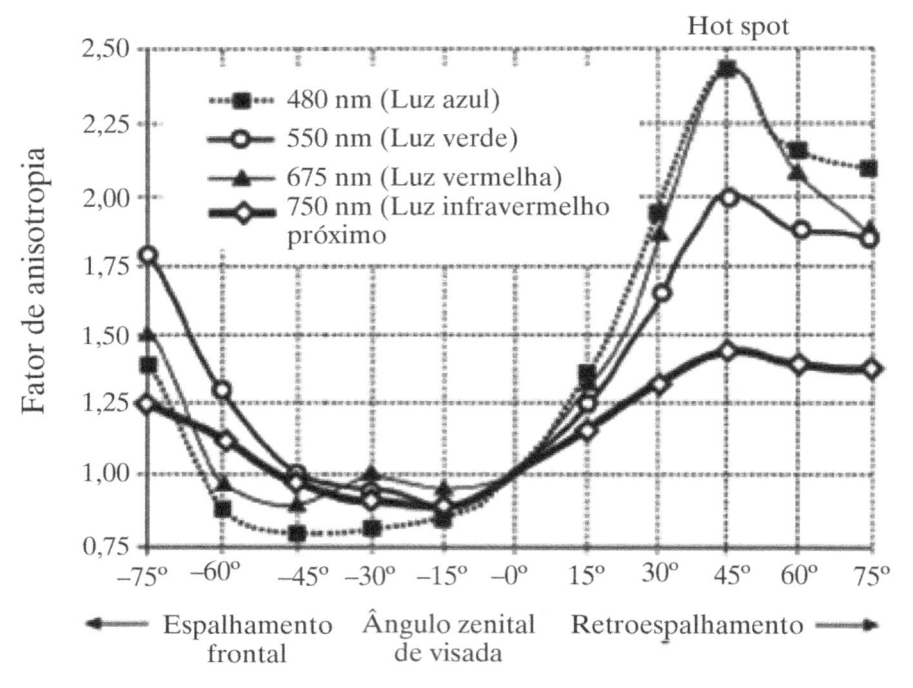

Figura 12.15 – ANIF para um gramado tipo azevém para vários ângulos de visada no plano solar principal, para $\theta_i = 35°$ e diferentes comprimentos de onda. Fonte: Jensen (2009).

O primeiro fato a ser notado é o caráter não Lambertiano do alvo, isto é, sua ANIF ≠ 1 e não simétrica. Os valores de radiância na direção para trás são maiores que na direção à frente. O ponto de maior ANIF (nesse caso, 45°) é denominado de "ponto quente" (*hot spot*), pois tem maior brilho que a vizinhança. Outra característica interessante a ser notada é que a anisotropia da FDRB é dependente do comprimento de onda. Observe, por exemplo, que os maiores valores de ANIF foram observados nos comprimentos de onda de 480 e 675 nm, bandas de absorção da clorofila, e os menores valores de ANIF foram observados no verde e no infravermelho próximo, onde ocorre pouca absorção da REM na planta.

Para ressaltarmos como a FDRB pode se comportar para variações de θ_r e Φ_r, e não apenas no plano principal do Sol, como mostrado anteriormente, observemos a Figura 12.16.

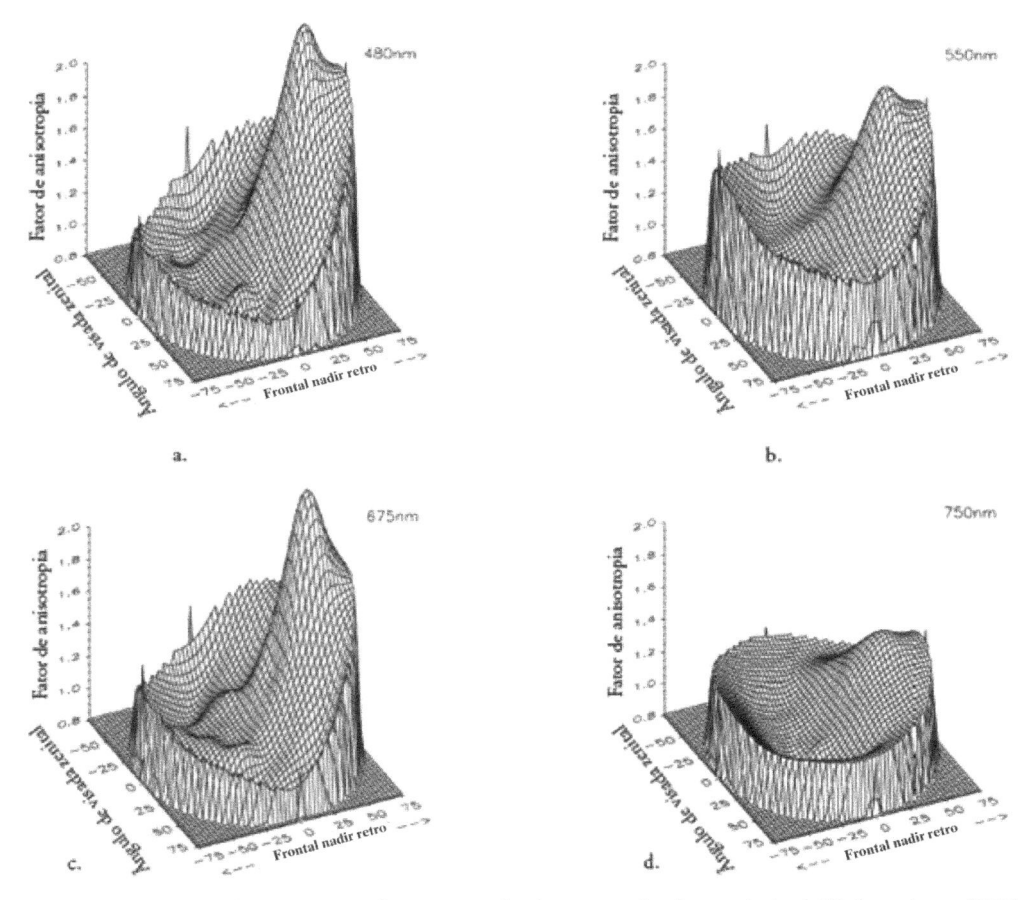

Figura 12.16 — ANIF para grama azevém para quatro bandas, para um ângulo zenital solar de 35°. Fonte: Jensen (2009).

Vemos pela Figura 12.16 que os efeitos da FDRB são menores tanto em ângulo zenital como azimutal para bandas onde não ocorre forte absorção, sendo, entretanto, bastante significativo o efeito da FDRB nas bandas de absorção. É claro que parte da anisotropia pode ser causada, como mostrado anteriormente, por uma mistura espectral no interior do *pixel* de diferentes alvos, dependendo dos ângulos de iluminação e visada. Mais informações sobre as características direcionais de reflectância de vegetação podem ser encontradas, por exemplo, em Kriebel (1977, 1978).

12.7 MEDINDO A REFLECTÂNCIA HEMISFÉRICA ESPECTRAL DE UM MATERIAL

Segundo as equações (9.15) e (9.24), para se determinar a reflectância difusa, ou hemisférica, é preciso tomar a razão entre o fluxo radiante refletido pelo alvo (ou sua emitância radiante) pelo fluxo nele incidente (ou a irradiância incidente). Devido principalmente à dificuldade de se determinar a irradiância incidente, em vez da reflectância, em geral se mede o assim chamado *fator de reflectância*. Ele é definido como a razão do fluxo radiante espectral refletido por uma amostra do material em análise pelo fluxo radiante espectral refletido por um refletor-padrão, sem nenhuma perda (reflectância 100%) e perfeitamente difuso (um alvo Lambertiano), em idêntica condição de iluminação (Nicodemus et al., 1977).

Na prática, para se estimar a reflectância hemisférica espectral de um alvo, o seguinte procedimento é normalmente adotado:

a) Toma-se um radiômetro espectral e uma placa difusora de referência feita de um material branco e de resposta Lambertiana (geralmente, Spectralon), com reflectância praticamente de 100% e uniforme em todo o espectro visível e infravermelho próximo (IVP).

b) Aponta-se o radiômetro para o alvo e registra-se a radiância espectral por ele refletida (L_T).

c) Aponta-se o radiômetro para a placa difusora de referência e registra-se a radiância refletida (L_r).

d) O fator de reflectância, ou a reflectância hemisférica do alvo, em cada comprimento de onda é dado por

$$\rho_A(\lambda) = \frac{L_T(\lambda)}{L_r(\lambda)} \times k(\lambda)$$

(12.17)

O termo k é um fator de correção, que é a razão entre a exitância da placa de referência e a irradiância incidente (solar se for feita no campo, ou a irradiância de uma fonte-padrão, se for feita em laboratório), ou seja, k é a reflectância difusa da placa de referência. No caso ideal, a reflectância da placa de referência é 100% em todo o espectro e $k = 1$. É possível que, com o tempo, ou com o manuseio, a reflectância difusa da placa de referência seja modificada diferencialmente, fazendo k ser menor que 1 para alguns comprimentos de onda. Nos comprimentos de onda em que a placa de referência apresenta reflectância difusa menor que 1, a radiância $L_r(\lambda)$, que está no denominador da equação (12.17), será subestimada, resultando num aumento incorreto em ρ_A naquele λ; daí ser necessário multiplicar a razão entre as radiâncias do alvo e da placa pela reflectância da placa (igualmente menor que 1) para se corrigir essa discrepância.

Uma vez que a placa de referência tenha sido calibrada contra uma placa--padrão em laboratório, não é mais necessário medir a irradiância incidente sobre o alvo, sendo essa medida substituída pela radiância da placa de referência. O material Spectralon, usado na maioria das placas de referência, qualificado para uso em projetos de satélite, tem um perfil de reflectância praticamente Lambertiano, com uma reflectância > 99% entre 400 e 1.500 nm e > 95% entre 250 e 2.500 nm.

Vale ressaltar que o fator de reflectância é um bom substituto da reflectância para superfícies difusas (ou quase difusas), uma vez que tomamos a placa perfeitamente difusa como referência. Entretanto, essa característica vai ficando comprometida à medida que o material de interesse se distancia de um refletor difuso. Também é possível que em determinadas circunstâncias o fator de reflectância seja maior que 1, o que evidentemente não tem sentido para a reflectância.

Devido à complexidade em se estimar a FDRB, muitas vezes é mais apropriado medir o *fator de reflectância bidirecional* (ρ_F), que é definido como a razão da radiância refletida numa dada direção (θ_r, Φ_r) pela radiância que seria refletida na mesma direção por um alvo refletor Lambertiano perfeito e iluminado identicamente ao alvo. Feng et al. (1993) mostram que a FDRB está relacionada com o fator de reflectância bidirecional por um simples fator π, isto é,

$$\text{FDRB}[\text{sr}^{-1}] = \frac{\rho_F}{\pi[\text{sr}]} \tag{12.18}$$

EXERCÍCIOS

12.1 Considere um alvo feito de alumínio polido com índice de refração complexo dado por n = 1,44 + i 5,23. Sobre esse alvo, chega um fluxo radiante não polarizado fazendo um ângulo de incidência de 45°. Calcule o grau de polarização P do fluxo refletido, definido como P = $(R_h - R_v)/(R_h + R_v)$, onde R_h e R_v são os coeficientes de refletividade de potência para as polarizações horizontal e vertical, respectivamente.

12.2 Considere que para a água pura à temperatura de 25 °C os índices de refração para a região de micro-ondas são dados por:

$$n_r + in_i = 25,6 + i63,0 \qquad \text{para} \qquad \lambda = 1 \text{ cm}$$

$$n_r + in_i = 10 + i8 \times 10^{-2} \qquad \text{para} \qquad \lambda = 1 \text{ m}$$

a) Calcule as respectivas constantes dielétricas.
b) Calcule o comprimento de absorção da radiação para esses dois comprimentos de onda.
c) Qual é a porcentagem de redução da velocidade da REM ao se propagar do ar para a água nesses dois comprimentos de onda?

12.3 Considere a propagação de um feixe de luz entre o ar e a água. A lei da refração de Snell nos diz que:

$$n_r^{ar} \, sen \, \theta_i = n_r^{água} \, sen \, \theta_{refr}$$

onde, n_r^{ar} e $n_r^{água}$ são, respectivamente, a parte real do índice de refração para o ar e para a água e θ_i e θ_{refr} são os ângulos de incidência (em relação à normal) no ar e dentro da água.

a) Sabendo-se que o índice de refração da água no visível é 1,33, calcule o ângulo de incidência para o feixe dentro da água quando $\theta_i = 45°$.

b) Para um feixe de luz no visível propagando de dentro para fora da água, calcule o maior valor de θ_{refr} antes que o feixe seja totalmente refletido de volta para dentro da água na superfície.

c) Considerando que um peixe esteja 16 cm abaixo da superfície e seja observado de fora da água por um observador bem de perto, qual seria a profundidade aparente vista pelo observador? Nota: para pequenos ângulos, podemos usar a seguinte aproximação: sen $\theta \approx$ tan θ.

12.4 Na seção 12.4 mostramos que o ângulo de Brewster, para um material com índice de refração real n, poderia ser calculado como arctan(n), sabendo-se que, naquele ângulo, o feixe refratado faz um ângulo reto com o feixe refletido. Sem usar essa informação, mostre, a partir da equação (12.5) para ρ_V, fazendo seu numerador igual a zero, que o ângulo de Brewster é também dado pela expressão

$$\theta_{Br} = ar\cos\left[\left(\frac{n^2-1}{n^4-1}\right)^{1/2}\right]$$

A RADIAÇÃO TERMAL

13.1 INTRODUÇÃO

Até aqui, consideramos o caso em que um fluxo radiante, após interagir com a atmosfera por absorção e espalhamento, chega a um alvo, onde é refletido em direção ao sensor. As propriedades do fluxo radiante (comprimento de onda, polarização, ângulo de incidência) e intrínsecas do alvo (rugosidade de sua superfície, índice de refração, conteúdo de umidade etc.) resultam num padrão de reflectância hemisférica ou bidirecional que modula o fluxo refletido, o qual novamente, após passar pela atmosfera, chega ao sensor. Assim, consideramos que a radiância de um alvo era determinada pelo fluxo incidente sobre ele, por suas características de refletividade e pelos processos de absorção e espalhamento atmosférico. Esse é o caso das aplicações de sensoriamento remoto (SR) na faixa do visível e, de certa maneira, também nas aplicações radar em micro-ondas, onde o fluxo radiante incidente é gerado pelo próprio sensor, e a reflexão é substituída pelo retroespalhamento causado pelo alvo.

Nas aplicações de SR para a faixa espectral do infravermelho termal (IVT), o fluxo radiante recebido pelo sensor é emitido diretamente pelo próprio alvo.

Veremos, em seguida, que a natureza e a intensidade do fluxo radiante emitido pelo alvo são função principalmente de sua temperatura, mas também são determinadas por uma propriedade intrínseca sua, denominada emissividade. Como será mostrado, a emissividade está relacionada à refletividade do alvo. O fluxo radiante IVT também sofre processo de absorção atmosférica. O espalhamento atmosférico no IVT é muito reduzido em comparação àquele observado na faixa do visível.

13.2   A EMISSÃO TERMAL E O CONCEITO DE CORPO NEGRO

Sabe-se que qualquer objeto ou porção de matéria (por exemplo, um fluido, ou um gás) com temperatura diferente de zero absoluto (maior que 0 K) emite radiação termal. Assim, todos os corpos emitem radiação, restando, portanto, saber como é o espectro dessa radiação (sua magnitude em cada faixa de comprimento de onda, ou frequência). O fluxo radiante emitido é função da temperatura do emissor; quanto maior a temperatura, maior será esse fluxo. A temperatura determina, entretanto, não somente a magnitude desse fluxo, mas também a forma do espectro da radiação emitida, isto é, em que comprimento de onda ocorre a máxima emissão.

Note que dois corpos constituídos de materiais diferentes, ou com condições distintas de rugosidade de superfície, à mesma temperatura, podem ter diferentes espectros de emissão. Para que possamos analisar esses diferentes padrões de emissão termal de maneira coerente, precisamos de um referencial-padrão. Esse corpo-padrão para a emissão termal é denominado de *corpo negro* (*blackbody*).

Define-se como corpo negro uma porção idealizada de matéria, constituída de um grande número de átomos, ou moléculas, absorvendo e emitindo radiação eletromagnética (REM) em todas as partes do espectro eletromagnético, satisfazendo às seguintes condições:

a) Toda a radiação que incide nele é completamente absorvida (daí o termo "corpo negro").

a) Em todos os comprimentos de onda (ou para todas as frequências) e em todas as direções, a máxima taxa possível de emissão é realizada.

Embora essa seja uma definição teórica de um corpo que não existe na prática, várias substâncias apresentam, em determinadas faixas do espectro, características de emissão muito próximas daquelas de um corpo negro. Por exemplo, a superfície de um corpo d'água (o oceano, um lago, um rio etc.) comporta-se quase como um corpo negro na faixa do IVT.

Como estamos analisando a radiação termal, é importante esclarecer os conceitos a seguir.

- Energia calorífica: é a energia cinética de movimento das partículas (moléculas e átomos) da matéria.
- Temperatura de um corpo: é a medida da energia calorífica do corpo.

Durante colisões entre partículas, suas energias podem ser elevadas, retornando espontaneamente, em seguida, a um nível de energia mais baixo, com consequente emissão de radiação eletromagnética (REM).

13.3 A LEI DE PLANCK

Supondo que a energia seja emitida, não de forma contínua, porém em pacotes discretos, o físico alemão Max Planck desenvolveu uma teoria que pela primeira vez explicava com sucesso o espectro de emissão termal. Embora inicialmente Planck tenha somente ajustado uma curva que descrevia o espectro da radiação termal, mais tarde ele foi capaz de deduzir teoricamente a equação da emissão termal, lançando as bases para o desenvolvimento da mecânica quântica.

A equação de emissão termal de Planck fornece a emitância, ou a exitância espectral radiante ($Wm^{-2}\mu m^{-1}$), de um corpo negro para uma temperatura e para diferentes comprimentos de onda (ou frequência). Essa equação é dada por

$$M_{\lambda}(T) = \frac{2\pi hc^2 \times 10^{-6}}{\lambda^5 \left[e^{(hc/\lambda kT)} - 1 \right]} \quad \left[Wm^{-2} \ \mu m^{-1} \right] \tag{13.1}$$

onde,

k: constante de Boltzmann = $1,38 \times 10^{-23}$ [J K^{-1}]

h: constante de Planck = $6,626 \times 10^{-34}$ [J s]

c: velocidade da luz no vácuo [ms^{-1}]

λ: comprimento de onda em metros

T: temperatura dada em graus Kelvin

Nota: para se passar de graus Centígrados (°C) para graus absolutos Kelvin (K), fazemos

$$K = 273,16 + C \tag{13.2}$$

A equação de emissão do corpo negro também é encontrada na seguinte forma:

$$M_\lambda (T) = \frac{C_1}{\lambda^5 \left[e^{(C_2/\lambda T)} - 1 \right]} \quad \left[\mathrm{W m^{-2} \ \mu m^{-1}} \right] \tag{13.3}$$

com $C_1 = 3,74 \times 10^8 \, W m^{-2} \mu m^4$ e $C_2 = 1,44 \times 10^4 \ \mu m \ K$

quando λ é dado em micrômetros.

Como $\lambda f = c$, podemos fazer a mudança de variável, de comprimento de onda para frequência, da seguinte forma:

$$f d\lambda + \lambda df = 0 \rightarrow d\lambda = -\left(\lambda / f \right) df = -\left(c / f^2 \right) df \tag{13.4}$$

e inserido na equação de Planck dá outra forma possível, agora em função de frequência,

$$M_f = \frac{2 \pi h f^3}{c^2 \left[e^{(hf/kT)} - 1 \right]} \quad \left[\mathrm{W m^{-2} / s^{-1}} \right] \tag{13.5}$$

Quando M_λ é mostrada em função do comprimento de onda para uma dada temperatura, o espectro de exitância termal tem a forma característica vista na Figura 13.1, isto é, um abrupto corte nos comprimentos de onda curtos, uma subida rápida até um máximo e uma caída mais suave em direção aos comprimentos de onda longos.

Note que o comprimento de onda onde ocorre a máxima emissão se desloca para os comprimentos de onda mais curtos quando a temperatura aumenta. Outro aspecto muito importante a ser lembrado é que a equação de Planck representa a exitância (ou emitância) *espectral*, isto é, representa o fluxo radiante emitido por unidade de área ($\mathrm{W m^{-2}}$) e por unidade de comprimento de onda (ou frequência). Como a energia é sempre medida numa faixa finita de λ (ou f), os valores dados por essas equações devem ser integrados numa faixa de comprimentos de onda $\Delta\lambda$ (ou Δf) para comparação com observações. Da mesma forma, a emitância refere-se a um corpo negro de área unitária. O fluxo radiante (W) emitido por um corpo negro da área A é obtido multiplicando-se o valor dado pela lei de Planck pela área do alvo. Por exemplo, um corpo negro esférico de raio r, a uma temperatura T (K), emitiria um fluxo radiante para todas as direções do espaço com a magnitude $M_\lambda(T) \times (4\pi r^2)$.

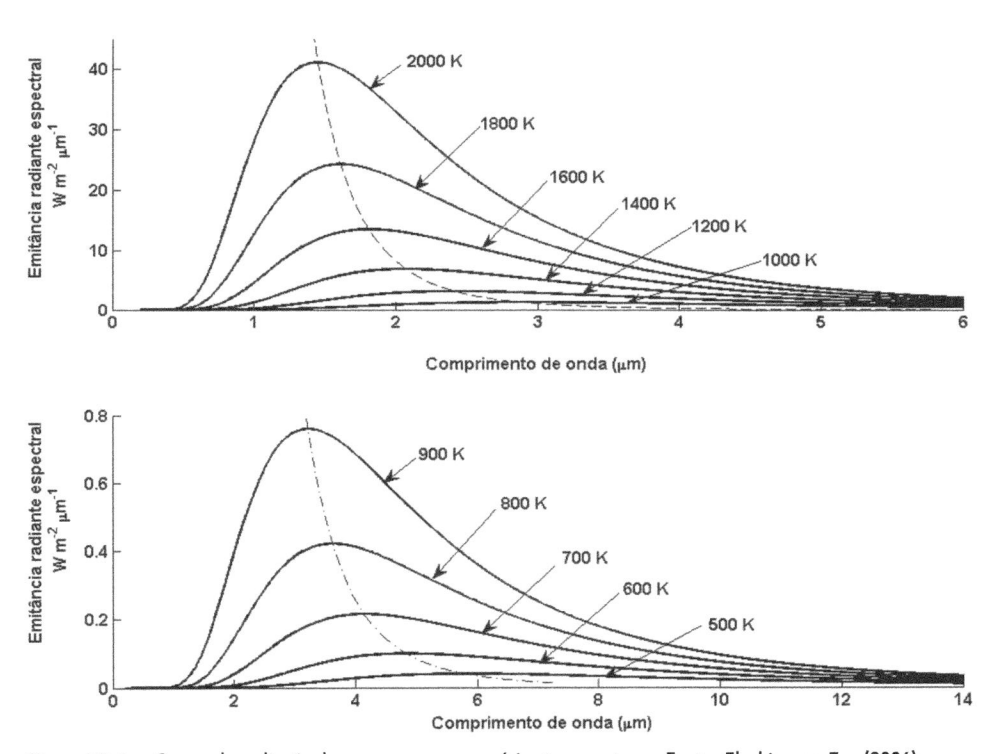

Figura 13.1 – Curvas de radiação de corpo negro para várias temperaturas. Fonte: Elachi e van Zye (2006).

A Figura 13.2 mostra o espectro solar no topo da atmosfera terrestre e ao nível da superfície, após ter interagido com a atmosfera, e o espectro da REM dado pela lei de Planck para um corpo negro à temperatura de 5.900 K.

Observe que esse espectro teórico de um corpo negro a 5.900 K (curva tracejada) se ajusta muito bem àquele observado no topo da atmosfera. O espectro observado ao nível do mar é, naturalmente, diferente, pois, como visto antes, o fluxo radiante solar sofre perdas por absorção e espalhamento ao propagar pela atmosfera.

A Figura 13.3 mostra as principais janelas atmosféricas (regiões de alta transmitância, indicadas pelas regiões brancas). No IVT, a janela de 3 a 5 µm é particularmente útil para alvos naturais de temperatura elevada, como incêndios florestais, onde a temperatura típica é da ordem de 800 K (comprimento de onda de máxima emissão da ordem de 3,5 μm). Para o SR suborbital, ou aerotransportado, onde o efeito da absorção por ozônio é desprezível, vegetação, solo e rochas são mais bem monitorados no IV na janela de 8 a 14 μm. Para sensores orbitais, utiliza-se principalmente a janela de 10,5 a 12,5 μm, já fora da banda de absorção pelo ozônio.

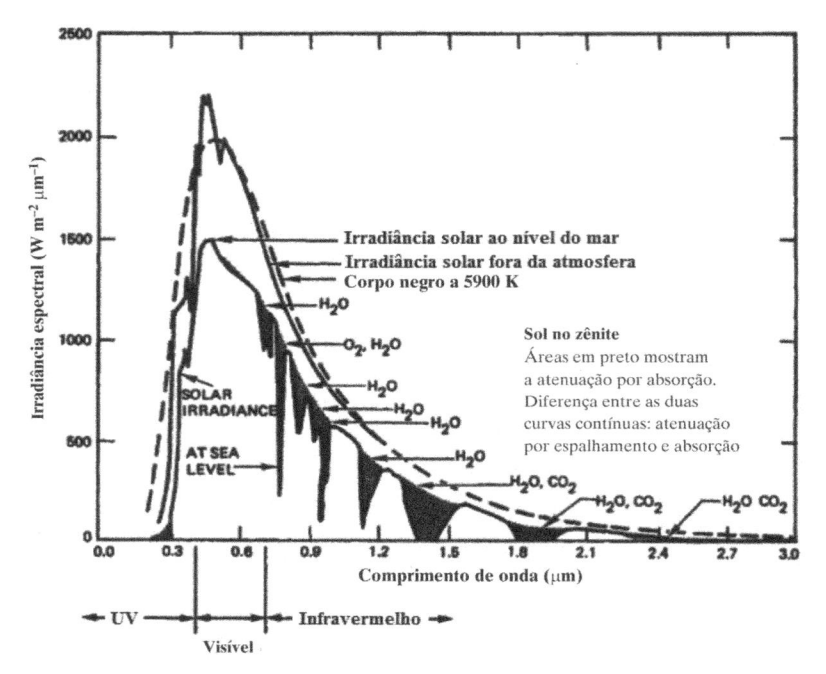

Figura 13.2 – Irradiância solar no topo da atmosfera, ao nível do mar (com as bandas de absorção indicadas), e o espectro de um corpo negro à temperatura de 5.900 K (curva tracejada). Fonte: Chahine et al. (1983).

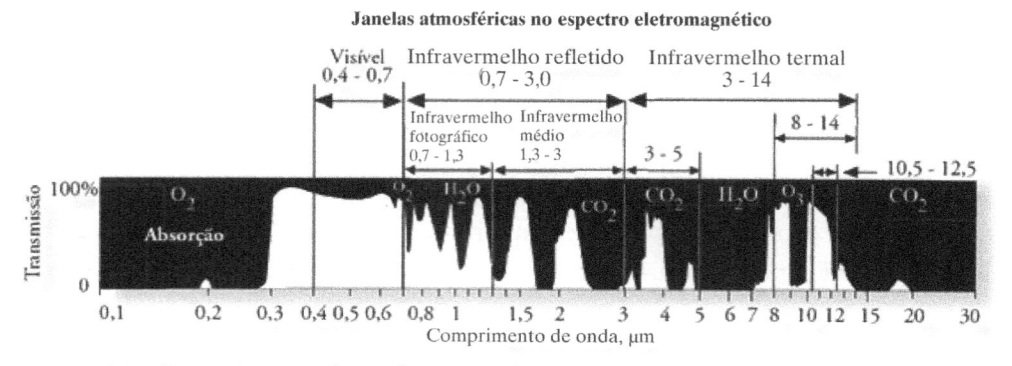

Figura 13.3 – Transmitância atmosférica. Observe as janelas atmosféricas de 3 a 5 μm e 8 a 14 μm. Fonte: Jensen (2009).

13.4 A LEI DE STEFAN-BOLTZMANN

Se tomarmos a equação de Planck e a integrarmos de $\lambda = 0$ até $\lambda = \infty$, teremos o fluxo radiante total (em todo o espectro) produzido por um corpo negro de 1 m^2 de área. A equação resultante, denominada lei de Stefan-Boltzmann, é dada por

$$M(T) = \int_0^\infty \frac{2\pi hc^2 \times 10^{-6}}{\lambda^5 [e^{(hc/\lambda kT)} - 1]}\, d\lambda = \frac{2\pi^5 k^4}{15c^2 h^3} T^4 \quad [\mathrm{Wm^{-2}}] \tag{13.6}$$

ou

$$M = \sigma T^4 \tag{13.7}$$

onde $\sigma = 5{,}67 \times 10^{-8}$ Wm^{-2}K^{-4} e T é dado em graus Kelvin.

Como a exitância total M varia com a quarta potência de T, pequenas variações de temperatura podem causar grandes variações na exitância radiante. É por essa razão que sistemas de sensores remotos operando no infravermelho termal podem discriminar diferenças de temperaturas de alvos com uma resolução de fração de grau K.

13.5 A LEI DO DESLOCAMENTO DE WIEN

O comprimento de onda correspondente à máxima emitância termal ($\lambda_{máx}$) pode ser determinado tomando-se a derivada da equação de Planck em relação à λ e a igualando a zero. A equação resultante, denominada lei de Wien, tem a seguinte forma:

$$\lambda_{máx} = 2898{,}3/T \quad (\lambda \text{ dado em } \mu m \text{ e T em graus K}) \tag{13.8}$$

Assim, à medida que a temperatura de um corpo aumenta, o comprimento de onda de máxima emissão diminui. Isso explica por que um objeto ao ser aquecido, apresenta, primeiro, coloração avermelhada; no visível, esses são os comprimentos de ondas mais longos. À medida que a temperatura do corpo aumenta, sua coloração vai se deslocando para o laranja, depois para o amarelo e, se a temperatura for suficientemente alta, para o azul. Caso a temperatura seja muito alta, a emissão será praticamente igual em todos os comprimentos de onda no visível, e o corpo apresentará coloração branca.

Se levantarmos o espectro de emissão de um objeto e o ajustarmos aos dados da curva de emissão de Planck, poderemos determinar o comprimento de onda de máxima emissão. A lei de Wien nos permitirá, então, determinar a temperatura dele. O comprimento de onda correspondente à máxima emissão fornece imediatamente informação sobre a temperatura do corpo (considerado como um corpo negro). Se o espectro de emissão do corpo se desvia significativamente do padrão de um corpo negro, então a emissividade do corpo (definida a seguir) deve ser levada em conta.

13.6 A LEI DE RAYLEIGH-JEANS

Para comprimentos de onda suficientemente longos, tais como para as faixas do infravermelho remoto e micro-ondas, o fator $C_2/(\lambda T)$ presente no expoente da função exponencial da lei de Planck (equação 13.3) pode tornar-se muito pequeno, permitindo que aproximemos com boa exatidão a função exponencial por sua expansão em série de Taylor (ver equação A2.18), mantendo somente os dois primeiros termos, isto é, $\exp(x) \approx 1 + x$. Nessas condições, pode-se mostrar que a equação de Planck se simplifica para

$$M_\lambda = \frac{2\pi ckT \times 10^{-6}}{\lambda^4} \quad \left[Wm^{-2}\,\mu m^{-1} \right] \tag{13.9a}$$

com λ dado em metros. Ou,

$$M_\lambda \cong \frac{C_1 T}{C_2 \lambda^4} = a\frac{T}{\lambda^4} \quad \left[Wm^{-2}\,\mu m^{-1} \right] \tag{13.9b}$$

com λ dado em mícrons e $a = 2,6 \times 10^4$ $Wm^{-2}\,\mu m^3 K^{-1}$.

Por exemplo, se tomarmos como T a temperatura típica de alvos naturais terrestres, ou seja, T = 300 K, como $C_2 = 1,44 \times 10^4$, o fator $C_2/(\lambda T)$ será muito menor que 1 se $\lambda >> 48$ μm. Portanto, para a grande maioria dos objetos naturais terrestres, nas faixas do IVT remoto e micro-ondas do espectro, a emitância termal é linearmente dependente da temperatura. Nesses comprimentos de onda, para um comprimento de onda fixo, medições de M podem ser diretamente convertidas em temperatura por inversão da equação (13.9b).

13.7 A EMISSIVIDADE

Qualquer corpo real tem uma emitância radiante M_λ menor que a de um corpo negro, M_{CN}, à mesma temperatura. Define-se a emissividade de um corpo (ε) num dado comprimento de onda como a razão entre sua exitância e a exitância de um corpo negro à mesma temperatura naquele comprimento de onda, isto é,

$$\varepsilon_\lambda = \frac{M_\lambda}{M_{CN}} \quad (0 < \varepsilon \le 1) \tag{13.10}$$

Por definição, a emissividade de um corpo negro é necessariamente igual a 1. A emissividade mede a eficiência de emissão termal de um material ou uma substância em relação à eficiência (máxima) de um corpo negro. Se, por exemplo, ε_λ = 0,9, isso nos diz que o alvo/material à temperatura dada e no comprimento de onda λ emite 90% do fluxo emitido por um corpo negro à mesma temperatura.

Conhecendo-se a emissividade de uma substância num dado comprimento de onda, pela equação (13.10), sua emitância ou exitância é dada por

$$M_\lambda = \varepsilon_\lambda M_{CN} \tag{13.11}$$

A equação (13.11) mostra que a exitância de um corpo real a uma dada temperatura e num dado comprimento de onda é calculada multiplicando-se a exitância do corpo negro à mesma temperatura pela emissividade no comprimento de onda em questão. Se conhecermos a emissividade do alvo, devemos dividir a sua emitância medida por um radiômetro infravermelho, por exemplo, por sua emissividade antes de usarmos a equação de Planck para determinar a temperatura do corpo.

A água na faixa do infravermelho termal possui uma emissividade muito alta, $\varepsilon \approx 0,98$. Portanto, nessa faixa do espectro, a água emite a uma dada temperatura 98% do fluxo radiante que seria emitido por um corpo negro à mesma temperatura. Assim, a água se comporta quase como um corpo negro no IVT. Nas faixas do visível e micro-ondas, a emissividade da água é bem menor que 1, e não dá para assumir a água como um corpo negro nessas duas faixas espectrais.

A maioria dos corpos se comporta como *radiadores seletivos*, isto é, sua emissividade espectral varia ao longo do espectro, podendo, entretanto, ser constante dentro de faixas espectrais específicas, ou se comportar como um corpo negro ($\varepsilon = 1$) em algumas faixas.

Um *corpo cinza* (*gray body*) é assim definido por ter uma emissividade constante ao longo do espectro, porém menor que 1.

A Figura 13.4 ilustra a emissividade espectral para esses três tipos de alvos e o comportamento da emitância espectral para cada caso.

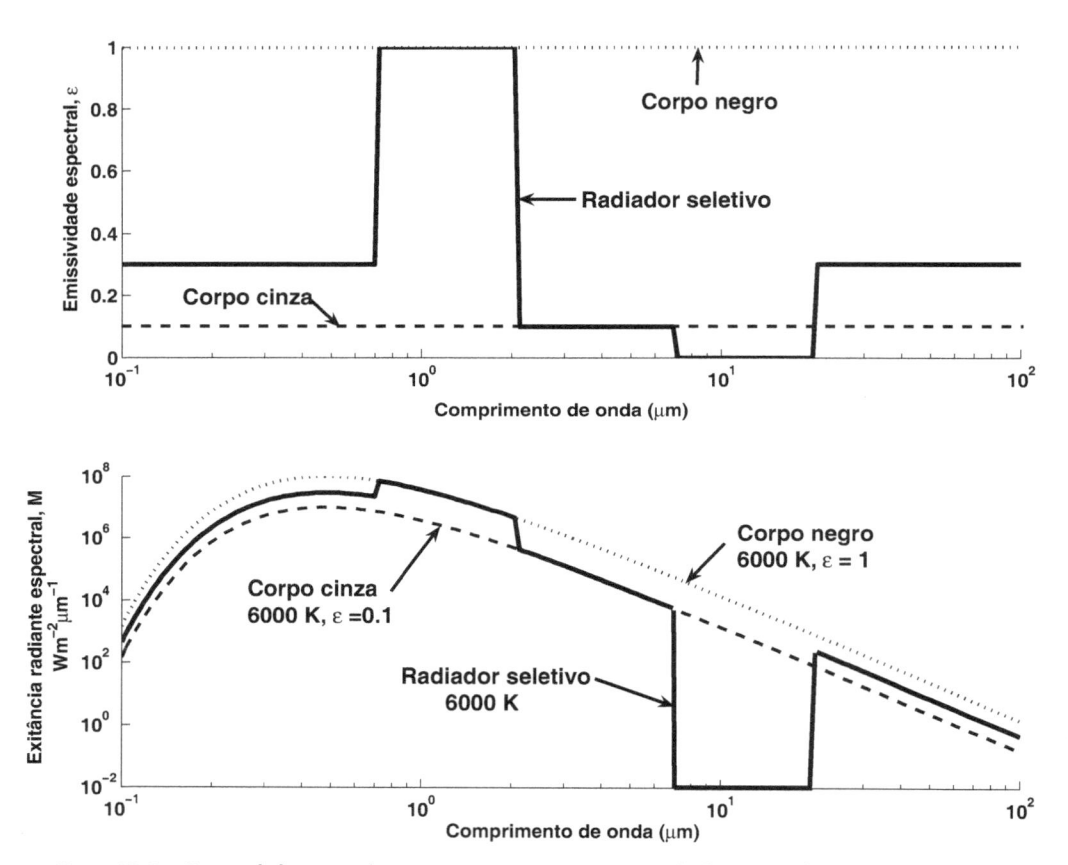

Figura 13.4 – Emissividade espectral para corpo negro, corpo cinza e radiador seletivo (painel superior) e suas emitâncias espectrais (painel inferior). Fonte: Jensen (2009), adaptado de Slater (1980).

Observe que a emissividade de um material, além de ser função do comprimento de onda, também pode ser função do ângulo de emissão, ou de observação (geralmente medido em relação à normal à superfície, isto é, $\varepsilon(\lambda,\theta)$). Além disso, um mesmo corpo pode apresentar diferentes emissividades para diversas rugosidades de sua superfície. Um corpo negro é um emissor Lambertiano, ou seja, sua radiância independe da direção de visada.

A partir da equação de emitância espectral de Planck (equação 13.1), a radiância espectral emitida por um alvo, com emissividade ε, numa posição x, y e num dado comprimento de onda λ, é dada por

$$L_{\lambda}(T,x,y) = \varepsilon(\lambda,x,y)\frac{M_{\lambda}(T,x,y)}{\pi}$$

(13.12)

A divisão por π converte a exitância em radiância, pois o corpo negro é um corpo Lambertiano, e o produto por ε leva em conta a eficiência de emissão do corpo real. É interessante notar a semelhança dessa relação com aquela que dá a radiância de um alvo Lambertiano com reflectância difusa ρ, a partir da irradiância que incide sobre ele (equação 9.27). Neste caso, a exitância substitui a irradiância incidente no alvo, e a emissividade, faz o papel da reflectância difusa para a faixa do visível.

13.8 A LEI DE KIRCHHOFF

A lei de Kirchhoff afirma que em cada comprimento de onda a emissividade de um corpo cresce (decresce) com a diminuição (aumento) de sua reflectância, isto é, um corpo com alta emissividade tem, necessariamente, baixa refletividade, e vice-versa. Para demonstrar essa lei, consideremos, como indicado na Figura 13.5, duas fatias espessas de dois materiais A e B, de tal modo que a transmitância dos dois materiais possa ser considerada igual a zero. Suponhamos que o alvo A seja um corpo negro e o material B tenha uma emissividade $\varepsilon < 1$, uma reflectância ρ, e uma absortância α. Suponhamos, ainda, que os dois materiais A e B estejam em equilíbrio térmico, isto é, suas temperaturas estão estacionárias. Os fluxos radiantes emitidos por A e B e o fluxo refletido por B estão indicados abaixo. Não temos fluxo refletido por A, pois como é um corpo negro, por definição, sua reflectância é igual a zero.

Como os dois materiais estão em equilíbrio termal, o fluxo radiante termal emitido por A deve se igualar à soma dos fluxos que emanam de B. Assim,

$$M_{CN}(\lambda) = \rho(\lambda)M_{CN}(\lambda) + M(\lambda)$$

(13.13)

onde M_{CN} é a emitância do corpo negro, e M, a emitância do corpo B. O primeiro termo do lado direito representa o fluxo radiante emitido por A, que é refletido por B. Dividindo-se ambos os membros da equação (13.13) por M_{CN}, temos

$$1 = \rho(\lambda) + M(\lambda)/M_{CN}(\lambda) = \rho(\lambda) + \varepsilon(\lambda) \qquad (13.14)$$

Portanto,

$$\varepsilon(\lambda) = 1 - \rho(\lambda) \qquad (13.15)$$

A equação (13.15), conhecida como lei de Kirchhoff, mostra que a emissividade e a refletividade são complementares. Pela relação (13.15), podemos estimar a emissividade num dado comprimento de onda se conhecermos a reflectância nesse comprimento de onda. Vemos, então, que, num dado comprimento de onda, bons refletores têm baixa emissividade, e vice-versa.

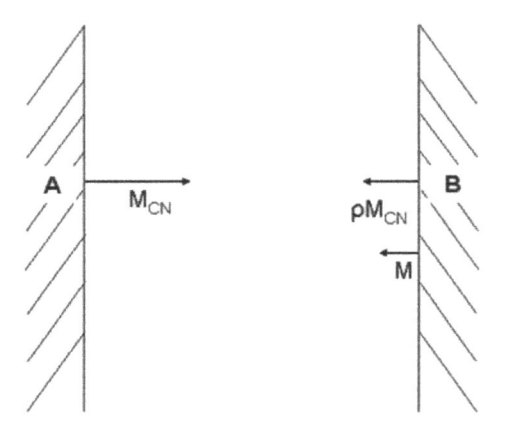

Figura 13.5 – Balanço do fluxo radiante para dois materiais em equilíbrio termal. O corpo A é um corpo negro e o material B tem reflectância ρ e transmitância τ = 0.

Considerando, agora, que o fluxo incidente (Φ_{in}) sobre um material possa ser decomposto em seus componentes refletido (Φ_{refl}), absorvido (Φ_{abs}), e transmitido (Φ_{trans}), temos

$$\Phi_{in} = \Phi_{refl} + \Phi_{abs} + \Phi_{trans} \qquad (13.16)$$

Dividindo-se todos os termos por Φ_{in}, temos

$$1 = \rho + \alpha + \tau \qquad (13.17)$$

Se, como assumido anteriormente, a transmitância é desprezível ($\tau = 0$), então

$$\alpha = 1 - \rho \tag{13.18}$$

Mas, como vimos anteriormente, $1 - \rho = \varepsilon$, portanto, concluímos que,

$$\varepsilon = \alpha \tag{13.19}$$

A equação (13.19) é, também, outra maneira de se apresentar a lei de Kirchhoff. Esse é um resultado muito importante, pois nos diz que um bom absorvedor é um bom emissor. O corpo negro é o melhor exemplo disso, pois sua absortância é igual a 1, que também é o valor de sua emissividade. É também importante salientar que essas relações são válidas espectralmente, isto é, para cada comprimento de onda. A lei de Kirchhoff nos diz que um material bom emissor numa faixa espectral será um bom absorvedor e um pobre refletor nessa faixa.

Os metais, em geral, têm emissividade baixa, particularmente para o caso em que a sua superfície é polida (isto é, satisfaz o critério de Rayleigh), quando sua reflectância é alta. Assim, um radiômetro operando no IVT "verá" os objetos metálicos (por exemplo, tetos de alumínio, zinco etc.) como *pixels* mais escuros, isto é, parecendo frios. Isso ocorre porque sua emissão termal está sendo modulada por uma emissividade bem baixa. Entretanto, se uma camada (mesmo muito fina) de material oxidado se formar sobre o metal, sua reflectância diminuirá e a emissividade aumentará. Nos metais, um aumento de temperatura produz um aumento de sua emissividade. Substâncias não metálicas costumam ter emissividades relativamente altas, por volta de 0,8, que tendem a diminuir com o aumento da temperatura.

Deve ser observado que a emissividade de um material não pode ser inferida facilmente a partir de sua refletividade no visível. Por exemplo, a neve possui uma alta reflectância difusa no visível, induzindo-nos falsamente a julgar que sua emissividade no infravermelho é baixa. Se tomarmos a neve com a temperatura 0 °C (273 K) e a lei de Wien, vemos que a máxima emissão termal estará concentrada ao redor de $\lambda = 10{,}6$ μm, em que a neve tem alta emissividade e baixa reflectância.

A Tabela 13.1 mostra os valores de emissividade para vários materiais e para a faixa espectral do infravermelho de 8 a 14 μm.

Tabela 13.1 – Emissividades para diversos materiais para a faixa de 8 a 14 μm. Fonte: Jensen (2009).

Material	Emissividade
Água destilada	0,99
Água	0,92 – 0,98
Água com filme de óleo	0,972
Concreto	0,71 – 0,90
Asfalto	0,95
Cimento/pedra	0,97
Solo siltoso seco	0,92
Solo siltoso úmido	0,95
Solo arenoso	0,90
Tijolo, vermelho e áspero	0,93
Vegetação, dossel fechado	0,98
Vegetação, dossel aberto	0,96
Grama	0,97
Madeira, carvalho aplainado	0,90
Floresta decídua	0,97 – 0,98
Floresta de coníferas	0,97 – 0,99
Aço inoxidável	0,16
Alumínio, folha	0,05
Alumínio, pintura	0,08
Alumínio, polido	0,55
Metais polidos	0,16 – 0,21
Aço anodizado	0,70
Granito	0,86
Basalto, grosseiro	0,95
Neve	0,83 – 0,85
Pintura	0,90 – 0,96
Pele humana	0,98

A Figura 13.6 ilustra o papel das variações de emissividade para diversos materiais na composição de uma cena obtida por um radiômetro operando no infravermelho termal. Temos uma cena noturna de um aeroporto, obtida no infravermelho termal, com vista do teto metálico de um hangar e de várias aeronaves estacionadas no pátio externo. Note que o teto do hangar e as aeronaves, que são objetos metálicos de baixa emissividade no infravermelho termal, aparecem escuros (frios), enquanto o piso de concreto, com emissividade relativamente alta, aparece mais claro (quente). Alguns motores e turbinas aparecem claros por suas altas temperaturas, indicando que estão em funcionamento ou foram desligados há pouco tempo. O chão de concreto, próximo a algumas aeronaves, está bem mais quente que as imediações, revelando quais delas devem estar com suas turbinas/motores ligados.

Figura 13.6 – Imagem IVT de um aeroporto. Tons mais claros (escuros) representam temperaturas radiométricas mais altas (baixas). Fonte: Jensen (2009).

13.9   A TEMPERATURA DE BRILHO (T_B)

Define-se como *temperatura de brilho* (T_B – em inglês, *brightness temperature*) de um material a temperatura de um corpo negro equivalente, isto é, um corpo negro com a mesma emitância no comprimento de onda (ou na faixa espectral) considerado. É fácil concluir que a T_B de um objeto comum (não corpo negro) deve ser necessariamente menor que sua temperatura real, pois como a eficiência de emissão do corpo negro é maior, ele pode ter uma temperatura mais baixa que o corpo real para emitir o mesmo fluxo radiante.

Se usarmos a lei de Stefan-Boltzmann para verificar a relação entre a temperatura real de um corpo (T_R), que possui emissividade ε, e sua T_B, teremos

$$\varepsilon \sigma T_R^4 = \sigma T_B^4 \tag{13.20}$$

O lado esquerdo da equação representa a emitância do corpo real, calculada através da equação de Steffan-Boltzmann na sua temperatura real e, portanto, com o fator multiplicativo ε. Assim,

$$T_B = \varepsilon^{1/4} T_R \tag{13.21}$$

ou,

$$T_R = \left(1/\varepsilon^{1/4}\right) T_B \tag{13.22}$$

Como mostrado abaixo, teremos as seguintes T_B para os seguintes alvos à temperatura real $T_R = 20\ °C$:

Solo siltoso seco ($\varepsilon = 0,92$): $T_B = 19,6\ °C$
Solo siltoso úmido ($\varepsilon = 0,95$): $T_B = 19,8\ °C$
Folha de alumínio ($\varepsilon = 0,05$): $T_B = 9,5\ °C$
Aço inox ($\varepsilon = 0,16$): $T_B = 12,7\ °C$

As T_B seriam aquelas obtidas pela inversão da lei de Planck ao se desprezar a emissividade real do alvo, isto é, se o considerarmos como um corpo negro. Vê-se, então, que a razão entre a T_B de um alvo e a sua temperatura real será tanto menor quanto menor for sua emissividade.

É importante lembrar que, como a emissividade varia com o comprimento de onda, os valores de emissividade apresentados na Tabela 13.1, obtidos na faixa do IVT, de 8 a 14 µm, podem ser totalmente diferentes em outras faixas do espectro. Por exemplo, a água que no IVT possui $\varepsilon \sim 1$, isto é, pode ser tomada praticamente como um corpo negro, na região de micro-ondas possui baixa emissividade. Lembre que a reflectância da água em micro-ondas é bastante alta. Para $\lambda = 1$ cm, com o índice de refração $n = 6,2 + i\,3,0$, mostramos que sua reflectância para ângulos até cerca de 30° do nadir é da ordem de 0,6, ou 60%. Pela equação (13.15), temos $\varepsilon = 1 - \rho = 0,4$. Portanto, nessa faixa do espectro, a T_B, obtida por meio de radiometria, será significativamente diferente da temperatura real.

De maneira geral, é necessário corrigir a emitância radiante, medida por um radiômetro, pela emissividade do material antes de inverter a equação de Planck para se determinar sua temperatura real (equação 13.11). Isso, entretanto, não é sempre fácil, ou viável, pois nem sempre conhecemos precisamente a natureza do alvo observado na imagem.

Como a emitância radiante depende da temperatura do alvo e simultaneamente de sua emissividade, caso não se conheça a natureza dos materiais que compõem o *pixel*, é necessário obter do próprio conjunto de dados espectrais a emissividade e a temperatura. Algoritmos de separação, temperatura/emissividade (TES – *temperature emissivity separation*), têm sido desenvolvidos para essa tarefa. Em particular, podemos citar os dados obtidos pelo sensor ASTER, que possui cinco canais no IVT entre 8,125 e 11,65 µm, com resolução espacial de 90 m, tendo em sua cadeia de processamento de dados um avançado algoritmo TES para aplicações terrestres com a determinação da emissividade e da temperatura para cada *pixel*. Para aplicações oceânicas, ou em águas interiores, considerando-se que a emissividade da água no IVT é praticamente igual a 1, não há necessidade de aplicação de algoritmos tipo TES.

13.10 A INÉRCIA TERMAL

Alvos naturais geralmente são aquecidos durante o período diurno, quando estão sujeitos ao fluxo solar incidente, e resfriam-se à noite, quando perdem calor por emissão ou condução. Se observarmos a temperatura de um alvo durante o curso do dia, veremos que diferentes substâncias apresentam diversas amplitudes de variação térmica. A observação desses alvos no infravermelho termal pode contribuir para evidenciar o tipo de material que compõe o alvo. As variações de temperatura de uma substância, ou corpo, são dependentes basicamente de três propriedades:

a) Sua capacidade térmica (c), que é uma medida da capacidade do material em absorver energia e é dada pela quantidade de calor necessária para elevar a temperatura de 1 grama do material de 1 °C.
b) Sua condutividade térmica (K), que representa a taxa com que a substância transfere energia de um ponto a outro, sendo medida em cal $cm^{-1} s^{-1} K^{-1}$.
c) Sua inércia termal (P), que representa a resposta térmica da substância a mudanças de temperatura, dada em cal $cm^{-2} s^{-1/2} K^{-1}$.

A inércia termal, que é proporcional à resistência da substância às mudanças de temperatura, é dada pela equação

$$P = \sqrt{Kc\rho} \quad \left[\text{cal cm}^{-2}\ s^{-1/2}\ K^{-1}\right] \tag{13.23}$$

onde ρ é a densidade do material (g cm^{-3}).

Assim, um objeto com alta condutividade termal, alta capacidade térmica e alta densidade possui uma alta inércia termal, isto é, apresenta maior resistência à variação de temperatura ao ser exposto a variações ambientais de temperatura, ou fluxo radiante. Solos costumam ter baixos valores de P, em geral na faixa de 0,01 a 0,05 cal $cm^{-2} s^{-1/2} K^{-1}$, função principalmente da condutividade térmica e do conteúdo de umidade do solo. As rochas normalmente têm P na faixa de valores 0,05 a 0,1 cal $cm^{-2} s^{-1/2} K^{-1}$, que depende principalmente da condutividade termal. A Tabela 13.2 mostra os valores de K, c, ρ e P para diversos materiais.

Tabela 13.2 – Propriedades termais de materiais. Fonte: Rees (1999).

Material	Densidade ρ [kg m^{-3}] (x10^3)	Capacidade térmica c [kJ kg^{-1} °C^{-1}] (x10^3)	Condutividade térmica K[W m^{-1} °C^{-1}]	Inércia termal P [J m^{-2} s$^{1/2}$ °C^{-1}] (x10^3)
Materiais geológicos – baixa inércia termal				
Argila (úmida)	1,7	1,5	1,3	1,8
Cascalho	2,1	0,8	1,3	1,5
Calcário	2,5	0,7	0,9	1,3
Areia seca	1,6	0,8	0,4	0,7
Xisto	2,3	0,7	1,9	1,7
Solo arenoso	1,8	1,0	0,6	0,3
Materiais geológicos – média inércia termal				
Basalto	2,6	0,9	2,1	2,2
Granito	2,7	0,8	3,0	2,5
Cascalho (arenoso)	2,1	0,8	2,5	2,0
Mármore	2,7	0,9	2,5	2,5
Arenito	2,5	0,8	3,8	2,8
Ardósia	2,8	0,71	2,1	2,0
Materiais geológicos – alta inércia termal				
Quartzo	2,6	0,7	9,0	4,0
Quartzito	2,7	0,7	5,0	3,1
Peridotita	3,2	0,84	4,6	3,5
Outros materiais				
Concreto	2,4	3,4	0,1	0,9
Vidro	2,3	0,6	0,8	1,1
Gelo	0,9	2,1	2,3	2,1
Metais	5 – 10	0,2 – 0,5	20 – 100	5 – 20
Água	1	4,2	0,56	1,5
Madeira	0,7	1,2	0,15	0,4

A Figura 13.7 mostra uma simulação teórica das variações de temperatura ao longo do dia para diversos materiais e diferentes condições feitas por Watson (1973), para uma latitude de 30°, declinação solar de 0°, cobertura de nuvens de 20% e uma temperatura atmosférica (radiação termal atmosférica) de 260 K.

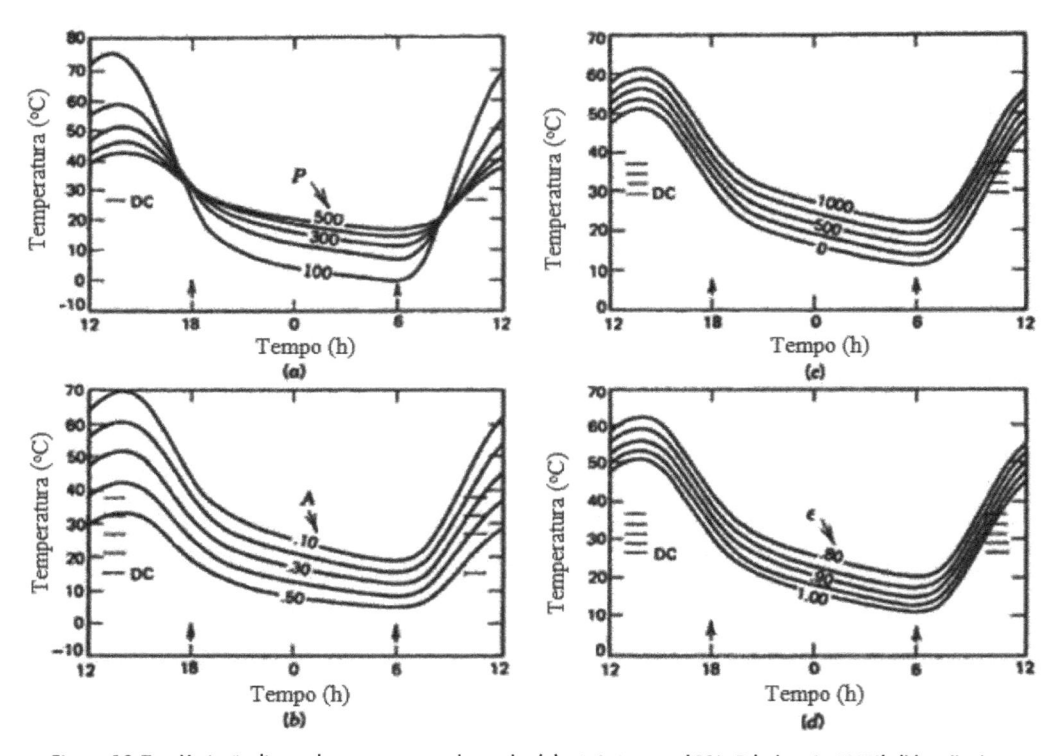

Figura 13.7 – Variação diurna da temperatura, alterando: (a) a inércia termal 10^4 x P (cal cm^{-2} s$^{-1/2}$ K^{-1}), (b) o albedo, (c) o fluxo de calor geotermal e (d) a emissividade. A pequena barra horizontal (-DC) representa a média diurna para cada uma das curvas. Fonte: Watson (1973).

Os gráficos da Figura 13.7 mostram que a amplitude de variação da temperatura dos materiais ao longo do dia (ΔT) é fortemente dependente da inércia termal (P), e fracamente dependente do albedo e da emissividade. Note no painel (a) que o alvo com o menor valor de P (P = 0,01) é aquele com a maior amplitude de variação de temperatura ao longo do dia, com um máximo de 75 °C por volta das 14h e um mínimo de quase 0 °C por volta das 6h. Observe que a temperatura média diária do material (DC nos gráficos) é independente da inércia termal.

Se assumirmos que o fluxo de calor para o material varia periodicamente com um período diurno de 24 horas, a solução teórica para a temperatura mostra que há uma defasagem entre o fluxo forçante e a resposta térmica. Em condições normais, o fluxo solar atinge o máximo ao meio-dia solar, enquanto a máxima temperatura da superfície normalmente é atingida duas horas depois, como mostrado na Figura 13.7.

Vale ressaltar que a emissão termal da superfície é ditada pela temperatura de superfície, que pode ser medida em SR por radiômetro IV a bordo de satélite. É possível que, dependendo da faixa espectral usada, parte da energia IV captada pelo satélite seja energia solar refletida pelo alvo. Entretanto, a máxima energia termal refletida tem o seu máximo no máximo solar, enquanto a energia termal emitida tem o máximo aproximadamente duas horas depois. A Figura 13.8 mostra as variações típicas de temperaturas durante o dia para diferentes materiais com diversas inércias termais.

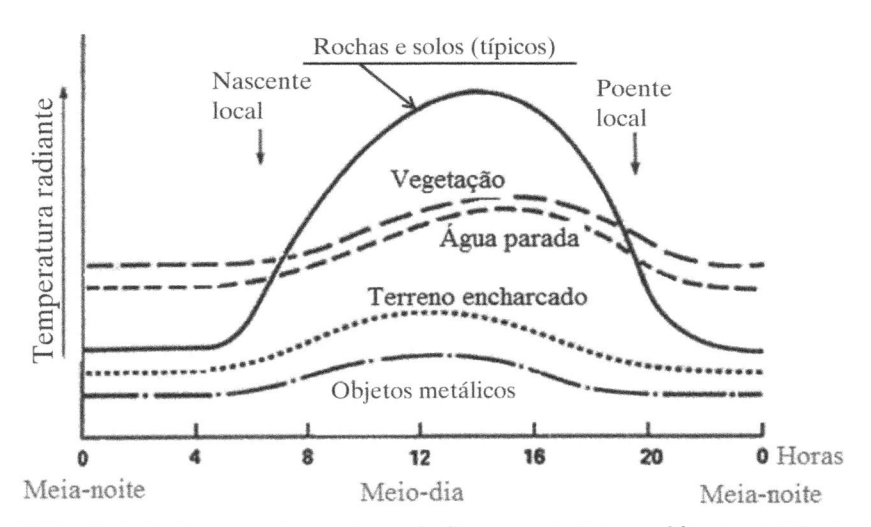

Figura 13.8 – Variação da temperatura ao longo do dia para materiais com diferentes inércias termais. Fonte: Sabins, 1997.

A Figura 13.9 mostra imagens termais da cidade de Atlanta (Estados Unidos) obtidas durante o dia e à noite. Note que as diferenças de temperaturas radiométricas permitem uma melhor identificação de diferentes usos e ocupações do solo. Segundo trabalhos realizados por Quattrochi e Ridd (1994), observam-se as maiores temperaturas diurnas para áreas comerciais, seguidas de serviços, transportes e indústrias. Os corpos de água, a vegetação e as regiões de usos agrícolas apresentam, nessa ordem, as menores temperaturas diurnas. Regiões residenciais, como misturam esses elementos de uso e ocupação, apresentam temperaturas diurnas intermediárias. Durante o período noturno, áreas de comércio, serviços, indústria e transporte resfriam-se rapidamente, mas apresentam, ainda, temperaturas mais altas que vegetação e agriculturas ao amanhecer. Nas horas que antecedem o amanhecer, as áreas de água (lagos, represas, rios etc.) apresentam as maiores temperaturas, e as áreas de vegetação ou de agriculturas apresentam a menor temperatura noturna.

Figura 13.9 – Imagens termais da cidade de Atlanta (Estados Unidos) com uma resolução espacial 10 x 10 m, obtidas durante o dia (esquerda) e durante a noite antes do amanhecer (direita) na faixa 9,6 – 10,2 µm. Fonte: Jensen (2009).

13.11 EXEMPLOS DE APLICAÇÕES DA TEORIA DA RADIAÇÃO TERMAL

A seguir, apresentamos alguns exemplos de como conceitos relativamente simples da teoria da radiação termal, e sem exigir conhecimentos sofisticados de matemática, podem ser usados para inferir propriedades termodinâmicas de materiais, e nas áreas de climatologia ou de mudanças climáticas.

13.11.1 Cálculo da temperatura radiométrica da Terra em função da constante solar e de seu albedo

Este é um exemplo interessante, pois nos mostra como a variação do albedo planetário pode afetar a temperatura média global da Terra.

Define-se como albedo planetário (A) a fração do fluxo solar total incidente sobre o planeta que é refletida de volta ao espaço. O albedo típico da Terra é da ordem de 30%, isto é, A = 0,30.

Se assumirmos que a Terra em escala de tempo longa está em equilíbrio termal, todo fluxo radiante solar incidente deve ser devolvido ao espaço, ou seja, não deve haver nem ganho, nem perda no balanço de fluxo global. Se o balanço for positivo na média, isto é, se a Terra absorve mais energia que emite, sua temperatura aumenta. Se o balanço for negativo, ou seja, se perde mais energia que recebe, sua temperatura diminui.

Seja:

S: irradiância solar incidente sobre a Terra (isto é, sua constante solar) = 1.380 Wm^{-2}
M_E: exitância ou emitância da radiação planetária (densidade de fluxo radiante emitido para o espaço)
r_E: raio da Terra

Para haver equilíbrio termal, devemos ter:

Fluxo solar interceptado pela Terra e absorvido = fluxo radiante emitido

$$S\pi r_E^2 (1-A) = 4\pi r_E^2 M_E$$

↑ principalmente ondas curtas

↑ principalmente ondas longas

(13.24)

O lado esquerdo da equação (13.24) expressa o fato de que, dado S [Wm^{-2}], o fluxo solar por unidade de área interceptado pela Terra é S multiplicado pela seção reta do planeta (πr_E^2). Desse fluxo, somente a fração (1-A) é realmente absorvida, pois a fração A é refletida de volta ao espaço.

O lado direito da equação (13.24) expressa o fato de que, com uma emitância termal M_E, o fluxo radiante que o planeta projeta em todas as direções é obtido multiplicando-se M_E pela área total da Terra ($4\pi r_E^2$).

Assim,

$$M_E = (1 - A)\frac{S}{4} = 241 \text{Wm}^{-2} \tag{13.26}$$

É interessante notar que somente 25% de S entram no cálculo da emitância terrestre necessária para balancear o fluxo solar incidente; isso é obviamente causado pelo fato de a área de uma esfera ser igual a quatro vezes a área de sua seção reta. Observe que um aumento no albedo diminui M_E, o que é de se esperar, pois o aumento de A induz a um menor fluxo de radiação absorvida pelo planeta.

Considerando a Terra como um corpo negro, pela lei de Stefan-Boltzmann, temos

$$M_E = \sigma T_E^4 \rightarrow T_E = \left(\frac{M_E}{\sigma}\right)^{1/4} = 255K \quad (-18,2 \text{ °C}) \tag{13.27}$$

É importante ressaltar que neste exemplo não consideramos a atmosfera contribuindo no balanço termal, isto é, participando da radiação IV emitida (isso será feito no exemplo 4 a seguir). Vê-se, então, que sem a contribuição da emissão termal atmosférica, uma temperatura média da Terra da ordem de –18 °C seria suficiente para balancear a energia solar que efetivamente é introduzida no sistema, isto é, o fluxo solar descontado da parte removida pelo albedo planetário. Observe que um aumento (diminuição) do albedo acarreta uma diminuição (aumento) de M_E e da temperatura de corpo negro da Terra. O albedo planetário pode elevar-se pelo aumento de nebulosidade, da cobertura de neve e gelo ou do espalhamento por aerossóis.

13.11.2 Cálculo da temperatura de uma superfície cinza (emissividade menor que 1, porém constante ao longo do espectro)

Imaginemos uma superfície plana colocada na Lua (sem ação da atmosfera), orientada de modo a receber radiação solar direta na direção de sua normal. Nesse caso, estamos assumindo que α, a absortância dessa superfície, é constante ao longo do espectro, ou seja, é a mesma para a radiação de ondas curtas recebida e para a radiação IVT emitida. Consideramos, também, que o fluxo solar na Lua é o mesmo da Terra.

a) Qual é a temperatura de equilíbrio termal da placa?

Na ausência de atmosfera, não há radiação difusa gerada por espalhamento, sendo a radiação solar direta a única radiação incidente sobre a placa.

Para se obter equilíbrio termal, devemos ter:

M (fluxo de ondas curtas absorvido pela placa) = M (fluxo IVT emitido pela placa)

$$\alpha \times 1.380 = \varepsilon \sigma T_S^4 \tag{13.28}$$

onde ε é a emissividade da placa e T_S é sua temperatura.

Pela lei de Kirchhoff, $\varepsilon = \alpha$ (nesse caso particular com α = cte.), portanto,

$$T_S = \left(\frac{1380}{\sigma} \right)^{1/4} = 395K \quad (122\,°C) \tag{13.29}$$

É interessante notar que quando a absortância é a mesma no visível e no IVT, a temperatura da superfície depende apenas da magnitude do fluxo solar incidente, não dependendo do valor da absortância ou de sua emissividade.

b) Se a temperatura da superfície for T = 300 K e sua absortância α = 0,9, calcule a irradiância líquida logo acima de sua superfície.

Como essa temperatura é mais baixa que a temperatura de equilíbrio termal (395 K), a placa recebe mais energia do que emite, ou seja, a radiação líquida é para baixo. Lembrado que $\varepsilon = \alpha$, temos

$$M_{resultante} \downarrow = \alpha \times 1.380 \downarrow - \alpha \sigma 300^4 \uparrow = 829 \text{Wm}^{-2} \tag{13.30}$$

Essa quantidade extra de energia faz a temperatura da placa começar a subir, aumentando a quantidade de energia emitida. O equilíbrio será atingido quando T = 395 K, como no item anterior.

13.11.3 Cálculo da temperatura de uma superfície com emissividade variando ao longo do espectro (sem atmosfera)

Consideremos uma superfície plana submetida ao fluxo radiante solar direto. Sua absortância para ondas curtas é $\alpha_c = 0,1$ ($\rho = 1 - \alpha = 0,9$) e para a faixa do infravermelho termal é $\alpha_T = 0,8$.

Note que, diferentemente do exemplo anterior, agora a absortância varia ao longo do espectro (radiador seletivo). Neste caso, a superfície é boa refletora de radiação de ondas curtas e boa emissora de ondas longas. O balanço termal é obtido quando

$$0,1 \times 1.380 = \varepsilon \sigma T^4 \tag{13.31}$$

No lado esquerdo da equação (13.31), a absortância é 0,1, pois o fluxo solar direto é constituído principalmente de ondas curtas (espectro visível). Como $\varepsilon = \alpha$, no lado direito da equação anterior, temos que $\varepsilon_T = 0,8$, pois o fluxo emitido é principalmente no infravermelho termal. O balanço é então dado por

$$0,1 \times 1.380 = 0,8 \sigma T^4 \tag{13.32}$$

Assim,

$$T = \left(\frac{138}{0,8\sigma} \right)^{1/4} = 235K \quad (-38\,^{\circ}\text{C}) \tag{13.33}$$

Vemos aqui que, ao contrário do caso do item (a) do exemplo anterior, a temperatura da superfície é bastante baixa, pois sua absortância no visível é muito baixa (alta reflectância) e pouca energia é absorvida. Como a emissividade no infravermelho é alta, basta uma temperatura relativamente baixa para equilibrar a pouca energia absorvida no visível. Neste exemplo, desprezamos a presença da atmosfera, o que será incluído a seguir.

13.11.4 Cálculo da temperatura de equilíbrio termal do sistema Terra/atmosfera

Vamos assumir que a atmosfera é uma camada fina, com absortância $\alpha_c = 0,1$ para a radiação solar (principalmente espectro visível) e $\alpha_T = 0,8$ para a radiação emitida pela Terra (principalmente infravermelho termal).

Na Figura 13.10, temos os fluxos radiantes esquematizados no topo da atmosfera e na superfície da Terra, onde:

M: irradiância solar líquida absorvida pelo sistema Terra + atmosfera = 241 Wm⁻², principalmente ondas curtas (equação 13.26)
y: irradiância termal atmosférica, emitida para cima e para baixo
x: irradiância termal emitida pela superfície da Terra

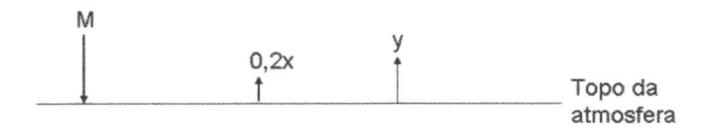

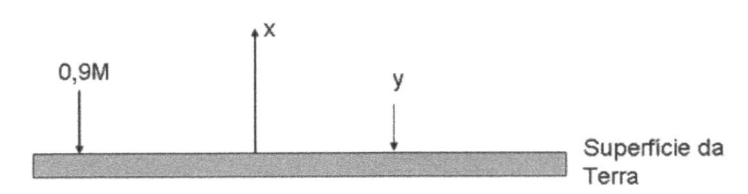

Figura 13.10 – Fluxos radiantes considerando a superfície e a atmosfera.

Considerando uma absortância atmosférica de 0,1 no visível, o balanço de fluxos na superfície da Terra é dado por:

$$0,9M + y = x \tag{13.34}$$

Considerando agora uma absortância de 0,8 para o fluxo termal, o balanço de fluxos no topo da atmosfera é dado por:

$$0,2x + y = M \tag{13.35}$$

As equações (13.34) e (13.35) formam um sistema linear de duas equações nas variáveis x e y, os fluxos radiantes emitidos pela superfície e pela atmosfera. Uma maneira simples de resolver o sistema é substituir y de (13.35) na equação (13.34), resultando em

$$0,9M + \left(M - 0,2x\right) = x \rightarrow 1,2x = 1,9M \rightarrow x = 381,58 \ \text{Wm}^{-2} \tag{13.36}$$

Essa é a emitância radiante da superfície terrestre nas condições dadas.
Agora,

$$y = x - 0,9M = 1,58M - 0,9M = 0,68M = 164,7 \ \text{Wm}^{-2} \tag{13.37}$$

Esse é o valor da emitância termal da atmosfera que volta ao espaço e chega à superfície terrestre. Note que 0,9 M = 216,9 Wm^{-2} é a irradiância solar que chega à superfície como radiação de ondas curtas. O valor de y mais 0,2 x dá exatamente 241 Wm^{-2}, que é o valor do fluxo solar que chega ao sistema.

Assumindo a superfície da Terra como um corpo negro no IVT, com uma temperatura T_T, temos:

$$\sigma T_T^4 = 381,58 \rightarrow T_T = 286,5K \quad \left(13,3 \ ^{\circ}\text{C}\right) \tag{13.38}$$

No IVT, a emissividade da atmosfera é 0,8. Considerando que a atmosfera tem uma temperatura média T_{atm}, podemos escrever:

$$0.8\sigma T_{atm}^4 = 164,7 \rightarrow T_{atm} = 245,5K \quad \left(-27,8 \ ^{\circ}\text{C}\right) \tag{13.39}$$

Este exemplo ilustra o assim chamado efeito estufa. Quando um gás é fraco absorvedor no visível (alta transmitância) e forte absorvedor no infravermelho termal, como o CO_2, o CH_4 (metano), ou o vapor d'água, ele contribui para aumentar a temperatura do planeta. Lembre que a temperatura média de equilíbrio radiacional da Terra, sem a participação da atmosfera (exemplo 13.11.1), era de –18 $^{\circ}$C, tendo o efeito de absorção seletiva dos constituintes atmosféricos aumentado sua temperatura em cerca de 30 $^{\circ}$C.

Note que, com uma temperatura de 245,5 K, pela lei de Wien, o pico de emissão da atmosfera é no comprimento de onda de 12 μm, e o pico de emissão da superfície é em 10,4 μm, ambos no infravermelho termal na janela atmosférica de 8 a 14 μm.

13.11.5 Cálculo da temperatura de um alvo a partir das observações de sua radiância espectral medida no infravermelho termal

Se usarmos um radiômetro operando no infravermelho termal (IVT) para observar a radiância termal emitida por um alvo numa faixa do espectro de largura $\Delta\lambda$, podemos estimar sua temperatura radiométrica pela equação de Planck. Para isso, invertemos a lei de Planck para expressar T em função de M (ou L) e λ.

Por exemplo, o canal 4 do sensor AVHRR dos satélites NOAA possui uma largura de banda $\Delta\lambda \approx 1$ μm, centrado em 11 μm. Suponha que estejamos observando o oceano. Desprezando a atenuação atmosférica, qual seria a temperatura da superfície do mar (TSM) se a radiância medida nesse canal fosse $L_4 = 10,2$ $Wm^{-2} sr^{-1} \mu m^{-1}$?

Como a superfície do mar no IVT pode ser considerada quase um corpo negro ($\varepsilon = 0,98$), podemos fazer

$$L_4 = \frac{M_4}{\pi} = \frac{c_1 \Delta\lambda}{\pi \lambda^5 \left[\exp\left(\frac{c_2}{\lambda T}\right) - 1 \right]} \rightarrow \exp\left(\frac{c_2}{\lambda T}\right) = \frac{c_1 \Delta\lambda}{\pi \lambda^5 L_4} + 1 \tag{13.40}$$

onde M_4 é a exitância da superfície do mar na banda 4 do AVHRR. Observe que é preciso multiplicar a equação de Planck por $\Delta\lambda$ para se converter a exitância espectral (Wm^{-2} por unidade de comprimento de onda) em exitância Wm^{-2}. L_4 é a radiância da superfície medida no canal 4 do AVHRR, assumindo o oceano como uma superfície Lambertiana.

Tomando o logaritmo da equação (13.40), temos

$$\frac{c_2}{\lambda T} = \ln\left(\frac{c_1 \Delta\lambda}{\pi \lambda^5 L_4} + 1 \right) \rightarrow T = \frac{c_2}{\lambda \ln\left(\frac{c_1 \Delta\lambda}{\pi \lambda^5 L_4} + 1 \right)} \tag{13.41}$$

Usando o valor dado para L_4, e o comprimento de onda central (11 μm) e $\Delta\lambda = 1$ μm, obtemos

$$T = 304,6K = 31,34 \ ^{\circ}C$$

No caso prático da determinação da temperatura real da superfície do mar por satélite, é necessário fazer a correção atmosférica, pois a radiância medida pelo satélite não é igual à radiância emitida pela superfície. Inicialmente, devido aos vários componentes atmosféricos, haverá uma diminuição da radiância emitida pela superfície ao longo de sua trajetória até o sensor. Entretanto, também haverá uma contribuição aditiva do fluxo radiante termal emitido pela atmosfera na direção do sensor. Se for utilizado um canal IVT mais próximo a 3 μm, como o canal 3 do sensor AVHRR, para imagens diurnas, pode haver contaminação da radiância medida pelo satélite por reflexão de luz solar IV na superfície do mar.

Em geral, a correção atmosférica é realizada por meio da medição da radiância em dois ou três canais IVT. No sensor AVHRR NOAA, temos um canal na faixa de 3,5 μm, e dois canais na faixa de 10,5 a 11,5 μm. Como a atenuação atmosférica é diferente em cada canal, as diferenças entre as T_B nos diversos canais são usadas para transformar as T_B em temperatura da superfície do mar. Esse procedimento permite que se estime a temperatura da superfície do mar com uma precisão da ordem de 0,5 K, com uma resolução da ordem de 0,1 K.

EXERCÍCIOS

13.1 Demonstre que, quando λ é suficientemente grande para fazer o termo hc/λT da lei de Planck ser pequeno, podemos assumir que a emitância termal M_λ é aproximadamente uma função linearmente dependente da temperatura. Dica: para x → 0, $e^x \cong 1 + x$. Tome três comprimentos de onda, típicos dos espectros visível, infravermelho termal e micro-ondas banda C, e mostre para temperaturas ambientes típicas em qual(is) caso(s) é possível utilizar tal aproximação, mantendo boa acurácia. Compare os resultados com aqueles obtidos com a lei de Planck original.

13.2 Mostre que, ao variarmos a temperatura de um corpo negro de T para T + ΔT, com ΔT << T, a variação relativa de sua emitância termal, isto é, ΔE/E, apresentará uma variação de aproximadamente (4 ΔT/T). Use o resultado para calcular a variação relativa da emitância termal de um corpo negro de T = 300 K ao ter sua temperatura aumentada de 1%.

13.3 Conhecendo-se o valor da constante solar (1.380 Wm^{-2}) e os valores da distância média Terra-Sol ($1,5 \times 10^8$ km) e o raio do Sol (7×10^5 km), obtenha o valor aproximado da temperatura da camada externa do Sol, supondo que ele se comporta como um corpo negro.

13.4 T_B de uma amostra de areia seca de emissividade ε_s e a temperatura real T_{r1} é a mesma que a de outra amostra de areia úmida, de emissividade ε_u (desconhecida) em outra temperatura real T_{r2}. Conhecendo-se ε_s, T_{r1} e T_{r2}, como é possível calcular a emissividade da areia úmida? Para o caso em que as temperaturas medidas foram $T_{r1} = 30,8226\ °C$ e $T_{r2} = 26,7400\ °C$, e sabendo-se que $\varepsilon_s = 0,90$, qual é a emissividade da areia úmida?

13.5 Sabe-se que a areia seca possui refletividade de $0,09$ na faixa espectral de 8 a 14 μm. Supondo que esse material esteja à temperatura de 40 °C, calcule o fluxo radiante para todo o hemisfério, proveniente de uma área de formato circular e de diâmetro d = 30 cm e para a faixa espectral de 9,5 a 10 μm. Considere a amostra como uma fonte Lambertiana.

13.6 Qual seria a diferença esperada na temperatura média de equilíbrio radiativo da Terra se o albedo variasse do atual valor de 30% para 15% por efeito de fuligem vulcânica lançada na atmosfera? (Constante solar S = 1,380 Wm^{-2}.)

14

O SENSORIAMENTO REMOTO DE MICRO-ONDAS

14.1 INTRODUÇÃO

Como vimos, a faixa espectral de micro-ondas corresponde aproximadamente ao intervalo de frequências de f = 30 GHz (λ = 1 cm) na banda K, até f = 300 MHz = 0,3 GHz (λ = 1 m) na banda P. Nessa faixa de baixas frequências, ou grandes comprimentos de onda, como indicado na Figura 14.1, a transmitância atmosférica é relativamente alta, embora algumas bandas de absorção por vapor d'água e oxigênio molecular sejam encontradas nas frequências de 22,2, 60, 118,7 e 183,3 GHz.

Os efeitos de absorção ou espalhamento atmosférico em micro-ondas são muito menores do que aqueles encontrados nas faixas espectrais do visível e infravermelho. Como indicado na Figura 14.1, os efeitos de atenuação atmosférica são bastante reduzidos para comprimentos de onda maiores que cerca de 1 cm e menores que 10 m. Para comprimentos de ondas maiores que 10 m, efeitos de interação da radiação com a ionosfera passam a ser significativos. Em geral, os radares imageadores operam em comprimentos de onda maiores que 3 cm e menores que 1 m, de forma que a atenuação atmosférica pode ser geralmente ignorada. Chuvas, e particularmente chuvas mais pesadas, podem, no entanto, constituir problema para comprimentos de onda de micro-ondas curtos, como mostrado na Figura 14.2. A definição do coeficiente de atenuação, dado em dB/km, é $K = 10^3 d$ (10 log L/L_o)/dz, onde L é a radiância que sai de um elemento de volume de comprimento dz e L_o é a radiância de entrada no volume. Considerando que o coeficiente de atenuação k $[m^{-1}]$ é dado em termos de um decaimento exponencial e envolve, portanto, o logaritmo na base e, para transformá-lo em K, é preciso, em primeiro lugar, transformar o logaritmo natural para a base 10, a relação entre K $[dB\ km^{-1}]$ e k $[m^{-1}]$ é $K[dB\ km^{-1}] = -4,34 \times 10^3 k[m^{-1}]$ (Stewart, 1985).

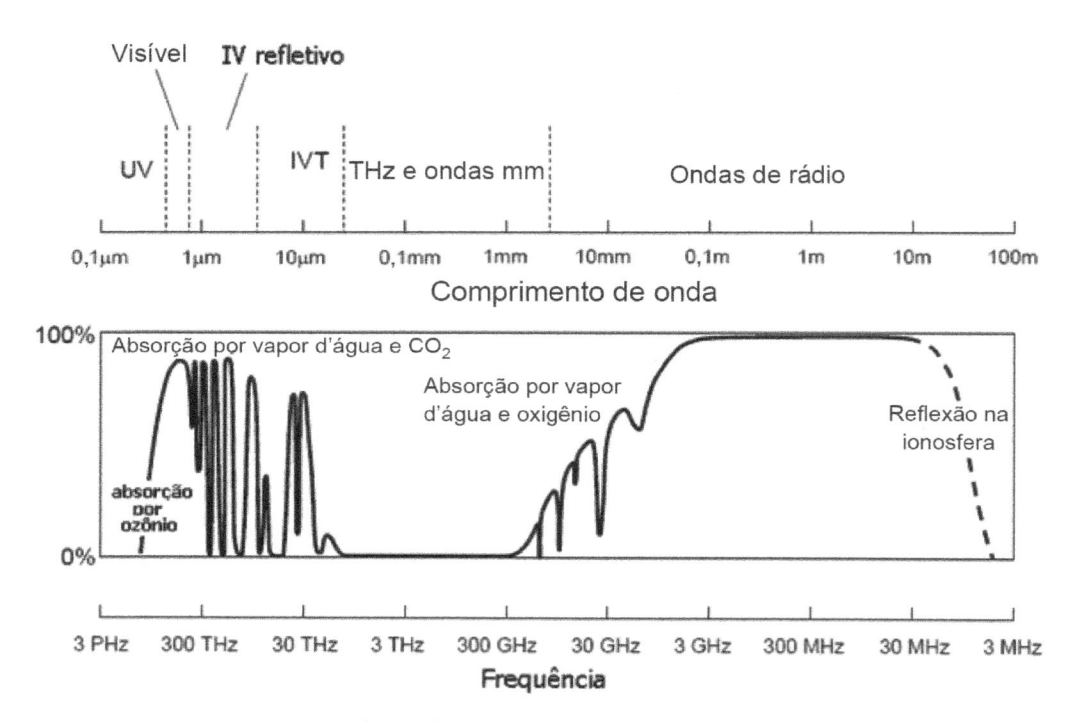

Figura 14.1 – Transmitância atmosférica. Adaptado de Richards (2009).

Para facilitar a interpretação da Figura 14.2, observe que normalmente se classifica a intensidade de uma chuva em termos de sua taxa temporal de precipitação (pr) em milímetros por hora (mm/hr), nas seguintes categorias:

a)   Chuva muito fraca: pr < 0,25
b)   Chuva fraca: 0,25 < pr < 1

c)   Chuva moderada: 1 < pr < 4
d)   Chuva pesada: 4 < pr < 16
e)   Chuva muito pesada: 16 < pr < 50
f)   Chuva extremamente pesada: pr > 50

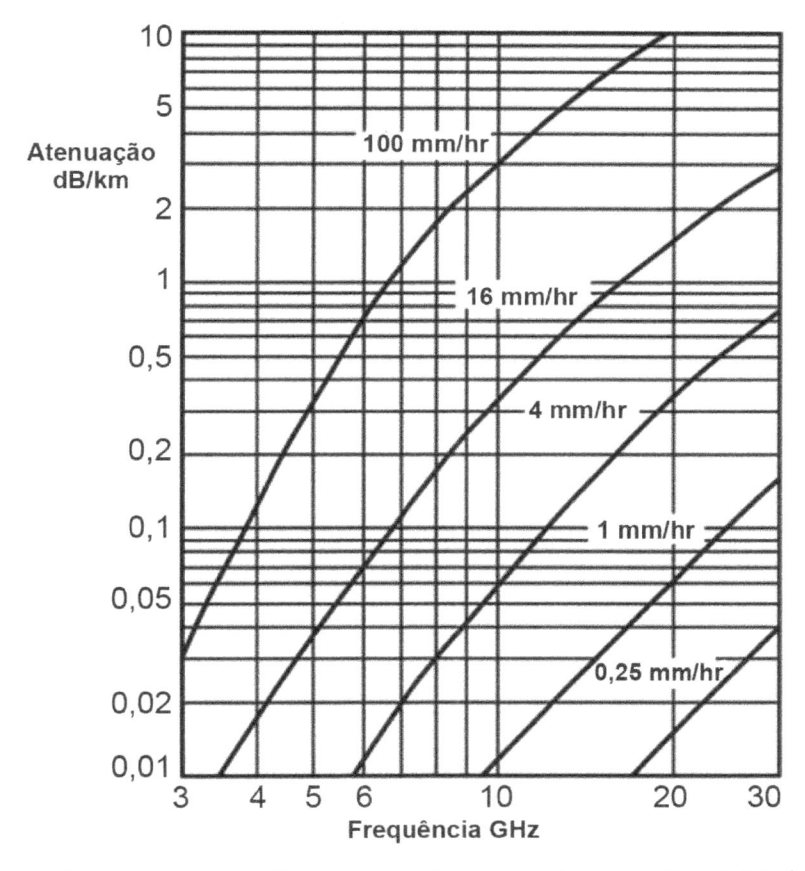

Figura 14.2 – Efeito de atenuação de radiação de micro-ondas por chuva. Adaptado de Richards (2009).

Assim, para a banda C com um radar operando centrado em 5 GHz, uma chuva pesada com pr = 16 mm/hr causaria uma atenuação de cerca de 0,037 dB/km. Um feixe-radar percorrendo 10 km em uma região chuvosa dessa intensidade sofreria uma atenuação de 0,37 dB. Considerando a definição de dB = 10 log (L_o/L_i), a atenuação seria da ordem de $10^{-0,037} = 0,92$, ou seja, da ordem de 8%. Com o aumento da frequência, por exemplo, banda X, o efeito da mesma chuva seria maior.

As aplicações de sensoriamento remoto (SR) em micro-ondas não se restringem apenas a radares imageadores. Os radares altimétricos e os escaterômetros (*scatterometers*) são instrumentos ativos, isto é, iluminam a cena a partir de pulsos de micro-ondas por eles gerados, mas não geram uma imagem da cena de interesse. Em micro-ondas, temos também inúmeras e importantes aplicações de radiômetros passivos de micro-ondas. Nesse caso, os radiômetros capturam a energia de micro-ondas emitida ou refletida pelos alvos. A Figura 14.3 mostra os espectros de exitância termal para a faixa de 0,1 a 100 μm, para o espectro solar no topo da atmosfera terrestre para T = 5.950 K, para uma queimada a uma temperatura de 1.000 K e a emitância da Terra com uma temperatura típica de 300 K.

Vemos que a contribuição do espectro solar para comprimentos de onda maiores que 10 μm é muito pequena em comparação à emitância de corpo negro da Terra, a uma temperatura de 300 K.

A Figura 14.4 mostra a emitância da Terra para uma temperatura de 300 K, agora incluindo a faixa de interesse para micro-ondas, isto é, de 1 cm a 1 m. Como havíamos visto, para uma temperatura de 300 K, o pico de emissão é por volta de 10 μm no infravermelho termal. Vemos que a emitância na faixa de micro-ondas, embora extremamente mais baixa que aquela disponível para o SR no infravermelho, não é zero. Os radiômetros que operam na faixa de micro-ondas têm de processar esses níveis de energia. Esse fato, aliado à baixa resolução espacial das antenas, resulta em resoluções espaciais para os radiômetros de micro-ondas da ordem de dezenas de quilômetros. As altas resoluções dos radares se devem à potência do sinal transmitido/retroespalhado (sensor ativo) e às técnicas de codificação em frequência (tecnologia *chirp*) em range e síntese de antenas de grandes dimensões para os radares de abertura sintética (modulação Doppler do sinal de retorno pelo movimento da plataforma em relação ao alvo).

Embora os níveis de energia emitida em micro-ondas pelos alvos terrestres em temperaturas típicas de 300 K sejam muito baixos, devemos levar em conta que a transmitância nas faixas geralmente usadas pelos radiômetros de micro-ondas é de quase 100%, como indicado na Figura 14.1. Portanto, com exceção de situações de chuvas muito fortes e comprimentos de ondas curtos de micro-ondas, a atmosfera é praticamente transparente nesses comprimentos de onda, mesmo com a presença de nuvens. Pode-se, portanto, utilizar a radiometria de micro-ondas para uma série de aplicações de monitoramento ambiental, mesmo para regiões costumeiramente encobertas por nuvens (Matzler, 2006).

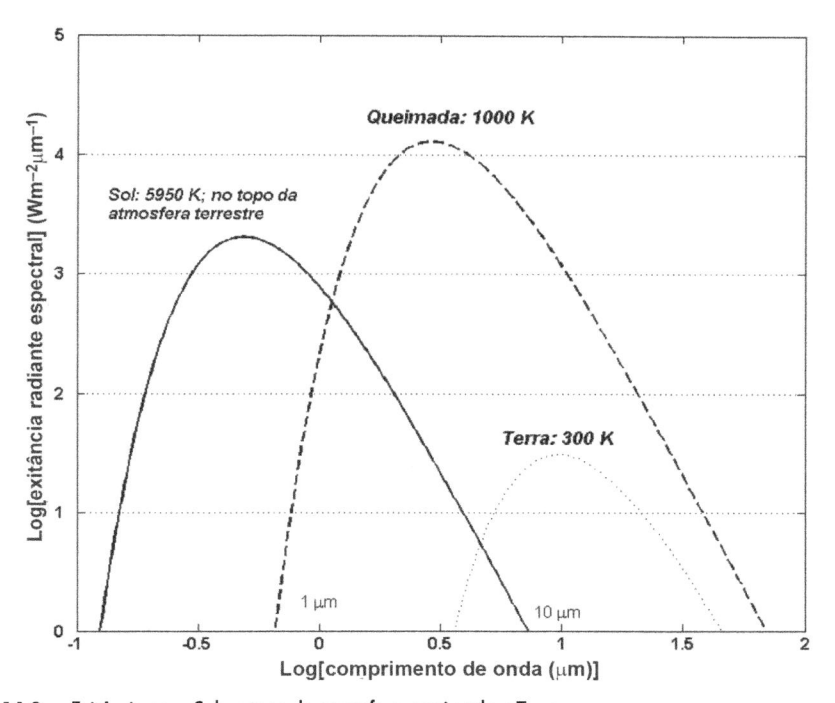

Figura 14.3 – Exitância para Sol no topo da atmosfera, queimada e Terra.

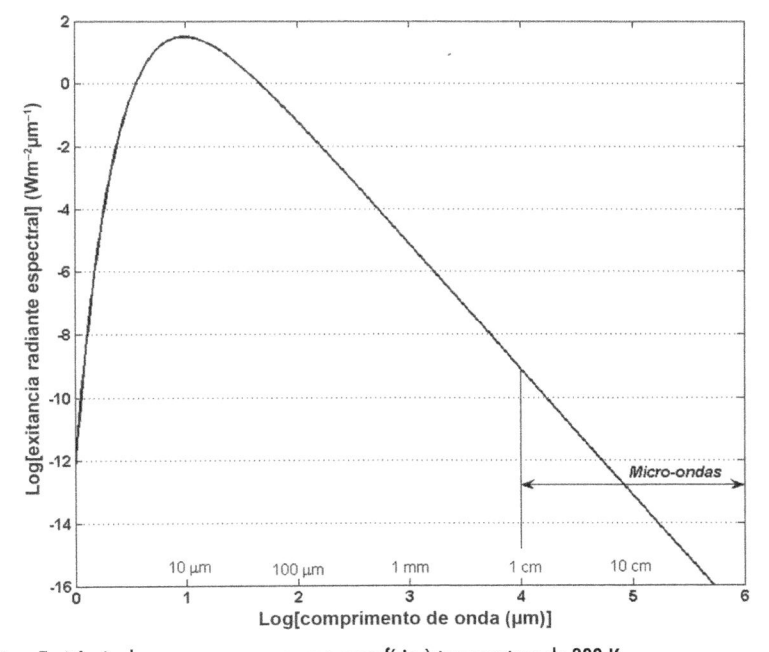

Figura 14.4 – Emitância de corpo negro para uma superfície à temperatura de 300 K.

Além dessa importante vantagem, como a emissividade dos alvos nessa faixa do espectro depende fortemente de suas propriedades geométricas, como rugosidade e forma, assim como do conteúdo de umidade, podem-se usar medidas nessas faixas do espectro para estimar propriedades não acessíveis nas outras faixas (visível e IV) do espectro. Já estão em operação satélites com radiômetros de micro-ondas para a determinação da umidade do solo e da salinidade dos oceanos (Engman; Chauhan, 1995; Gabarró et al., 2004; Lagerloef et al., 1995). Outra característica interessante nessa faixa espectral é a capacidade dos sensores de penetrar alguns alvos, como o imageamento sob o dossel das árvores nos comprimentos de onda longos de micro-ondas (Jackson et al., 1982). Comprimentos de onda longos de micro-ondas também fornecem informações de algumas dezenas de centímetros abaixo da superfície de areia seca (Matzler, 1998).

14.2 O PODER DE RESOLUÇÃO DE ANTENAS

Chamamos de poder de resolução de uma antena sua capacidade de "visualizar" ou distinguir dois objetos próximos entre si por meio da radiação por eles emitida, refletida ou retroespalhada em direção à antena. Geralmente, considera-se que as características de transmissão e recepção de uma antena são idênticas. Assim, para analisar o poder de resolução de uma antena, vamos assumir uma antena transmissora e calcular o padrão da radiação por ela transmitido para distâncias muito maiores que o comprimento de onda da radiação transmitida.

Para simplificar a análise, suponhamos uma antena linear de dimensão 2a e o campo de radiação que ela determina num ponto P a uma distância R e fazendo um ângulo θ, medido a partir da direção de seu eixo (Figura 14.5).

Vamos começar supondo que o campo elétrico ao longo da abertura 2a da antena seja dado por

$$E(x,t) = f(x)e^{i\omega t} \tag{14.1}$$

O campo elétrico no ponto P, considerado distante da antena, pode ser determinado pela soma das fases dos campos elétricos emitidos por cada porção dx da antena em sua abertura. Para um ponto P, situado a uma distância r do elemento irradiador dx, o campo elétrico ali presente é dado por

$$E_p \approx E(x,t)e^{-ikr} \tag{14.2}$$

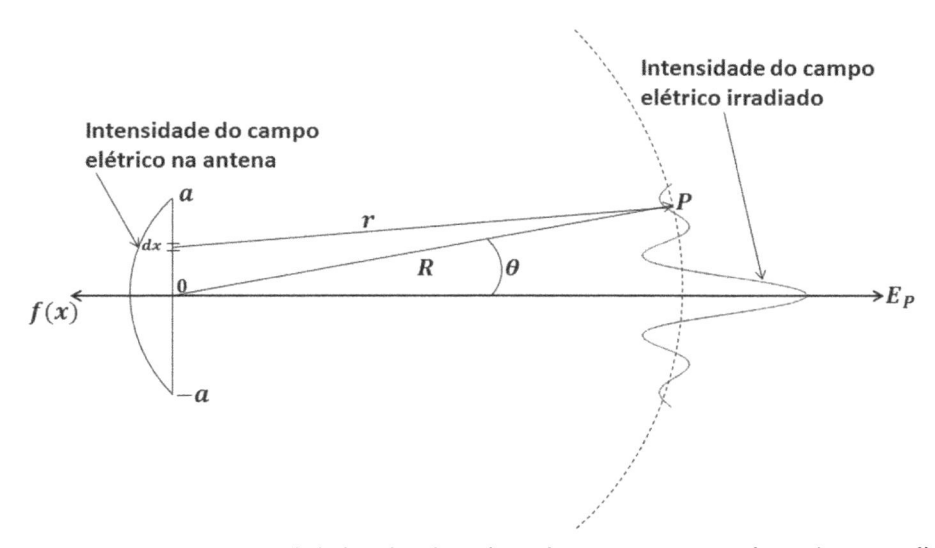

Figura 14.5 – Geometria para o cálculo do padrão de irradiação de uma antena com uma função de excitação f(x) em um ponto distante P, localizado a uma distância R e deslocado de um ângulo θ do eixo da antena.

onde $k = 2\pi/\lambda$ é o número de onda e λ é o comprimento de onda da radiação. A distância r é dada aproximadamente por

$$r = R - x\ sen\theta \tag{14.3}$$

Assumindo a relação (14.1) e integrando a contribuição de todos os elementos dx, temos

$$E_P(sen\theta) \approx \int_{-\infty}^{\infty} f(x)e^{i\omega t}e^{-ik(R - xsen\theta)}\,dx = e^{i\omega t}e^{-ikR}\int_{-\infty}^{\infty} f(x)e^{ikxsen\theta}\,dx \tag{14.4}$$

que reescrevemos simplificadamente por

$$E_P(s) \approx K\int_{-\infty}^{\infty} f(x)e^{ikxs}\,dx \quad \text{onde } s = sen\theta \tag{14.5}$$

com

$$K = \exp[i(\omega t - kR)] \tag{14.6}$$

Se a distribuição espacial do campo elétrico ao longo da antena é constante, ou seja, se

$$f(x) = 1 \quad \text{para} \quad -a \le x \le a \quad \text{e zero fora dessa faixa,} \tag{14.7}$$

o campo elétrico em P será dado por

$$E_p \approx \int_{-a}^{a} e^{iksx}\, dx = -\frac{e^{iksx}}{iks}\bigg|_{-a}^{a} = 2a\frac{\operatorname{sen} ksa}{ksa} \approx \frac{\operatorname{sen} ksa}{ksa} \tag{14.8}$$

Como a intensidade da radiação I(θ) é proporcional ao quadrado do campo elétrico, podemos escrever

$$I(\theta) = I(0)\left[\frac{\operatorname{sen}(ksa)}{ksa}\right]^2 \tag{14.9}$$

e I(0) é o valor da irradiação no eixo da antena. A função entre colchetes na equação (14.9) é também chamada de sinc(ksa). Se plotarmos a equação (14.9), normalizada por I(0) e em função de ksa, teremos a distribuição mostrada na Figura 14.6.

A <u>largura de feixe</u> da antena é definida pela abertura angular $\Delta\theta$ entre os pontos onde I(θ)/I(0) = 0,5. Para o caso de uma antena excitada com uma distribuição uniforme [f(x) = 1] entre os pontos –a < x < a, temos

$$ksa = \pm 1,391 \tag{14.10}$$

ou seja, a largura total é

$$ksa = 2,782 \Rightarrow \operatorname{sen}\theta = \frac{2,782\lambda}{2\pi a} = \frac{0,86\lambda}{2a} \tag{14.11}$$

Para pequenos ângulos, podemos usar a aproximação sen $\theta \approx \theta$ (ver A2.17), e a largura angular para meia potência da antena será dada por

$$\Delta\theta = 0,886\frac{\lambda}{2a}\ [\text{rad}] \tag{14.12}$$

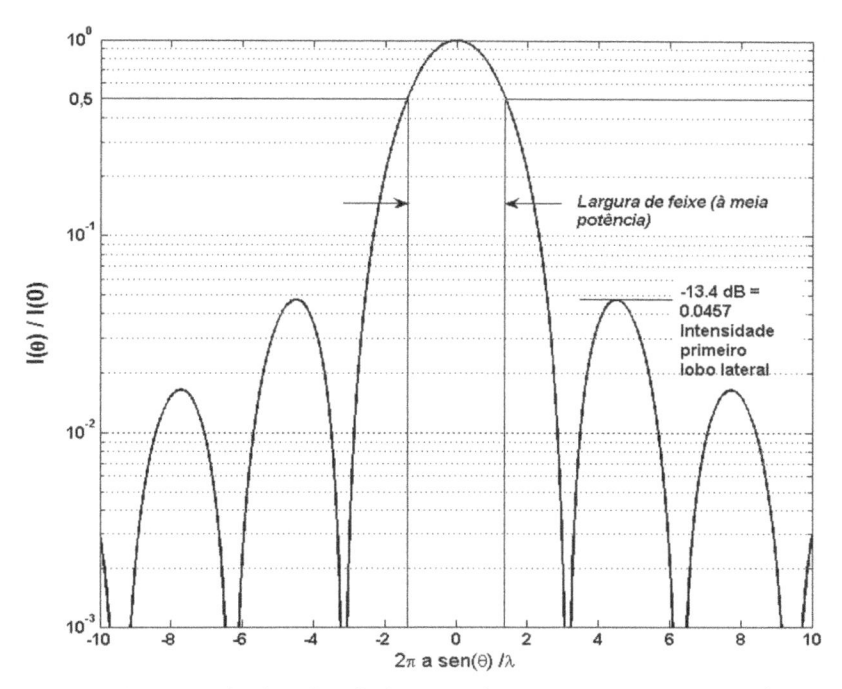

Figura 14.6 – Distribuição angular do padrão de iluminação de uma antena com excitação uniforme entre sua abertura, $-a < x < a$. Estão indicadas na figura: a largura de feixe, ou a abertura correspondente à meia potência (-3 dB), isto é, onde $I(\theta)/I(0) = 0,5$, e a intensidade do primeiro lobo lateral (neste caso, $-13,4$ dB).

Assim, por exemplo, para um comprimento de onda $\lambda = 5$ cm (banda C) e uma antena de 1 m, teríamos $\Delta\theta = 0,886 \times 5 \times 10^{-2} = 0,0443$ rad ($\sim 2,5°$). Para um satélite numa altura orbital H = 800 km, essa abertura corresponderia a uma amostra no terreno de diâmetro aproximado de 35 km.

O resultado acima foi derivado supondo que f(x) era constante ao longo da antena. Se a distribuição de excitação da antena variar ao longo da abertura, o valor de $\Delta\theta$ pode ser mudado. Por exemplo, se fizermos o máximo campo elétrico estar no centro da antena, decaindo a zero nas extremidades, como dado pela expressão

$$f(x) = \cos\left(\frac{\pi x}{2a}\right), \quad -a < x < a \tag{14.13}$$

Realizando a integração (14.5) com f(x) dado por (14.13), teremos a seguinte distribuição de padrão de iluminação da antena (Figura 14.7):

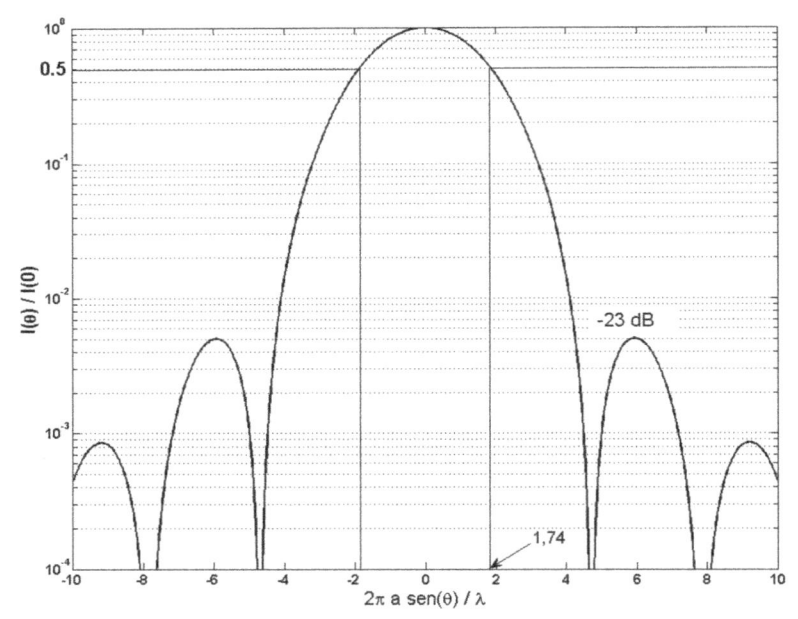

Figura 14.7 – Distribuição angular do padrão de iluminação de uma antena com excitação cossenoidal entre sua abertura, $-a < x < a$. Estão indicadas na figura: a largura de feixe, ou a abertura correspondente à meia potência, isto é, onde $I(\theta)/I(0) = 0,5$, e a intensidade do primeiro lobo lateral.

Com a nova configuração de $f(x)$, o valor de abertura de meia potência será agora dado por

$$\Delta\theta = 1.15\frac{\lambda}{2a} \tag{14.14}$$

No primeiro caso, para $f(x) = 1$, a abertura angular (14.12) é menor que para o segundo caso, onde $f(x)$ é dado pela equação (14.13), ou seja, a resolução neste caso é pior. Entretanto, para o caso anterior, o segundo lobo do padrão de antena corresponde ao nível de $-13,4$ dB (0,0457), que neste caso foi reduzido para -23 dB (0,005). Assim, suavizando o campo elétrico nas extremidades da abertura da antena, conseguimos reduzir significativamente os lobos laterais, o que muitas vezes é importante para reduzir sinais espúrios provenientes de alvos fora do lobo principal.

Lembrando que 2a é a largura da antena, essa formulação nos mostra que a largura de feixe de meia potência é praticamente igual à razão entre o comprimento de onda da radiação e o tamanho da antena. Diminuindo o comprimento de onda, ou aumentando o tamanho da antena, podemos diminuir $\Delta\theta$, isto é, aumentar o poder de resolução da antena.

14.3 O GANHO DE ANTENA E POTÊNCIA TRANSMITIDA

Na seção anterior, consideramos o padrão de irradiação da antena somente como função do ângulo θ, medido em relação ao eixo da antena. No caso geral, o padrão de irradiação é tridimensional, e temos a irradiação em função de θ e ϕ, onde ϕ é o ângulo azimutal, em relação ao eixo da antena.

Chamamos de *padrão de potência* $P_n(\theta, \phi)$, ou *ganho* $G(\theta, \phi)$, dependendo da maneira como normalizamos a distribuição angular da intensidade radiada pela antena. O padrão de potência é definido como

$$P_n(\Omega) = \frac{I(\Omega)}{I_{máx.}(\Omega)} \tag{14.15}$$

onde $\Omega(\theta, \phi)$ é o ângulo sólido em coordenadas esféricas e $I(\theta, \phi)$ é a intensidade radiante do sinal transmitido na direção considerada.

O conceito de ganho é normalmente usado na análise de potência transmitida ou recebida por uma antena e é definido como

$$G(\Omega) = 4\pi\,[sr]\,I(\Omega)\,[Wsr^{-1}]\Bigg/\left[\int_{\varphi=0}^{2\pi}\int_{\theta=0}^{\pi} I(\theta,\varphi)\,sen\,\theta\,d\theta\,d\varphi\right][\mathrm{W}] \tag{14.16}$$

Assim, o ganho de uma antena numa dada direção pode ser definido como a razão entre a potência que ela irradia naquela direção pela potência por ela irradiada em todas as direções. O ganho é normalizado de tal forma que a integral do ganho sobre todos os ângulos sólidos vale 4π. Com essa normalização, uma antena isotrópica tem um ganho unitário.

A potência total transmitida P_T por uma antena em todas as direções é dada por

$$P_T = \int_{\varphi=0}^{2\pi}\int_{\theta=0}^{\pi} I(\theta,\varphi)\,sen\,\theta\,d\theta\,d\varphi \quad [\mathrm{W}] \tag{14.17}$$

Note que a expressão (14.17) é aquela no denominador da equação (14.16). Assim, conhecendo-se o ganho da antena, G (θ, φ), sua densidade de potência radiante produzida na direção (θ, φ) numa distância R é dada por

$$E(\theta,\varphi) = P_T G(\theta,\varphi)/(4\pi R^2) \quad [\mathrm{Wm^{-2}}]$$

(14.18)

Consideremos agora a antena como uma superfície coletora da radiância. A partir da radiância espectral L (θ, φ, ν), incidente em uma superfície A, fazendo um ângulo θ em relação à normal, podemos determinar a potência incidente, que é dada por

$$dP = L(\theta,\varphi,\nu) A \cos\theta \; d\Omega \; d\nu$$

(14.19)

onde *dν* é a largura de banda (em frequência ou comprimento de onda) da radiância incidente.

Agora, uma antena pode ter uma superfície coletora, como uma parábola, ou ser apenas um fio, ou seja, sem uma área definida. Assim, tomando como referência a expressão (14.19), definimos a *área efetiva* (A$_e$) da antena como

$$A_e(\theta,\varphi) = \frac{P_r(\theta,\varphi)}{L(\theta,\varphi)d\Omega \; d\nu}$$

(14.20)

onde P$_r$ é a potência recebida pela antena.

A área efetiva relaciona a potência recebida por uma antena sem perda (P$_r$) ao brilho (ou à radiância) L (θ, φ) de um alvo a distância na direção (θ, φ). A partir da definição de área efetiva, a potência total recebida pela antena é dada por

$$P_r = \frac{d\nu}{2} \int\limits_{\varphi=0}^{2\pi} \int\limits_{\theta=0}^{\pi} L(\theta,\varphi) A_e(\theta,\varphi) sen\,\theta \, d\theta \, d\varphi$$

(14.21)

O fator ½ é colocado porque a antena normalmente responde a um dado estado de polarização da radiação (H ou V).

Usando-se o conceito de equilíbrio termodinâmico e supondo a aproximação de Rayleigh-Jeans, podemos mostrar a seguinte relação entre o ganho e a área efetiva:

$$G(\theta,\varphi) = 4\pi \frac{A_e(\theta,\varphi)}{\lambda^2}$$

(14.22)

14.4 A EQUAÇÃO RADAR

A partir dos conceitos definidos na seção anterior, podemos derivar a chamada *equação radar*, que relaciona a potência recebida por uma antena à potência transmitida, à distância e características geométricas e dielétricas do alvo e às propriedades de ganho e área efetiva da antena.

Comecemos por imaginar um radiador pontual isotrópico que emite uma potência total P_T. A uma distância R, um alvo receberá a seguinte densidade de potência [Wm^{-2}]:

$$p_i = \frac{P_T}{4\pi R^2} \quad [Wm^{-2}] \tag{14.23}$$

Se, em vez de um radiador isotrópico, usarmos uma antena com um ganho G na direção do alvo, a densidade de potência incidente sobre ele será dada por

$$p_i = \frac{P_T G_t}{4\pi R^2} \tag{14.24}$$

G_t é o ganho na direção considerada da antena transmissora.

Nesse ponto, temos de introduzir o importante conceito de *seção reta de radar* (*radar cross section* – RCS). O alvo a uma distância R da antena pode ser de qualquer natureza, como um navio, um avião, uma árvore, uma área do oceano. Parte da energia que incide sobre ele será absorvida, mas, em geral, parte dela será refletida ou retroespalhada de volta para a antena. A seção reta de radar (geralmente representada pela letra grega σ) tem unidade de área [m^2] e representa quanta potência o alvo pode extrair da densidade de potência incidente sobre ele. Uma grande parte da potência interceptada pelo alvo será espalhada por ele. Na definição de σ, assume-se que, independente das características do alvo, ele espalha isotropicamente a radiação incidente. O valor de σ, em geral, pouco tem a ver com a dimensão de área do alvo, dependendo mais das propriedades dielétricas, da sua orientação espacial e da sua rugosidade.

A seção reta de radar é definida como o fator de área que devemos atribuir a um alvo para obter a potência "recebida" por ele e disponível para irradiar novamente, isto é,

$$P_\sigma = p_i \sigma = \frac{P_T G_t \sigma}{4\pi R^2} \quad [W] \tag{14.25}$$

A potência produzida na antena receptora depois de "modulada" por σ e após percorrer novamente a distância R (estamos assumindo aqui que a mesma antena transmite e recebe) é dada por

$$P_r = \frac{P_T G_t \sigma A_e}{(4\pi)^2 R^4} \quad [\text{W}]$$

(14.26 a)

A equação radar (14.26a) pode ser considerada composta pelo produto de três termos:

$$P_r = \underbrace{\frac{P_T G_t}{4\pi R^2}}_{a} \underbrace{\frac{\sigma}{4\pi}}_{b} \underbrace{\frac{A_e}{R^2}}_{c}$$

(14.26 b)

O termo (a) representa a densidade de potência radiada na distância R da antena [Wm^{-2}]; o ganho G_t promove um aumento da densidade de potência na direção considerada em relação àquela produzida por um irradiador isotrópico com igual potência. O termo (b) representa o quanto aquela densidade de potência incidente gera de intensidade radiante [W sr^{-1}] na direção do radar produzida por um elemento espalhador de uma superfície com uma seção reta radar σ (lembrar que σ foi assumido como um radiador isotrópico; daí a divisão por 4π). O termo (c) é o ângulo sólido subentendido pela antena, com uma área efetiva A_e, no alvo a uma distância R.

Usando-se a relação (14.22) entre ganho e área efetiva, temos

$$P_r = \frac{P_T G_t G_r \lambda^2 \sigma}{(4\pi)^3 R^4}$$

(14.27)

onde G_r é o ganho de recepção da antena. Para alvos extensos, costuma-se definir a *seção reta de radar normalizada* (*normalized radar cross section*), σ^0, como o valor de σ do alvo dividido por sua área. Portanto, tem unidade de m^2/m^2, ou pode ser considerada adimensional.

Se considerarmos a mesma antena como transmissora e receptora e assumirmos que o ganho de transmissão é igual ao ganho de recepção para um alvo de área A, a equação de radar pode ser reescrita como

$$P_r = \frac{P_T G^2 \lambda^2 \sigma^0 A}{(4\pi)^3 R^4} \tag{14.28}$$

Os valores de σ^0 dependem, em geral, da polarização, ou seja, poderemos ter diferentes valores para σ^0_{HH}, σ^0_{VV}, σ^0_{VH}, ou σ^0_{HV}; onde o primeiro índice se refere à polarização da radiação transmitida pela antena, e o segundo, à polarização recebida pela antena. Se, por exemplo, o radar for construído para receber radiação polarizada horizontalmente, ele receberá uma potência proporcional a

$$P_H \sigma^0_{HH} + P_V \sigma^0_{VH} \tag{14.29}$$

onde P_H e P_V são componentes de potência transmitidos nas polarizações horizontal e vertical, respectivamente.

EXERCÍCIOS

14.1 Considere uma antena de ganho G = 10 (e sem perdas).

a) Calcule a densidade de potência [Wm^{-2}] a uma distância de 30 m da antena para uma potência transmitida de 100 Watts. Quanto seria essa densidade de potência se expressa em mWcm^{-2}?

b) Em micro-ondas, é frequentemente usada a variável ERP (*effective radiated power*), ou seja, a potência efetivamente radiada, que é definida como a potência total transmitida vezes o ganho. Expresse a potência efetivamente transmitida no item anterior em dBm, onde P_t (dBm) = 10 $\log_{10}$ [P_t(Watts)/1 mW], e o ganho em dB, ou seja, G (dB) = 10 $\log_{10}$ [G/1]. Quanto seria a ERP em dBm e o ganho em dB para esse caso?

14.2 Quando o ganho é dado em dB, é necessário convertê-lo inicialmente, em escala linear, antes de usá-lo para calcular a potência transmitida. Considerando uma antena de ganho G = 15 dB e uma potência de transmissão de 100 W, qual seria a densidade de potência a uma distância de 50 m, dada em mW/cm²?

14.3 O padrão de iluminação de uma antena é tridimensional e tem normalmente uma largura de feixe BW (*beam width*) em elevação (BW_θ) e uma em azimute (BW_φ), dadas em graus ou radianos (ver figura abaixo).

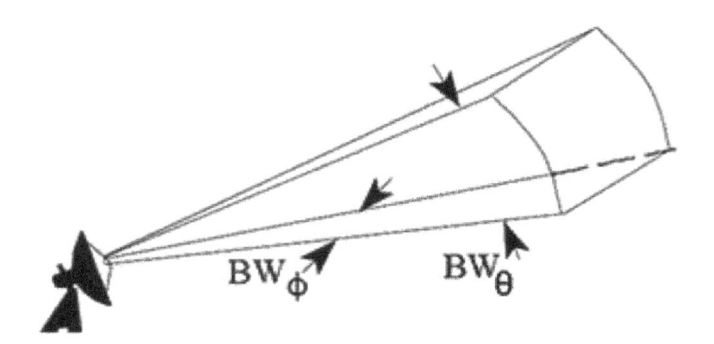

Uma forma simplificada de se calcular o ganho de uma antena é dividir a área de uma esfera de raio r pela área determinada pelo padrão da antena em meia potência à mesma distância (BW_φ e BW_θ). Imagine na figura acima que essa área de meia potência pode ser aproximada por uma área retangular plana, com os lados a e b.

a) Calcule o valor dessa área expressando os seus lados (a e b) em função dos ângulos BW_φ e BW_θ.

b) Calcule a expressão para o ganho em função da área determinada acima e da área da esfera de raio r.

c) Determine o ganho de uma antena com aberturas azimutais e em elevação de 1º e 0,5º, respectivamente. Expresse o resultado em dB.

d) Considerando que o ganho real é o produto do ganho ideal (calculado acima) por fator de eficiência (η), qual seria o ganho real do caso anterior para um fator de eficiência de 70%?

e) Considere a largura de feixe dada pela equação (14.12) e suponha que ela tem o mesmo valor em azimute. Para um comprimento de onda $\lambda = $ 5 cm (banda C) e um tamanho de antena de 1,5 m, qual seria o valor do ganho?

APÊNDICES

AS NOÇÕES DE MATEMÁTICA

Apresentamos nos apêndices a seguir alguns tópicos matemáticos importantes para o entendimento de vários princípios físicos utilizados em sensoriamento remoto (SR). Muitos e excelentes textos e livros já foram publicados sobre todos esses temas. Não temos a pretensão de substituir tais materiais em tão pouco espaço, nem é esse nosso propósito. Para aqueles que já tiveram a oportunidade de ser apresentados a todos os temas, é desnecessária a leitura do material incluído nesses apêndices, podendo passar diretamente para o capítulo 1.

Vamos abordar de maneira bastante rápida os seguintes temas: as noções sobre vetores e a álgebra de operação com vetores (Apêndice 1); os números complexos e a álgebra dos complexos, que se verá muito semelhante à álgebra dos vetores (Apêndice 2); as noções básicas do cálculo diferencial abordando os conceitos de derivada e integral de uma função (Apêndice 3); e, finalmente, a junção dos conceitos de vetores com o cálculo diferencial, com uma breve revisão dos operadores vetoriais diferenciais (Apêndice 4).

OS VETORES

A1.1 O CONCEITO DE VETOR

Várias grandezas físicas são perfeitamente descritas por um único número. Por exemplo, a massa de um objeto, a temperatura, a umidade do ar, a pressão atmosférica, a altura de uma pessoa. Esse tipo de grandeza física é chamado de *escalar*. Entretanto, várias outras grandezas físicas necessitam, além de sua magnitude, de uma direção, ou sentido. Assim, a velocidade de um objeto, ou sua aceleração, que é a taxa de variação temporal de sua velocidade, necessita de duas grandezas para sua perfeita especificação. Primeiro, precisamos fornecer sua magnitude, isto é, a grandeza escalar, que no caso da velocidade poderia ser 3 ms^{-1}. Com isso, queremos dizer que um objeto com essa velocidade se desloca 3 m a cada segundo. Entretanto, se não dissermos qual a direção do deslocamento, não poderemos determinar onde o objeto estará depois de um determinado tempo. Para isso, precisamos especificar a direção e o sentido do deslocamento. Muitas outras grandezas físicas possuem essa característica; como a força, as correntes oceânicas, o vento etc. De particular importância para o sensoriamento remoto (SR), o campo elétrico e o campo magnético, componentes da radiação eletromagnética (REM), são grandezas vetoriais.

Damos a uma variável matemática, expressa por sua magnitude e direção, o nome de *vetor*. Neste texto, usamos para designar um vetor a notação de uma letra em negrito ou uma letra com uma seta superior. Normalmente, um vetor $\mathbf{V}$ é representado graficamente por uma seta, cuja orientação é dada em relação a um sistema de referência (Figura A1.1).

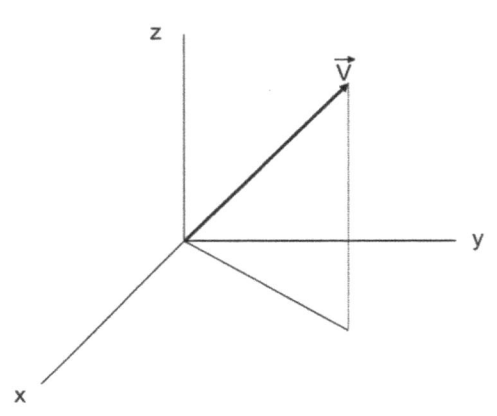

Figura A1.1 – Representação de um vetor V como uma seta orientada em relação a um sistema de referência xyz. Além de sua magnitude (seu "tamanho") em relação a uma escala escolhida, V possui uma direção e um sentido no espaço.

Exemplos de campos vetoriais:

a) Os deslocamentos de um objeto no plano xy podem ser representados por um vetor. Assim, o deslocamento de um ponto P1 para outro P2, ou de P1 para P3, pode ser descrito pelos vetores $\mathbf{P_1P_2}$ e $\mathbf{P_1P_3}$ (Figura A1.2).

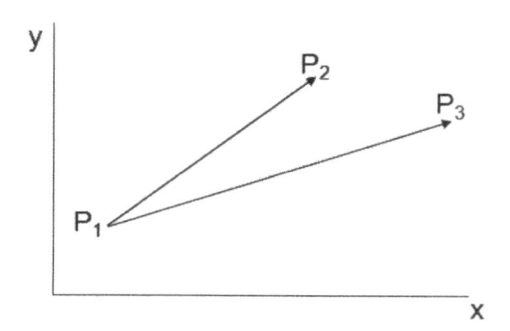

Figura A1.2 – Vetor deslocamento: P_1P_2 (P_1P_3) representa um deslocamento do ponto P_1 ao ponto P_2 (P_3).

b) A Figura A1.3 é um exemplo do campo de vento de superfície. O vento é uma grandeza vetorial, pois, para sua completa especificação, é necessário que sejam dadas sua magnitude (por exemplo, 5 m/s) e sua direção, em relação a um sistema de coordenadas (por exemplo, 45° em relação ao eixo x, ou leste-oeste).

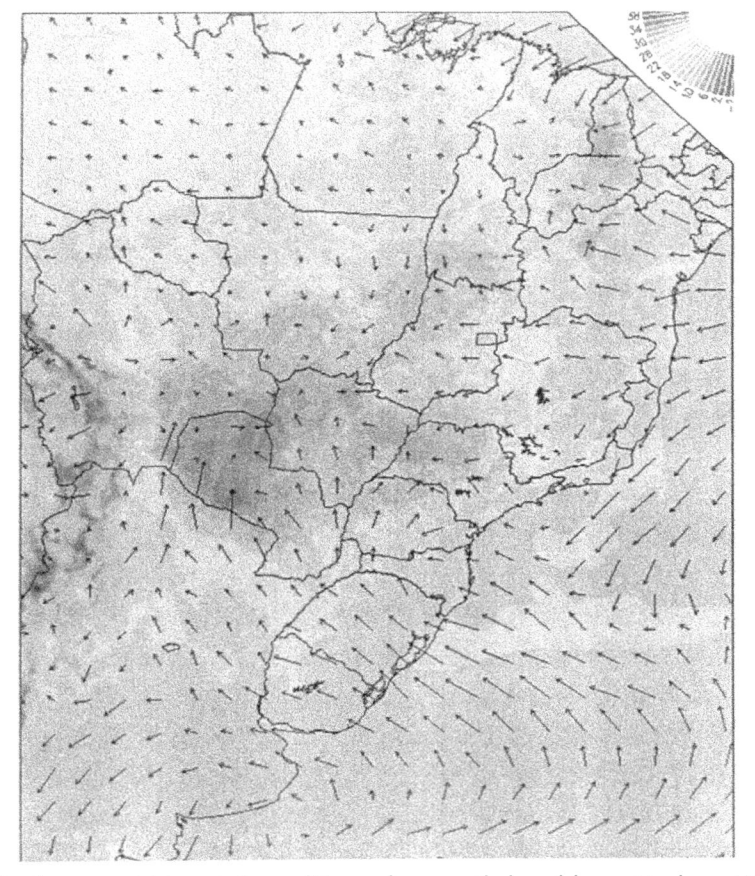

Figura A1.3 – Campo vetorial do vento de superfície, gerado como saída de modelo numérico de previsão de tempo. Fonte: Centro de Previsão de Tempo e Estudos Climáticos – CPTEC, INPE.

Um vetor pode ser deslocado paralelamente a si mesmo preservando sua identidade. Na Figura A1.4, os diversos vetores são considerados iguais, pois têm a mesma direção e a mesma magnitude – consequentemente, as mesmas componentes.

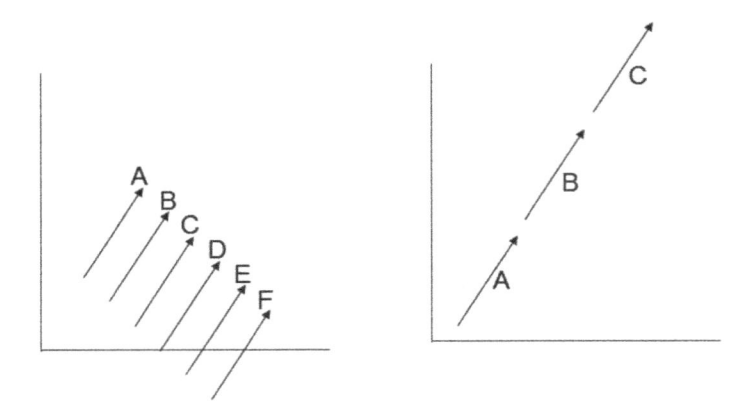

Figura A1.4 – Vetores paralelos e de mesma magnitude e direção são considerados iguais.

A1.2   A ADIÇÃO OU A SOMA DE VETORES

Graficamente, dois vetores podem ser somados como indicado na Figura A1.5. Dados dois vetores **A** e **B**, o vetor **C**, soma de **A** e **B**, é obtido deslocando-se **B** paralelo a si mesmo até que o início de **B** seja colocado no fim de **A**. **C** é o vetor que tem seu início no início de **A** e o seu fim no fim de **B**.

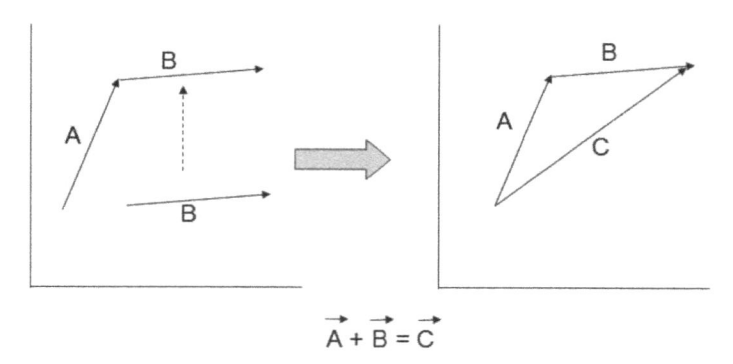

$$\vec{A} + \vec{B} = \vec{C}$$

Figura A1.5 – Soma de dois vetores A e B graficamente.

Também podemos realizar a soma de dois vetores deslocando-os de modo que tenham seus inícios no mesmo ponto. Fechando um paralelogramo que tenha como lados os dois vetores, sua diagonal será o vetor soma dos dois vetores (Figura A1.6).

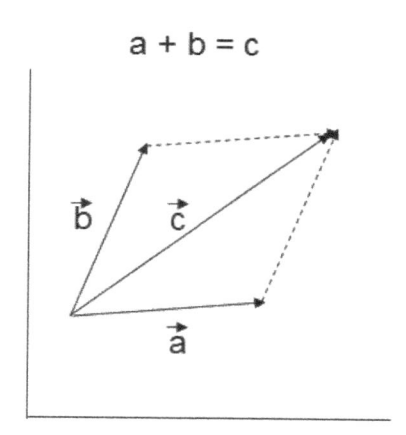

Figura A1.6 – A soma de dois vetores a e b pode ser pensada como a diagonal de um paralelogramo tendo os vetores a e b como lados.

Se tivermos de somar graficamente vários vetores, basta repetir as regras acima somando o resultado da adição dos dois primeiros vetores com o vetor seguinte, e assim por diante, como mostrado na Figura A1.7. Se o fim do último vetor coincidir com o início do primeiro, a soma será nula.

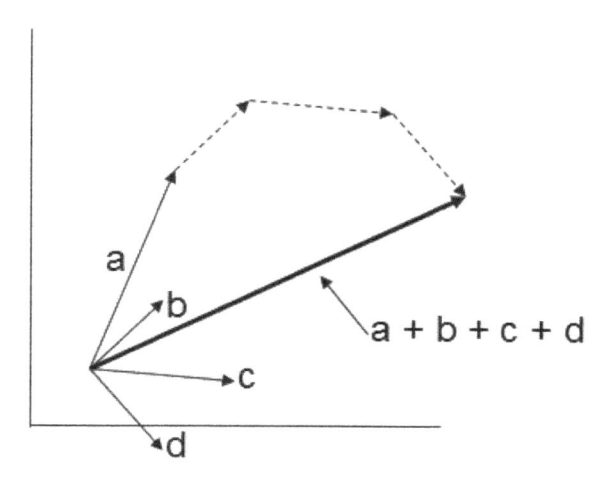

Figura A1.7 – Soma gráfica dos vetores a, b, c e d.

As propriedades comutativas e associativas de números reais são válidas para vetores, isto é:

$$a + b = b + a \quad \text{(propriedade comutativa)} \qquad (A1.1)$$

$$a + (b + c) = (a + b) + c \quad \text{(propriedade associativa)} \qquad (A1.2)$$

A1.3   A SUBTRAÇÃO DE VETORES

O negativo de um vetor **a** é definido como o vetor **–a**, com a mesma magnitude que **a**, mas no sentido oposto. A partir da definição do negativo de um vetor, podemos definir o vetor nulo **0**, como:

a + (-a) = 0 (não confundir o vetor nulo com o escalar zero)

Assim, definimos a subtração de dois vetores **a** e **b** como:

$$c = a - b = a + (- b) \qquad (A1.3)$$

que graficamente ficaria como indicado na Figura A1.8. Fazemos a soma de **a** com **–b** pela regra do paralelogramo. Outra maneira de se ver o resultado é interpretando o vetor subtração como o vetor que começa no fim do segundo vetor e termina no fim do primeiro vetor.

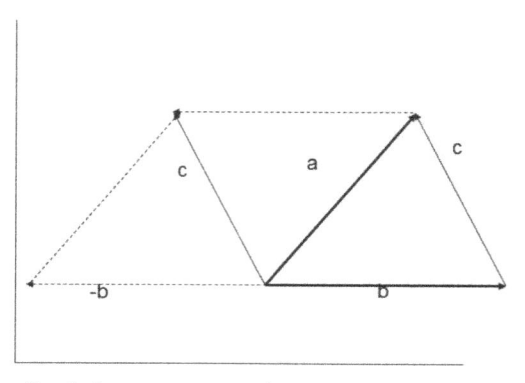

Figura A1.8 – Subtração gráfica de dois vetores, c = a - b.

Podemos, também, representar um vetor **a** por seus componentes. Para as três dimensões espaciais xyz, teríamos, a_x, a_y, a_z em relação a um sistema de referências xyz. Isso pode ser representado como uma tríade de números, ou como uma matriz linha ou uma matriz coluna:

$$a = \left(a_x, a_y, a_z \right), \qquad \text{ou} \qquad a = \begin{pmatrix} a_x \\ a_y \\ a_z \end{pmatrix} \tag{A1.4}$$

A partir da definição de vetor por componentes, dizemos que dois vetores são iguais se (e somente se) suas componentes correspondentes são iguais. Assim, se **a** = **b**, então

$$a_x = b_x; \, a_y = b_y; \, a_z = b_z \tag{A1.5}$$

Se um vetor **a**, no plano xy, for dado em termos de suas coordenadas inicial e final, (x_1, y_1) e (x_2, y_2), como indicado na Figura A1.9, suas componentes a_x e a_y serão dadas por:

$$a_x = x_2 - x_1 \quad \left(\text{projeção de } \mathbf{a} \text{ no eixo x} \right) \tag{A1.6}$$

$$a_y = y_2 - y_1 \quad \left(\text{projeção de } \mathbf{a} \text{ no eixo y} \right) \tag{A1.7}$$

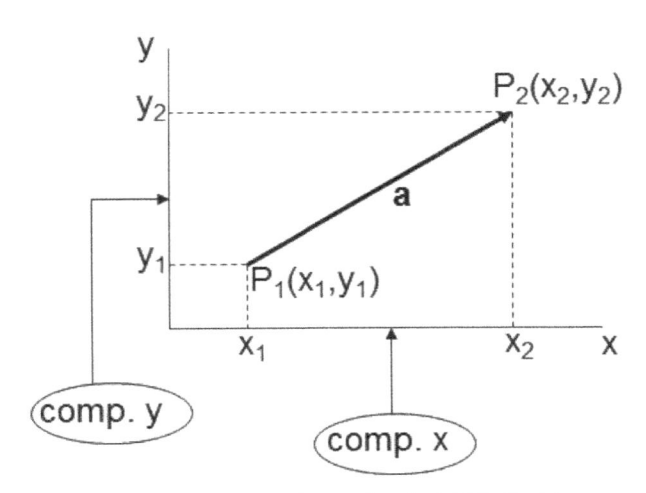

Figura A1.9 – Componentes de um vetor em termos das coordenadas inicial e final de suas extremidades.

A1.4 A MAGNITUDE OU O MÓDULO DE UM VETOR

Um vetor **a**, com componentes a_x e a_y, terá um módulo (ou magnitude) $|a|$ dado por:

$$|a| = \sqrt{a_x^2 + a_y^2}$$ (A1.8)

Em três dimensões, teríamos

$$|a| = \sqrt{a_x^2 + a_y^2 + a_z^2}$$ (A1.9)

Como mostrado na Figura A1.10, o módulo de um vetor é a hipotenusa de um triângulo retângulo que tem como catetos as componentes do vetor nas direções dos eixos coordenados.

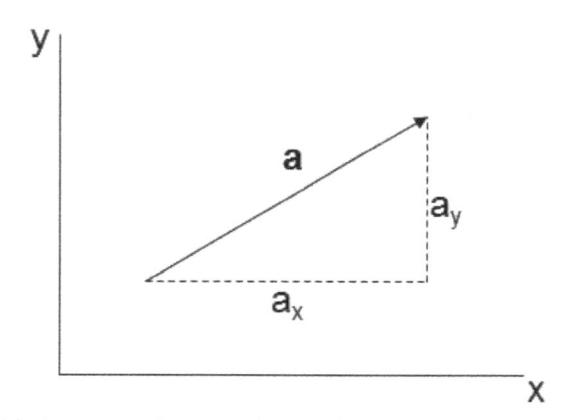

Figura A1.10 – O módulo do vetor a é a hipotenusa do triângulo retângulo que tem como catetos as componentes do vetor.

Um vetor também pode ser dado em termos de sua magnitude e do ângulo (θ) que ele faz com o eixo x (Figura A1.11). Suas componentes a_x e a_y serão, então, dadas por:

$$\mathbf{a}_x = |a|\cos\theta \quad \text{(projeção de } \mathbf{a} \text{ no eixo x)}$$ (A1.10)

$$a_y = |a|\,sen\,\theta \quad \text{(projeção de } \mathbf{a} \text{ no eixo y)}$$ (A1.11)

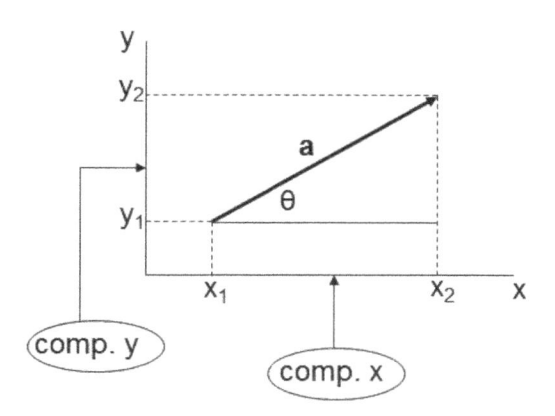

Figura A1.11 – Componentes de um vetor dado em termos de sua magnitude e ângulo em relação ao eixo x.

A posição de um alvo pontual no espaço é normalmente definida em termos do *vetor posição*. O vetor posição tem seu início na origem do sistema de coordenadas e termina no ponto em consideração. Assim, dado um sistema de referência, a cada ponto P do espaço, temos um único vetor posição correspondente, $\mathbf{P} = (P_x, P_y, P_z)$. As componentes de P são dadas por (Figura A1.12):

$$P_z = |P|\cos\varphi \tag{A1.12}$$

$$P_x = |P|\,sen\,\varphi\cos\theta \tag{A1.13}$$

$$P_y = |P|\,sen\,\varphi\,sen\,\theta \tag{A1.14}$$

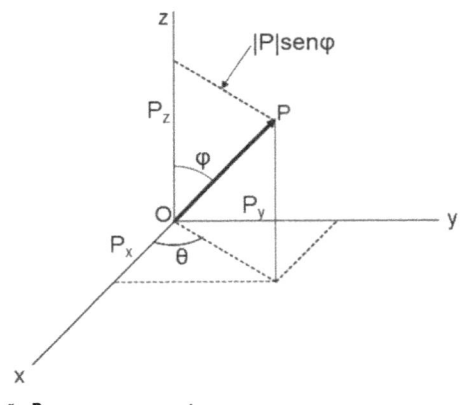

Figura A1.12 – Vetor posição P e suas componentes.

Define-se como *vetor unitário* (em alguns textos, também chamado de versor) aquele que tem seu módulo igual a 1. Em geral, definem-se os vetores unitários i, j e k nas direções x, y e z, respectivamente. Se dividirmos um vetor a por seu módulo |a|, teremos um vetor unitário, na direção de a. Na Figura A1.13, o vetor C é o vetor unitário na direção do vetor a. Assim, C será dado por

$$C = \frac{a_x i + a_y j + a_z k}{\sqrt{a_x^2 + a_y^2 + a_z^2}}$$

(A1.15)

e

$$|C| = 1$$

(A1.16)

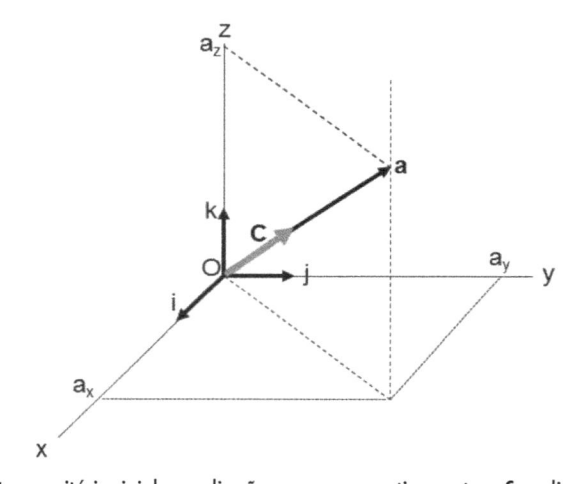

Figura A1.13 – Vetores unitários i, j, k, nas direções x, y e z, respectivamente, e C na direção do vetor a.

Podemos fazer a soma de vetores algebricamente através de suas componentes. Se

$$a = a_x i + a_y j + a_z k \quad e$$

(A1.17)

$$b = b_x i + b_y j + b_z k, \quad então$$

(A1.18)

$$c = a + b = (a_x + b_x) i + (a_y + b_y) j + (a_z + b_z) k$$

(A1.19)

ou seja,

$$(\mathbf{a} + \mathbf{b}) = \left(a_x + b_x, a_y + b_y, a_z + b_z\right) \qquad (A1.20)$$

Da mesma forma, podemos fazer a operação de subtração.

$$\mathbf{c} = \mathbf{a} - \mathbf{b} = \left(a_x - b_x, a_y - b_y, a_z - b_z\right) \qquad (A1.21)$$

Podemos, também, fazer o produto de um escalar por um vetor. Se λ é um escalar, e $\mathbf{a}$, um vetor, então,

$$\lambda\mathbf{a} = \left(\lambda a_x, \lambda a_y, \lambda a_z\right) \qquad (A1.22)$$

O vetor $\lambda\mathbf{a}$ tem a mesma direção que $\mathbf{a}$. O efeito da multiplicação de um vetor por um escalar é alterar sua magnitude, aumentando ou diminuindo seu módulo, dependendo se λ é maior ou menor que 1. Se $\lambda < 0$, o sentido é invertido (Figura A1.14).

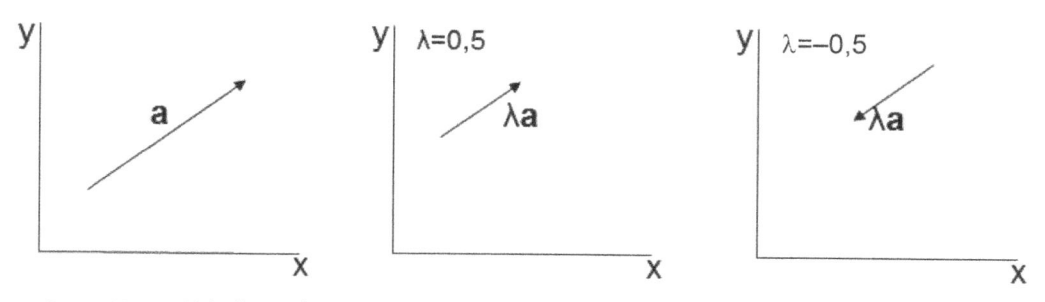

Figura A1.14 – Multiplicação de um vetor por um escalar.

A1.5 O PRODUTO ESCALAR DE DOIS VETORES

Dados dois vetores, $\mathbf{a}$ e $\mathbf{b}$, que fazem entre si um ângulo α, o seu produto escalar (também chamado de produto interno ou produto ponto) é um escalar (não mais um vetor), que é dado por:

$$\mathbf{a} \cdot \mathbf{b} = |\mathbf{a}||\mathbf{b}|\cos\alpha \qquad (A1.23)$$

Portanto, o produto escalar de dois vetores ortogonais entre si é zero ($\alpha = 90°$). O produto escalar **a.b** pode ser interpretado como a projeção de **a** sobre **b**, ou de **b** sobre **a**. As seguintes propriedades são válidas para o produto escalar:

$$\mathbf{a} \cdot \mathbf{b} = \mathbf{b} \cdot \mathbf{a} \quad \text{(propriedade comutativa)} \tag{A1.24}$$

$$\mathbf{a} \cdot (\mathbf{b} + \mathbf{c}) = \mathbf{a} \cdot \mathbf{b} + \mathbf{a} \cdot \mathbf{c} \quad \text{(propriedade associativa)} \tag{A1.25}$$

Em termos de componentes, se $\mathbf{a} = a_x\,\mathbf{i} + a_y\,\mathbf{j}$ e $\mathbf{b} = b_x\,\mathbf{i} + b_y\,\mathbf{j}$, então

$$\mathbf{a} \cdot \mathbf{b} = a_x b_x + a_x b_x \tag{A1.26}$$

Como um exemplo de produto escalar, seja o trabalho (W) realizado por uma força **F** (**F** é um vetor, pois tem direção e magnitude) ao deslocar um objeto por uma trajetória **s** (também um vetor) (Figura A1.15). O trabalho (W) é dado pelo produto da componente da força **F** na direção do deslocamento e o módulo do deslocamento, isto é,

$$W = (\mathbf{F}\,cos\,\alpha)|\mathbf{s}| \tag{A1.27}$$

onde α é o ângulo entre as direções da força F e do deslocamento s. Essa operação é representada por

$$W = \mathbf{F} \cdot \mathbf{s} \tag{A1.28}$$

Assim, o trabalho realizado pela força **F** para fazer o deslocamento **s** no objeto é dado pelo produto escalar de **F** e **s**.

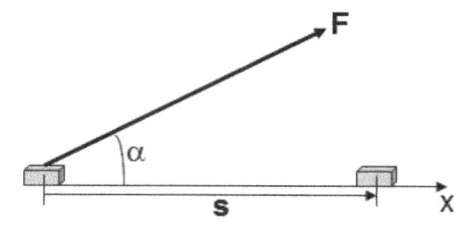

Figura A1.15 – O trabalho W realizado pela força F ao causar um deslocamento s num objeto como produto escalar de F por s.

A1.6 O PRODUTO VETORIAL DE DOIS VETORES

Dados dois vetores, **a** e **b**, que fazem entre si um ângulo α, pode-se definir o seu produto vetorial **c** (também chamado produto cruz), que é indicado por

$$\mathbf{c} = \mathbf{a} \times \mathbf{b} \tag{A1.29}$$

c possui o seguinte módulo

$$|\mathbf{c}| = |\mathbf{a}||\mathbf{b}| \, sen \, \alpha \tag{A1.30}$$

e tem sua direção perpendicular ao plano formado por **a** e **b**. O sentido de aponta-mento de **c** é dado pela regra da mão direita. Se fizermos o vetor **a** coincidir com os dedos da mão direita, ao rodarmos **a** em direção a **b**, o sentido do produto vetorial **c** será dado pelo sentido do dedo polegar (Figura A1.16). Se **a** for paralelo a **b**, isto é, se α = 0 ou π radianos, o produto vetorial é nulo.

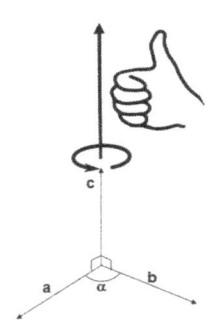

Figura A1.16 –   O produto vetorial c dos vetores a e b e a regra da mão direita.

Por sua definição, pode-se mostrar que

$$\mathbf{a} \times \mathbf{b} = -(\mathbf{b} \times \mathbf{a}) \tag{A1.31}$$

e

$$\mathbf{a} \times \mathbf{a} = 0 \tag{A1.32}$$

Em termos de suas componentes, se

$$a = a_x i + a_y j + a_z k \quad e \tag{A1.33}$$

$$b = b_x i + b_y j + b_z k \tag{A1.34}$$

Então,

$$c = a \times b = (a_y b_z - a_z b_y) i + (a_z b_x - a_x b_z) j + (a_x b_y - a_y b_x) k \tag{A1.35}$$

Em termos de álgebra de matrizes, o produto vetorial pode ser dado pelo determinante abaixo:

$$a \times b = \begin{vmatrix} i & j & k \\ a_x & a_y & a_z \\ b_x & b_y & b_z \end{vmatrix} \tag{A1.36}$$

Seja o seguinte exemplo de produto vetorial. Considere um corpo que pode girar em torno de um eixo perpendicular ao plano da figura, localizado no ponto O. Uma força F é aplicada no ponto P, fazendo um ângulo α com a reta determinada pelo vetor r (Figura A1.17).

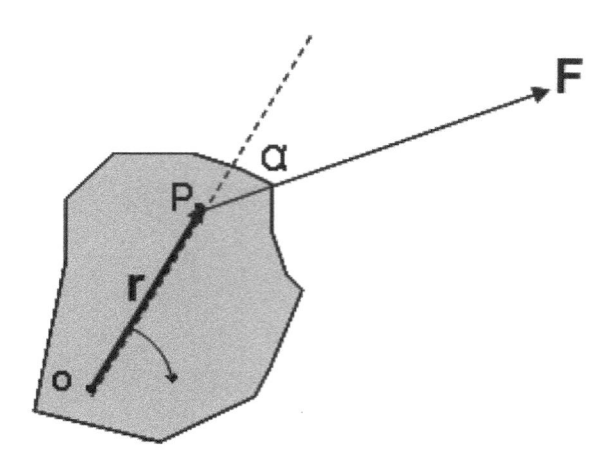

Figura A1.17 –   Força aplicada num objeto que pode girar em torno de um eixo O.

Pode-se ver que a força **F** fará o corpo girar em torno de O no sentido indicado pela seta curva, isto é, no sentido horário. Essa capacidade de uma força em produzir rotação é chamada de *torque*, que pode ser calculado como o produto da força pelo braço de alavanca (a distância perpendicular do ponto O até a linha de direção da força) (Figura A1.18).

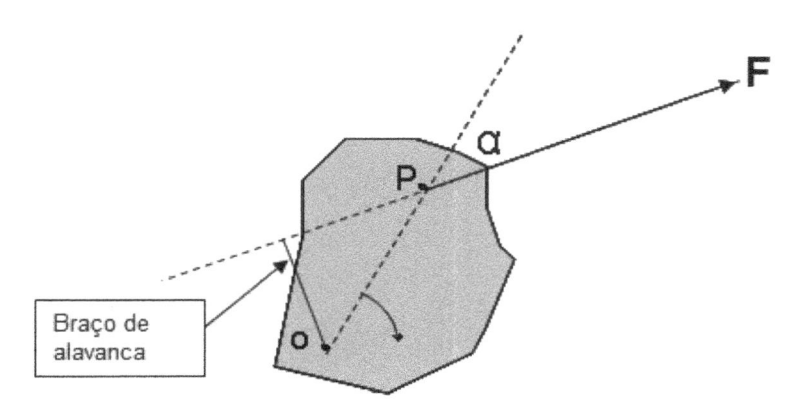

Figura A1.18 – Torque exercido pela força F aplicada num ponto P em relação a um eixo O.

Note que à medida que o ângulo α diminui, também diminui o braço de alavanca. Quando α = 0, a força **F** não consegue mais produzir rotação. Podemos também calcular o torque da força **F** em relação ao eixo O decompondo-a nas direções paralelas e perpendiculares à direção OP, como mostrado na Figura A1.19. Vemos que somente a componente da força perpendicular à reta OP realiza torque.

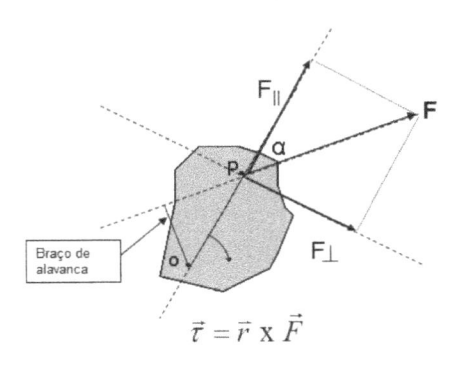

$$\vec{\tau} = \vec{r} \times \vec{F}$$

Figura A1.19 – Componentes da força F nas direções paralela e perpendicular ao vetor r, que liga o eixo de giro O ao ponto de aplicação da força. O torque τ é o produto vetorial de r e F.

Assim, o módulo do torque é dado por $C = |\mathbf{r}||\mathbf{F}|\text{sen}\alpha$. Como o sentido de rotação pode ser invertido, o torque, além de magnitude, tem direção, isto é, trata-se de um vetor dado pelo produto vetorial de $\mathbf{r}$ por $\mathbf{F}$.

EXERCÍCIOS

A1.1 Calcule a magnitude da projeção do vetor $\mathbf{a}$ sobre o vetor $\mathbf{b}$ para os seguintes casos:

a) $|\mathbf{a}| = 5$ \quad $\text{ang}(\mathbf{a}, \mathbf{b}) = \pi/3$.

b) $|\mathbf{a}| = 2$ \quad $\text{ang}(\mathbf{a}, \mathbf{b}) = \pi/2$.

c) $|\mathbf{a}| = 4$ \quad $\text{ang}(\mathbf{a}, \mathbf{b}) = 0$.

d) $|\mathbf{a}| = 3/2$ \quad $\text{ang}(\mathbf{a}, \mathbf{b}) = 2\pi/3$.

A1.2 Um objeto é puxado através de cabos por quatro pessoas. As componentes x e y das quatro forças $\mathbf{F}_1$, $\mathbf{F}_2$, $\mathbf{F}_3$ e $\mathbf{F}_4$ são (em Newtons, N):

$$\mathbf{F}_1 = (20, 25); \mathbf{F}_2 = (1, 5); \mathbf{F}_3 = (25, -5); \mathbf{F}_4 = (30, -15)$$

Calcule a força resultante e o trabalho ($\mathbf{F}.\mathbf{dr}$) para mover o objeto pela distância de 6 metros na direção x.

A1.3 Dados os vetores $\mathbf{a} = (3, -1, 2)$ e $\mathbf{b} = (2, -1, -2)$:

a) Calcule os vetores unitários nas direções de $\mathbf{a}$ e $\mathbf{b}$.
b) Determine o ângulo formado entre os vetores $\mathbf{a}$ e $\mathbf{b}$.

A1.4 Um piloto deseja voar para o norte a uma velocidade de 500 km/h. Um vento sopra de leste para oeste com velocidade de 80 km/h. Determine o vetor velocidade $\mathbf{V}$ em relação ao ar (a magnitude da velocidade e a direção medida na cabine) que o piloto deve imprimir à aeronave para que a velocidade final seja aquela desejada.

OS NÚMEROS COMPLEXOS

A2.1 OS NÚMEROS IMAGINÁRIOS

Se a é um número real, sendo ele positivo ou negativo, o seu quadrado, ou seja, a^2, será um número real positivo. Assim,

$$\text{Se } a \in \Re \text{ e } a > 0 \Rightarrow a^2 > 0$$
$$\text{Se } a \in \Re \text{ e } a < 0 \Rightarrow a^2 > 0 \tag{A2.1}$$

Portanto, a raiz quadrada de um número real positivo é um número real positivo ou negativo; entretanto, nenhum número real será a raiz quadrada de um número real negativo. Para resolver esse problema, foi criado outro tipo de número, chamado de *número imaginário*, cujo quadrado possa ser negativo. Um exemplo desse tipo de problema aparece na resolução da equação quadrática do tipo y = $ax^2 + bx + c$ quando $b^2 - 4ac < 0$.

Definição: a *unidade dos números imaginários* é o número ***i*** (ou *j*) com a propriedade de que

$$i^2 = -1 \tag{A2.2}$$

De maneira geral, um número imaginário puro tem a forma gi, onde g é um número real e i é a unidade dos imaginários. Como exemplos de números imaginários, teríamos, 5i, − 4i, cujos quadrados seriam, respectivamente, −25 e −16. Com a introdução do conceito de unidade dos imaginários, i, podemos calcular a raiz quadrada de um número negativo, como mostrado abaixo.

$$\sqrt{-9} = \sqrt{9(-1)} = \sqrt{9}\sqrt{-1} = 3i \tag{A2.3}$$

Tomando a definição de i, pode-se ver facilmente que

$$
\begin{aligned}
i^1 &= i \\
i^2 &= -1 \\
i^3 &= -i \\
i^4 &= 1
\end{aligned}
\tag{A2.4}
$$

Com $i^5 = i\ i^4 = i$; $i^6 = i\ i^5 = -1$; $i^7 = i\ i^6 = -i$ e $i^8 = i\ i^7 = 1$, e assim sucessivamente.

A2.2 OS NÚMEROS COMPLEXOS

Definimos um número complexo z como o número que é a soma de um número real x com um número imaginário yi, isto é,

$$z = x + yi \tag{A2.5}$$

x é a parte real de z e y é a parte imaginária de z. Os seguintes números são exemplos de números complexos.

$$2 + 3i; \quad 3,45 - 7,89i; \quad sen\theta + i\cos\theta \tag{A2.6}$$

Define-se como *complexo conjugado* de um número complexo z, que denotamos por z*, o número complexo

$$z^* = x - iy \tag{A2.7}$$

Por exemplo, se z = 2 + i3, então z* = 2 - i3.
Note que

$$zz^* = (x + iy)(x - iy) = (x^2 + y^2) \tag{A2.8}$$

que é um número real.

A2.3 AS OPERAÇÕES COM NÚMEROS COMPLEXOS

A2.3.1 A adição e a subtração

Se z_1 = a + i b e z_2 = c + i d, então

$$z_1 + z_2 = (a + c) + i(b + d) \tag{A2.9}$$

$$z_1 - z_2 = (a - c) + i(b - d) \tag{A2.10}$$

Portanto, para somar dois números complexos, somamos parte real com parte real e parte imaginária com parte imaginária (a mesma regra se aplica para a subtração). Por exemplo, se z_1 = 2 + 3i e z_2 = 4 - 7i, então,

$$z_1 + z_2 = 6 - 4i \qquad e$$

$$z_1 - z_2 = -2 + 10i \tag{A2.11}$$

A2.3.2 A divisão de dois números complexos

Seja z_1 = a + ib e z_2 = c + id. A divisão de z_1 por z_2 é realizada normalmente como indicado abaixo, ou seja, multiplica-se o numerador e o denominador da razão pelo complexo conjugado do denominador.

$$\frac{z_1}{z_2} = \frac{a + ib}{c + id} = \frac{(a + ib) \cdot (c - id)}{(c + id) \cdot (c - id)} = \frac{(ac + bd) - i(ad - bc)}{c^2 + d^2} \tag{A2.12}$$

A2.4   A REPRESENTAÇÃO GRÁFICA DE NÚMEROS COMPLEXOS

Se definirmos um sistema de coordenadas, cujos eixos x e y representam, respectivamente, as partes reais e imaginárias de um número complexo, um ponto P com coordenadas (a, b) pode representar o número complexo z = a + ib. O número z pode, também, ser representado por um vetor da origem ao ponto P(a, b) (Figura A2.1).

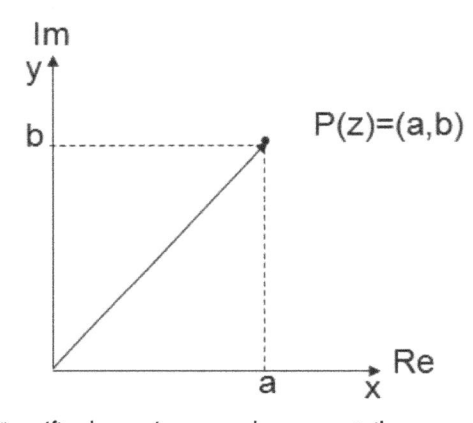

Figura A2.1 – Representação gráfica de um número complexo z = a + ib como um ponto P, ou um vetor no plano complexo x(real) e y(imaginário).

Assim, a soma de complexos é a mesma que a soma de vetores por componentes, isto é, se $z_1 = a_1 + b_1 i$ e $z_2 = a_2 + b_2 i$, então

$$\lambda = z_1 + z_2 = \left(a_1 + a_2\right) + \left(b_1 + b_2\right)i \tag{A2.13}$$

A2.5   A FORMA POLAR DE NÚMEROS COMPLEXOS

Um complexo z = a + i b pode, também, ser representado no plano complexo por suas coordenadas polares r e α (Figura A2.2):

Como o número z é representado por um ponto no plano complexo, sua posição pode também ser especificada pela distância à origem (r) e pelo ângulo que a reta OP faz com o eixo real. Como pode ser visto na Figura A2.2, as seguintes relações entre as coordenadas x, y e r e α são verificadas:

$$a = r\cos\alpha$$

$$b = rsen\,\alpha$$

$$\alpha = \arctan(b/a)$$

$$r = (a^2 + b^2)^{1/2} \tag{A2.14}$$

$$z = r(\cos\alpha + isen\,\alpha)$$

$$z^* = r(\cos\alpha - isen\,\alpha)$$

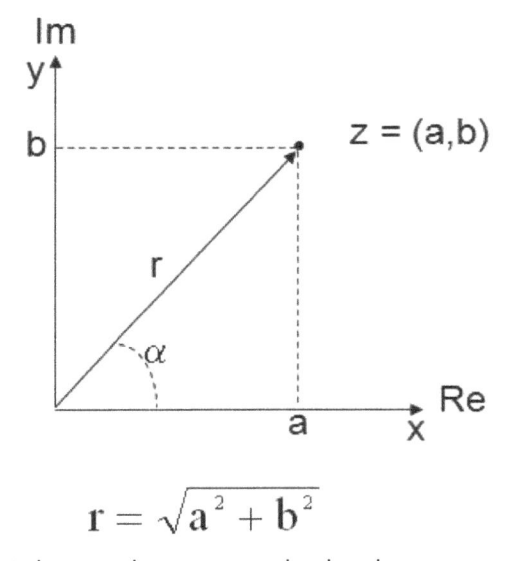

Figura A2.2 – Representação de um complexo por suas coordenadas polares r e α.

A2.6 A FORMA EXPONENCIAL DE NÚMEROS COMPLEXOS

É possível provarmos que uma função f(x) pode ser aproximada por uma série polinomial em torno de um ponto x = a pela expressão a seguir, denominada de expansão em série de Taylor:

$$f(x) = f(a) + f'(a)(x-a) + \frac{f''(a)}{2!}(x-a)^2 + \frac{f'''(a)}{3!}(x-a)^3 + \cdots \tag{A2.15}$$

onde f´ (f´´) representa a primeira (segunda) derivada de f em relação a x. Sendo a = 0, podemos representar cos(x), sen(x) e e^x em série de Taylor pelas seguintes expressões:

$$\cos x = 1 - \frac{1}{2!}x^2 + \frac{1}{4!}x^4 - \frac{1}{6!}x^6 + \cdots \tag{A2.16}$$

$$sen\, x = x - \frac{1}{3!}x^3 + \frac{1}{5!}x^5 - \cdots \tag{A2.17}$$

$$e^x = 1 + \frac{x}{1!} + \frac{x^2}{2!} + \frac{x^3}{3!} + \frac{x^4}{4!} + \frac{x^5}{5!} + \cdots \tag{A2.18}$$

Se no lugar de x, substituirmos iθ, a expansão de e^x será dada por

$$e^{i\theta} = 1 + i\theta + \frac{(i\theta)^2}{2!} + \frac{(i\theta)^3}{3!} + \frac{(i\theta)^4}{4!} + \frac{(i\theta)^5}{5!} + \cdots \tag{A2.19}$$

ou seja,

$$e^{i\theta} = 1 + i\theta - \frac{\theta^2}{2!} - i\frac{\theta^3}{3!} + \frac{\theta^4}{4!} + i\frac{\theta^5}{5!} - \frac{\theta^6}{6!} + \cdots \tag{A2.20}$$

Rearranjando a expressão anterior, teremos

$$e^{i\theta} = 1 - \frac{\theta^2}{2!} + \frac{\theta^4}{4!} + \frac{\theta^6}{6!} + i\left(\theta - \frac{\theta^3}{3!} + \frac{\theta^5}{5!}\right) + \cdots \tag{A2.21}$$

Portanto, usando as expressões A2.16 e A2.17, podemos escrever que

$$e^{i\theta} = \cos\theta + isen\,\theta \tag{A2.22}$$

Essa expressão é denominada *fórmula de Euler*. Note que, diferentemente da função real exponencial e^x, com x real, a exponencial complexa tem como suas componentes real e complexa funções trigonométricas periódicas, no caso, sen x e cos x. Assim, pode-se usar a exponencial complexa para a representação de funções periódicas, tal como correntes alternadas e campos elétricos e magnéticos oscilantes.

Como visto, um número complexo pode ser escrito em forma polar por

$$z = r(\cos\theta + i\,sen\,\theta) \tag{A2.23}$$

Usando a expressão da exponencial complexa de $e^{i\theta}$ (A2.22), podemos, então, representar um número complexo z como

$$z = re^{i\theta} \tag{A2.24}$$

onde r é o módulo ou a magnitude de z e θ é a fase ou o argumento de z.

Podemos, também, considerar como o expoente de $e^{i\theta}$ outro número complexo z, isto é,

$$w = e^z \tag{A2.25}$$

onde z = x + i y

Nesse caso, temos

$$w = e^{(x+iy)} = e^x \cdot e^{iy} = re^{iy} \tag{A2.26}$$

com $r = e^x$ e α = argumento = y.

Por exemplo, se z = $\pi/4$ + i $\pi/6$, então w = e^z = $e^{\pi/4}$. $e^{i\pi/6}$ = $e^{\pi/4}$ (cos $\pi/6$ + i sen $\pi/6$) = 2,19 (0,86 +i 0,5) = 1,88 + i 1,1.

Suponhamos, agora, que z é função de um parâmetro t, por exemplo, o tempo.

$$z(t) = a \cdot t + ib \cdot t, \text{ com } a \text{ e } b = \text{constantes.} \tag{A2.27}$$

Vemos que z variará com a variação de t. Se

$$w(t) = e^{z(t)} \rightarrow w(t) = e^{(at+ibt)} = e^{at} \cdot e^{ibt} \tag{A2.28}$$

Usando a fórmula de Euler, temos:

$$w(t) = e^{a(t)} \cdot (\cos bt + i\,sen\,bt) \tag{A2.29}$$

Tomando a parte real de w(t), teremos

$$\text{Re}\big[w(t)\big] = e^{at} \cdot \cos bt \tag{A2.30}$$

cujo período é $2\pi/b$. O gráfico da parte real de w(t) é mostrado na Figura A2.3.

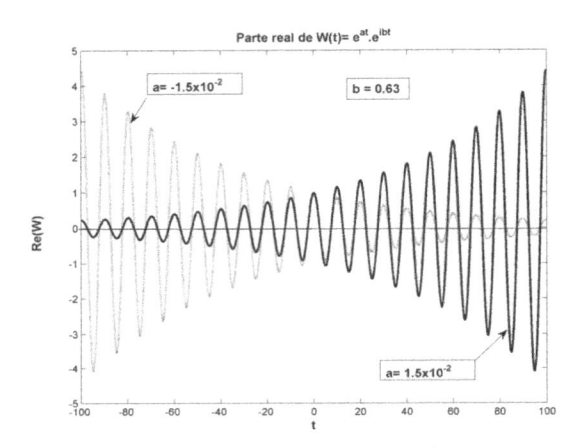

Figura A2.3 – Parte real da função complexa e^{zt}, com $z = at + ibt$. Quando $a > 0$, temos uma periódica crescente, como no caso de uma oscilação em ressonância com o forçante. Quando $a < 0$, temos uma oscilação decrescente, como no caso de uma oscilação num meio com dissipação.

A2.7   A MULTIPLICAÇÃO E A DIVISÃO DE NÚMEROS COMPLEXOS NA FORMA EXPONENCIAL

A divisão e a multiplicação de complexos podem ser realizadas mais facilmente na forma exponencial. Sejam, por exemplo,

$$z_1 = r_1 e^{i\alpha_1} \qquad \text{e} \qquad z_2 = r_2 e^{i\alpha_2} \tag{A2.31}$$

Assim,

$$z = z_1 \cdot z_2 = r_1 e^{i\alpha_1} \cdot r_2 e^{i\alpha_2} = r_1 \cdot r_2 e^{i(\alpha_1 + \alpha_2)}$$

$$z = \frac{z_1}{z_2} = \frac{r_1 e^{i\alpha_1}}{r_2 e^{i\alpha_2}} = \frac{r_1}{r_2} e^{i(\alpha_1 - \alpha_2)} \tag{A2.32}$$

Portanto, na forma de exponencial complexa, para multiplicar dois números complexos, multiplicamos suas magnitudes e somamos seus argumentos. Para dividir, dividimos suas magnitudes e subtraímos seus argumentos.

A2.8 ELEVANDO UM COMPLEXO NA FORMA EXPONENCIAL A UMA POTÊNCIA

Consideremos o caso de se elevar um número complexo z a uma potência n. Na forma exponencial, teremos

$$z^n = \left(re^{i\alpha}\right)^n = r^n e^{in\alpha} \tag{A2.33}$$

A Figura A2.4 ilustra esse processo. Ao elevarmos z a uma potência n, elevamos a magnitude à potência n e multiplicamos o argumento por n. Se n > 0, a rotação é positiva, ou seja, no sentido trigonométrico (anti-horário); se n < 0, a rotação é negativa, no sentido negativo (horário).

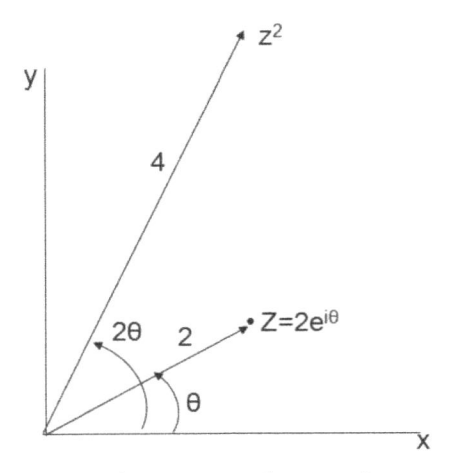

Figura A2.4 – Elevando um complexo z na forma exponencial a uma potência.

Se, em vez de n, tivéssemos 1/n, teríamos

$$z^{1/n} = \sqrt[n]{z} = \sqrt[n]{re^{i\alpha}} = \sqrt[n]{r}\,e^{i\alpha/n} \tag{A2.34}$$

A2.9   AS RAÍZES DE UM NÚMERO COMPLEXO $z = re^{i\theta}$

Primeiro, deve-se observar que, como as partes real e imaginária de z são funções cos θ e sen θ, z será uma função periódica de período 2π. Portanto,

$$z = re^{i\theta} = re^{i(\theta+2\pi k)},\, k = 1,\, 2,\, 3,\, \ldots \tag{A2.35}$$

Assim,

$$z^n = r^n e^{in\theta} = r^n \left(\cos n\theta + i sen\, n\theta \right) \tag{A2.36}$$

Com r = 1, temos $\left(\cos\theta + i sen\, \theta \right)^n = \cos n\theta + i sen\, n\theta$

Se x + i y = r (cos θ + i sen θ), então,

$$\left(x + iy \right)^{1/n} = \sqrt[n]{x+iy} = \sqrt[n]{r}\left(\cos\frac{\theta}{n} + i sen\frac{\theta}{n} \right) \tag{A2.37}$$

Essa expressão nos mostra que a raiz enésima de z tem módulo dado pela raiz enésima do módulo de z e o argumento dividido por n. Entretanto, essa é somente uma das n raízes possíveis de z, e, portanto, só fornece uma única raiz. Considerando a periodicidade de z, teríamos

$$\begin{aligned} \left(\cos\theta + i sen\, \theta \right)^n &= \left[\cos\left(\theta + 2k\pi\right) + i sen\left(\theta + 2k\pi\right) \right]^n = \\ &= \cos\left(n\theta + 2\pi nk\right) + i\, sen\left(n\theta + 2\pi nk\right),\, k = 1,\, 2,\, 3,\, \ldots \end{aligned} \tag{A2.38}$$

Portanto, as n raízes de z são dadas por

$$\left(x+iy \right)^{i/n} = \sqrt[n]{x+iy} = \sqrt[n]{r}\left[\cos\left(\frac{\theta}{n} + \frac{2\pi}{n}k \right) + i\, sen\left(\frac{\theta}{n} + \frac{2\pi}{n}k \right) \right],\, k = 0,\, 1,\, 2,\ldots,\, n-1 \quad \text{(A2.39)}$$

Como exemplo, vamos calcular a raiz quadrada do imaginário i. Temos que

$$i = 0 + 1i = 1e^{i\pi/2}$$

ou

$i = re^{i\theta}$, com $r = 1$ e $\theta = \pi/2$ $\hspace{4cm}$ (A2.40)

Assim, para a raiz quadrada de i, teríamos: r = 1, θ = π/2 e n = 2. Isto é,

$$\sqrt{i} = \sqrt{r}\left[\cos\left(\frac{\theta}{2} + \frac{2\pi}{2}k\right) + i\,sen\left(\frac{\theta}{2} + \frac{2\pi}{2}k\right)\right],\ k = 0,1$$

$$\sqrt{i} = \cos\frac{\pi}{4} + isen\frac{\pi}{4} = \frac{\sqrt{2}}{2} + i\frac{\sqrt{2}}{2}\quad \text{para }k = 0 \hspace{2cm}\text{(A2.41)}$$

$$\sqrt{i} = \cos\left(\frac{\pi}{4} + \pi\right) + i\,sen\left(\frac{\pi}{4} + \pi\right) = \cos\left(\frac{5\pi}{4}\right) + i\,sen\left(\frac{5\pi}{4}\right),\ \text{para }k = 1$$

$$\sqrt{i} = -\frac{\sqrt{2}}{2} - i\frac{\sqrt{2}}{2},\ \text{para }k = 1 \hspace{3cm}\text{(A2.42)}$$

EXERCÍCIOS

A2.1 Exprima os seguintes números em termos de i, a unidade dos complexos:

$\quad$ a) $\sqrt{4-7}$ $\qquad$ b) $\sqrt{-144}$ $\qquad$ c) $\dfrac{\sqrt{5}}{\sqrt{-4}}$ $\qquad$ d) $\sqrt{4(-25)}$

A2.2 Calcule:

$\quad$ a) i^8 $\qquad\qquad$ b) i^{15} $\qquad\qquad$ c) i^{45} $\qquad\qquad$ d) $(-i)^3$

A2.3 Avalie:

$\quad$ a) $\sqrt{-48} + \sqrt{-75} - \sqrt{-27}$ $\qquad$ b) $\sqrt{-12} - \sqrt{-8} + \sqrt{-0,6}$

$\quad$ c) $\sqrt{-3}\sqrt{-3}$ $\qquad\qquad\qquad\qquad$ d) $\sqrt{-a}\sqrt{+b}$

e) $(5i^3)\times(2i^6)$

f) $(-i)^3 i^2$

g) $8i/2i$

h) $1/i^3$

i) $\dfrac{6i}{i^7\sqrt{3}}$

j) $\dfrac{1}{i^5}+\dfrac{1}{i^7}$

k) $\sqrt{b-a}\sqrt{a-b}$

l) $\dfrac{\sqrt{-3}\sqrt{12}}{i\sqrt{-a^2}}$

A2.4 Se z = 3 + 7i, calcule a parte imaginária de:

a) $3z-z^2$

b) $z/(z^2-1)$

A2.5 Avalie as raízes complexas das seguintes equações quadráticas:

a) $x^2+4x+13=0$

b) $x^2+\dfrac{3}{2}x+\dfrac{25}{16}=0$

A2.6 Determine:

a) $(16+i\sqrt{2})/2\sqrt{2}$

b) $(4-i\sqrt{3})/2i$

c) $\dfrac{(2+3i)}{(2-4i)}$

d) $\dfrac{1}{(1+i)}$

e) $\dfrac{1+i}{1-i}-\dfrac{1-i}{1+i}$

f) $\dfrac{(5+i\sqrt{3})(5-i\sqrt{3})}{2-i\sqrt{3}}$

A2.7 Converta o número complexo z = x + iy para a forma polar z = r(cosα + i senα):

a) $z=i-1$

b) $z=-(1+i)$

A2.8 Converta o número complexo z = r(cosα + i senα) para a forma z = x + iy nos casos:

a) $z = 5\left(\cos\dfrac{\pi}{3} - i\,sen\dfrac{\pi}{3}\right)$

b) $z = 4\left(\cos 225° + i\,sen\,225°\right)$

A2.9 Calcule $z_1 \cdot z_2$:

a) $z_1 = 2\left(\cos 15° + i\,sen\,15°\right)$ e $z_2 = 3\left(\cos 45° + i\,sen\,45°\right)$

b) $z_1 = \sqrt{5}\left(\cos 80° + i\,sen\,80°\right)$ e $z_2 = \sqrt{5}\left(\cos 40° + i\,sen\,40°\right)$

A2.10 Calcule z_1/z_2:

a) $z_1 = \cos 70° + i\,sen\,70°$ e $z_2 = \cos 25° + i\,sen\,25°$

b) $z_1 = 4$ e $z_2 = 4\left(\cos 30° + i\,sen\,30°\right)$

A2.11 Calcule as seguintes raízes:

a) $\sqrt{-5 + 12i}$

b) $\sqrt[4]{\cos 60° + i\,sen\,60°}$

A2.12 Para os valores de $e^{i\alpha}$ e $e^{-i\alpha}$ dados abaixo, calcule os valores de α, $\cos\alpha$ e $sen\alpha$:

a) $e^{i\alpha} = 1$ e $e^{-i\alpha} = 1$

b) $e^{i\alpha} = -1$ e $e^{-i\alpha} = -1$

c) $e^{i\alpha} = -i$ e $e^{-i\alpha} = i$

d) $e^{i\alpha} = \dfrac{1}{2}\sqrt{3} + \dfrac{i}{2}$ e $e^{-i\alpha} = \dfrac{1}{2}\sqrt{3} - \dfrac{i}{2}$

A2.13 Dado o número complexo z = x + i y, w = e^z é um novo número complexo. Coloque-o na forma w = r e$^{i\alpha}$ e calcule r e α se:

a) $z = 3 + 2i$

b) $z = 2 - \dfrac{i}{2}$

A2.14 Transforme o número complexo w = e^z para a forma w = u + iv se:

a) $z = \dfrac{1}{2} + i\pi$

b) $z = \dfrac{3}{2} - i\pi$

c) $z = -1 - i\dfrac{3\pi}{2}$

d) $z = 3 - i$

A2.15 Seja a variável complexa z uma função linear do parâmetro t (por exemplo, tempo), para $0 \le t \le \infty$. Dados: (I) z(t) = -t + i 2πt e (II) z(t) = 2t − i (3/2)t:

a) Qual é a parte real de w(t) = e$^{z(t)}$?

b) Qual é o período de Re[w(t)]?

c) Qual é a magnitude da função w(t) para o tempo t = 2?

3

O CÁLCULO DIFERENCIAL E INTEGRAL

A3.1 AS NOÇÕES DE CÁLCULO DIFERENCIAL E INTEGRAL

A3.1.1 As sequências e o limite

Seja a sequência de números dada por

$$\frac{1}{n}(n \in N) \text{ isto é } 1, \frac{1}{2}, \frac{1}{3}, \ldots \tag{A3.1}$$

Uma sequência pode, também, ser representada como

$$a_1, a_2, a_3, \ldots, a_n, a_{n+1} \ldots \quad \{a_i\} \tag{A3.2}$$

Seja, por exemplo,

$$a_n = \frac{1}{n(n+1)}, \frac{1}{2}, \frac{1}{6}, \frac{1}{12}, \ldots$$

A3.1.1.1 O limite de uma sequência

Se a_n = 1/n, então 1/n → 0 quando n → ∞, isto é, 1/n tende a zero quando n tende ao infinito. Portanto, dizemos que o limite dessa sequência é zero quando n tende ao infinito, ou

$$\lim_{n \to \infty} 1/n = 0 \tag{A3.3}$$

Definição: se uma sequência, cujo termo geral é a_n, converge para um valor finito g quando n → ∞, então g é chamado "o limite da sequência", isto é,

$$g = \lim_{n \to \infty} a_n \tag{A3.4}$$

Outra maneira de se indicar o conceito de limite é

$|a_n - g| < \varepsilon$ para todos os valores de n > M, para qualquer valor de ε, por menor que ele seja.

Exemplo: Seja

$$a_n = \frac{n}{n+1} \Rightarrow \lim_{n \to \infty} a_n = 1$$

O limite dessa sequência pode ser visualizado tendendo ao valor 1 como indicado na Figura A3.1.

Seja, agora, a sequência

$$b_n = \left(1 + \frac{1}{n}\right)^n \Rightarrow \lim_{n \to \infty} b_n = e = 2,718281 \ldots$$

cujo limite para o valor *e* pode ser visualizado na Figura A3.2.

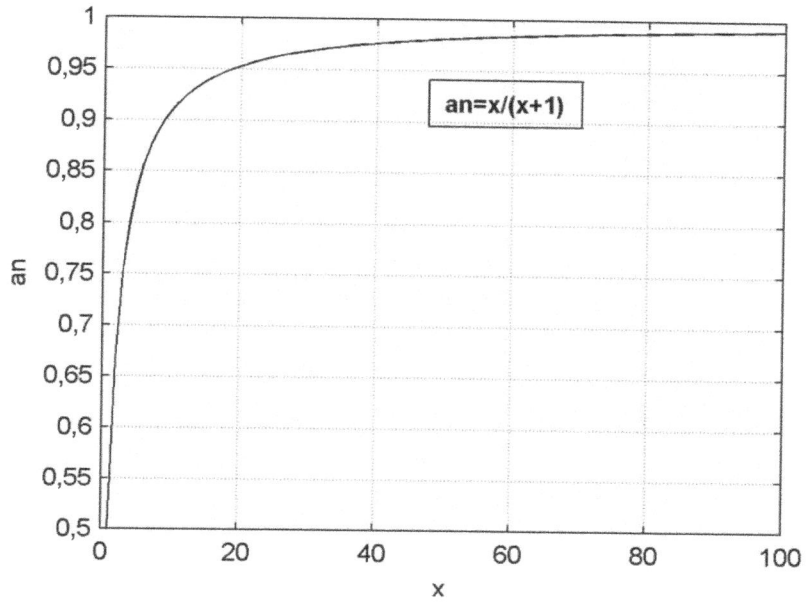

Figura A3.1 – Função $f(x) = x/(x+1)$.

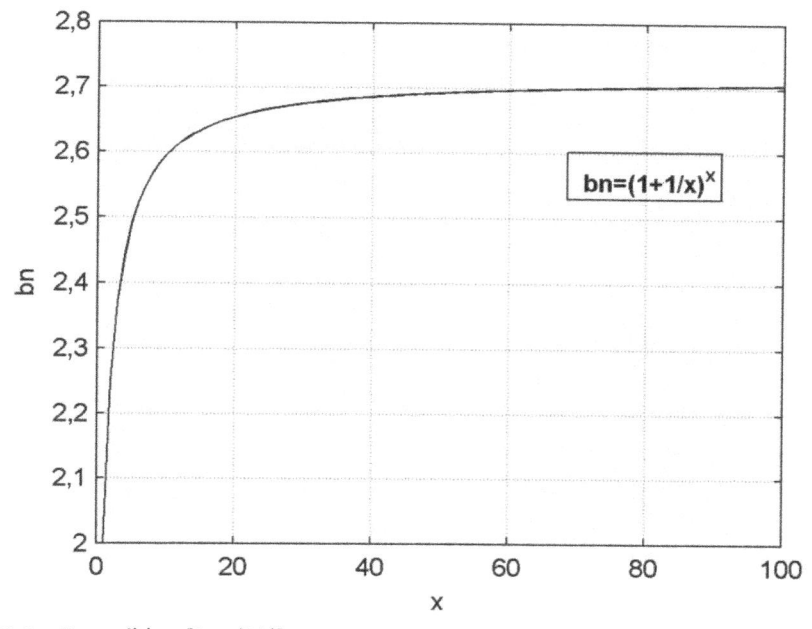

Figura A3.2 – Função $f(x) = [1 + (1/x)]^x$.

A3.1.1.2 O limite de uma função

Uma função f(x) tem um limite **A** quando x tende à λ (x → λ), que indicamos como

$$\lim_{x \to \lambda} f(x) = A \tag{A3.5}$$

se, tendendo x para λ, de qualquer maneira (à direita ou à esquerda), sem atingir o valor λ, o módulo de |f(x) - A| se torna menor que qualquer valor positivo ε predeterminado, por menor que seja.

A3.2 A DERIVADA DE UMA FUNÇÃO

A3.2.1 A inclinação de uma reta

Define-se como inclinação de uma reta a tangente do ângulo que ela faz com o eixo x.

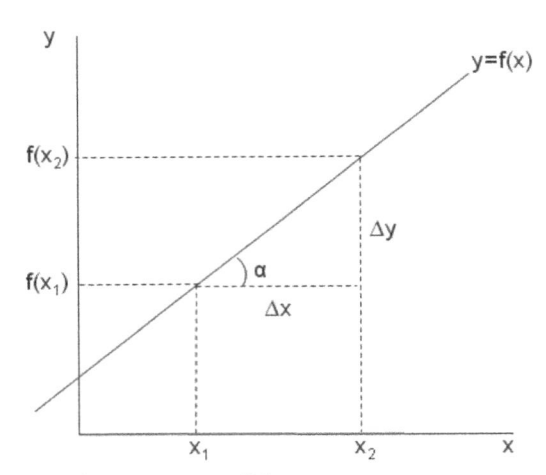

Figura A3.3 — Inclinação (tan α) de uma reta y = f(x).

$$\frac{\Delta y}{\Delta x} = \tan \alpha = \frac{f(x_2) - f(x_1)}{x_2 - x_1} \tag{A3.6}$$

A3.2.2 O gradiente ou a inclinação de uma curva arbitrária, derivada de uma função f(x)

Ao contrário da reta, a inclinação de uma curva arbitrária y = f(x) pode variar de um ponto a outro, isto é, a inclinação é função de x.

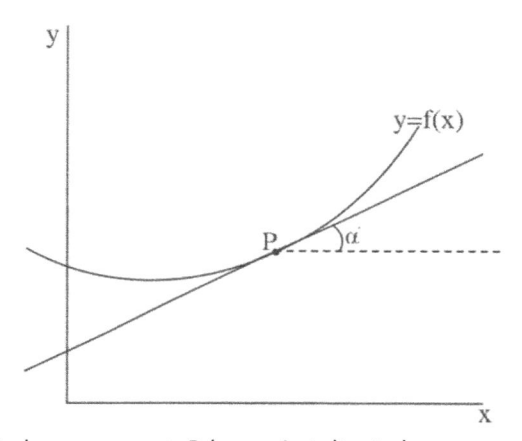

Figura A3.4 – A inclinação da curva num ponto P da curva é a inclinação de uma reta tangente à curva no ponto P.

Como encontrar a inclinação de uma curva em um dado ponto P? Começamos por calcular a inclinação da reta secante PQ, que tem início no ponto P. A inclinação de PQ é a tangente do ângulo α′.

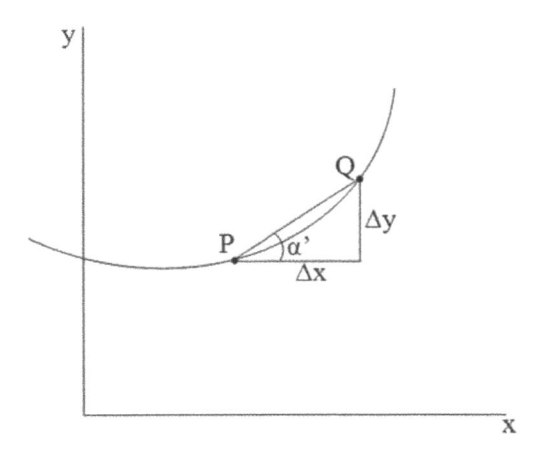

Figura A3.5 – Inclinação da reta secante PQ.

Onde $\tan\alpha' = \dfrac{\Delta y}{\Delta x}$ é a inclinação da reta secante PQ.

Como indicado na Figura A3.6, observe que $\Delta y = f(x + \Delta x) - f(x)$.

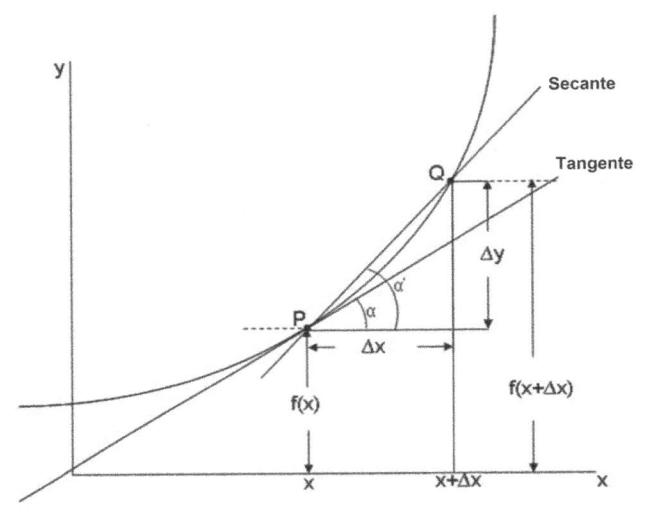

Figura A3.6 – A reta secante PQ tende à reta tangente no ponto x à medida que o ponto Q tende ao ponto P.

Se fixarmos o ponto P e fizermos Q se mover em direção à P sobre a curva, então quando Q estiver suficientemente próximo de P, o ângulo α' será igual a α, a inclinação da curva em P. À medida que $Q \to P$, $\Delta x \to 0$ e $\Delta y \to 0$, a razão $\Delta y/\Delta x$ tende a um valor-limite. Dessa forma,

$$\tan\alpha = \lim_{\alpha' \to \alpha} \tan\alpha' = \lim_{\Delta x \to 0} \frac{\Delta y}{\Delta x} = \lim_{\Delta x \to 0} \frac{f(x + \Delta x) - f(x)}{\Delta x} \tag{A3.7}$$

A *derivada de uma função f(x)*: se o quociente $\Delta y/\Delta x$ tem um limite para $\Delta x \to 0$, esse limite é chamado de *derivada da função y = f(x)*, com relação a x, e escrevemos

$$\frac{dy}{dx} = \lim_{\Delta x \to 0} \frac{\Delta y}{\Delta x} \tag{A3.8}$$

Pode-se escrever, também,

$$\frac{dy}{dx} = y' = f'(x) \tag{A3.9}$$

Vê-se, então, que a derivada de uma função f(x), num ponto dado, é a inclinação da curva y = f(x) naquele ponto. Outra interpretação para a derivada de f(x) é sua taxa de variação em relação a x. Por exemplo, se y representar a temperatura em graus Celsius (ºC) e x, a distância em metros, então, f´(x), a derivada de f(x), representa a taxa de variação da temperatura com a distância. Se f´(x) = 5 num dado ponto, isso significa que naquele ponto a temperatura aumenta 5 ºC para cada variação positiva em x de 1 m. A unidade da derivada nesse caso será ºC/m.

A3.2.3 As derivadas de ordem superior

A derivada de uma função, ou seja, a taxa de variação da função em um ponto, pode variar de um ponto a outro, isto é, a própria derivada é uma função de x. Portanto, se fizermos o gráfico de y´ = dy/dx, podemos repetir os argumentos anteriores e determinar a inclinação de y´. Essa inclinação de y´ é chamada de derivada segunda de y = f(x) e é definida por

$$y''(x) = f''(x) = \frac{d^2y}{dx^2} = \lim_{\Delta x \to 0} \frac{f'(x + \Delta x) - f'(x)}{\Delta x} \tag{A3.10}$$

EXEMPLOS

1) Uma função quadrática e sua primeira derivada:

Seja a função:

$$y(x) = 120 - \left[(0.2x - 10)^2 + 5\right]$$

mostrada na Figura A3.7

Note que, nesse exemplo, até o ponto x = 50, a função cresce com o aumento de x. Assim, nesse intervalo, a sua derivada (sua taxa de variação) é positiva. A partir de x = 50, a função começa a decrescer, tornando sua derivada negativa.

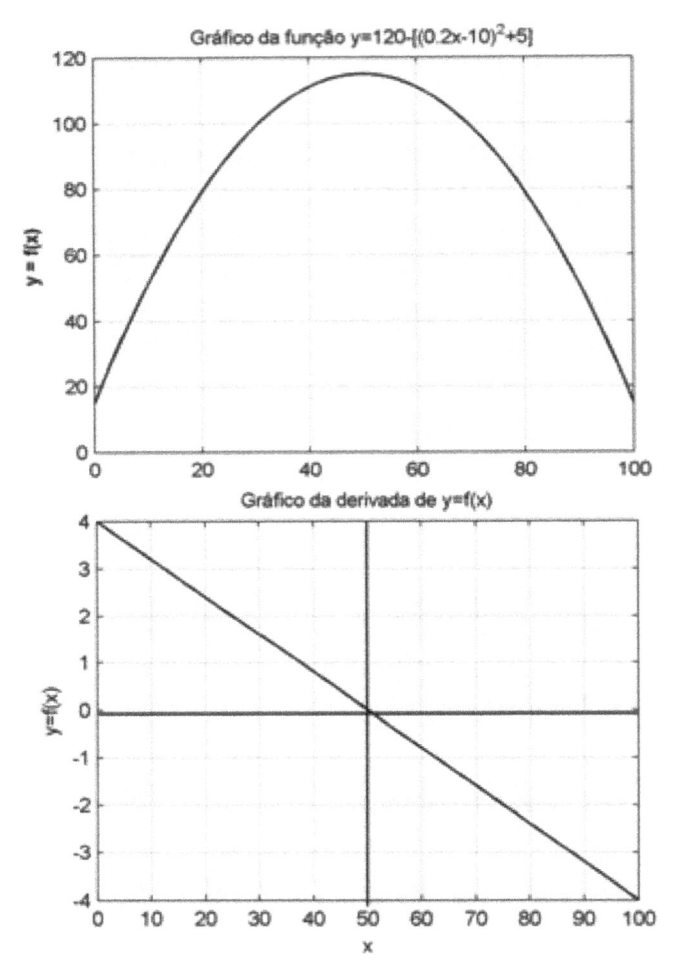

Figura A3.7 – Uma função quadrática (painel superior) e sua derivada (painel inferior).

2)   Uma função cúbica e suas derivadas primeira e segunda.

Seja a função $y(x) = x^3$, que possui a derivada primeira $y'(x) = 3x^2$, e a derivada segunda $y''(x) = 6x$. Graficamente, teríamos:

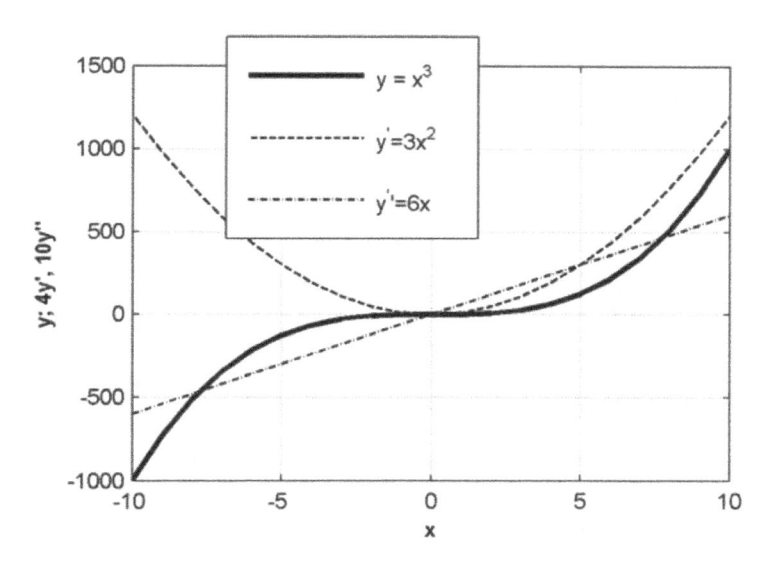

Figura A3.8 – Uma função cúbica e suas derivadas de primeira e segunda ordem.

A3.2.4 As regras básicas para o cálculo de derivadas

Nas seguintes fórmulas, u, v, w representam funções de x, enquanto a, b, c representam números reais.

a) $\dfrac{d(a)}{dx} = 0.$ (A3.11)

b) $\dfrac{d(x)}{dx} = 1.$ (A3.12)

c) $\dfrac{d(au)}{dx} = a\dfrac{du}{dx}.$ (A3.13)

d) $\dfrac{d(u+v+w)}{dx} = \dfrac{du}{dx} + \dfrac{dv}{dx} - \dfrac{dw}{dx}.$ (A3.14)

e) $\dfrac{d(uv)}{dx} = u\dfrac{dv}{dx} + v\dfrac{du}{dx}.$ (A3.15)

f) $\dfrac{d(uvw)}{dx} = uv\dfrac{dw}{dx} + vw\dfrac{du}{dx} + uw\dfrac{dv}{dx}.$ (A3.16)

g) $\dfrac{d}{dx}\left(\dfrac{u}{v}\right) = \dfrac{v\dfrac{du}{dx} - u\dfrac{dv}{dx}}{v^2}.$ (A3.17)

h) $\dfrac{d}{dx}(u^n) = nu^{n-1}\dfrac{du}{dx}.$ (A3.18)

i) $\dfrac{d}{dx}\left(\sqrt{u}\right) = \dfrac{1}{2\sqrt{u}}\dfrac{du}{dx}.$ (A3.19)

j) $\dfrac{d}{dx}\left(\dfrac{1}{u}\right) = -\dfrac{1}{u^2}\dfrac{du}{dx}.$ (A3.20)

k) $\dfrac{d}{dx}\left(\dfrac{1}{u^n}\right) = -\dfrac{n}{u^{n+1}}\dfrac{du}{dx},$ (A3.21)

l) $\dfrac{d}{dx}\left[f(u)\right] = \dfrac{d}{du}\left[f(u)\right]\dfrac{du}{dx}.$ (A3.22)

EXEMPLO

Seja y = $(1+x^2)^3$. Temos u = $1 + x^2$, que chamamos de <u>função interna</u>, e f(u) = u^3, chamada de <u>função externa</u>. Portanto,

$$\dfrac{d}{du}\left[f(u)\right] = 3u^2 \quad \text{pela regra } (h), \text{ e}$$

$$\dfrac{du}{dx} = 2x, \text{ Assim,}$$

$$\dfrac{d}{du}\left[f(u)\right] = (3u^2)\cdot(2x) = 6x\left(1+x^2\right)^2$$

m) $\dfrac{d}{dx}\left(\log_a u\right) = \left(\log_a e\right)\dfrac{1}{u}\dfrac{du}{dx}.$ (A3.23)

n) $\dfrac{d}{dx}\left(\log_e u\right) = \dfrac{1}{u}\dfrac{du}{dx}.$ (A3.24)

o) $\dfrac{d}{dx}\left(e^u\right) = e^u\dfrac{du}{dx}.$ (A3.25)

p) $\dfrac{d}{dx}\left(sen\,u\right) = \cos u\dfrac{du}{dx}.$ (A3.26)

q) $\dfrac{d}{dx}\left(\cos u\right) = -sen\,u\dfrac{du}{dx}.$ (A3.27)

A3.3   A INTEGRAL DEFINIDA DE UMA FUNÇÃO

A3.3.1 O cálculo da área sob uma curva entre dois pontos

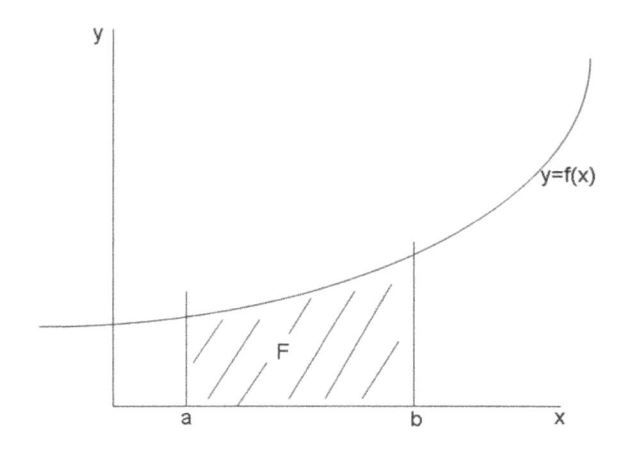

Como podemos determinar a área F sob a curva y = f(x) entre os pontos x = a e x = b? Uma maneira é subdividir o intervalo [a – b] em n subintervalos pequenos de comprimentos, Δx_1, Δx_2, ..., Δx_n, e selecionar para cada subintervalo um valor para a variável x_i como mostrado a seguir.

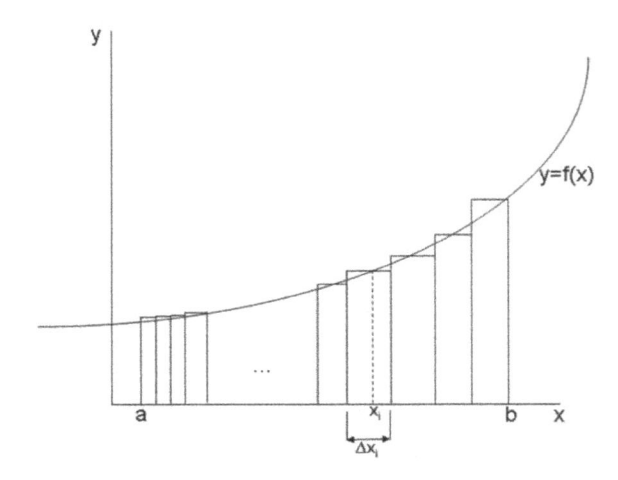

$$F \approx \sum_{i=1}^{n} f\left(x_i\right)\Delta x_i \tag{A3.28}$$

Se fizermos n crescer indefinidamente e tomarmos o limite para $\Delta x \to$ e 0, então o valor obtido será a área procurada. Portanto,

$$F = \lim_{\substack{n \to \infty \\ \Delta x_i \to 0}} \sum_{i=1}^{n} f\left(x_i\right)\Delta x_i \tag{A3.29}$$

Um novo símbolo foi introduzido para representar esse processo-limite:

$$F = \int_{a}^{b} f(x) \cdot dx \tag{A3.30}$$

Devemos ler a expressão anterior assim: F é a integral de f(x) entre os limites a e b, ou de a até b.

a: limite inferior de integração
b: limite superior de integração
f(x): integrando
x: variável de integração
dx: diferencial de x

A3.3.2 A integral como primitiva da derivada

Vimos anteriormente o conceito de derivada de uma função f(x) como um processo-limite que nos permite calcular a inclinação da reta tangente a um dado ponto pertencente à f(x). O problema era encontrar a derivada $f'(x) = \frac{dy}{dx}$ da função y = f(x).

O problema pode, entretanto, ser invertido, isto é, se conhecermos a derivada de uma função g(x), [dg(x)/dx], podemos calcular que função g(x) é essa? Esse processo de encontrar uma função a partir de sua derivada é chamado de *integração*, e o resultado é denominado de *integral indefinida*, ou *função primitiva* de g(x).

Assim, seja uma função f(x), derivada de uma função g(x) que desejamos encontrar. Então, g(x) deve satisfazer à seguinte condição:

$$f(x) = \frac{d}{dx} g(x) \tag{A3.31}$$

g(x) é chamada de *primitiva* de f(x).

EXEMPLO

Seja f(x) = m, onde m é uma constante. Pelas regras de diferenciação apresentadas anteriormente, sabemos que g(x) = mx. Isto é,

$$\frac{d}{dx}(mx) = m = f(x) \tag{A3.32}$$

Como a derivada de uma função constante é igual a zero (regra de derivação A3.11), se adicionarmos qualquer constante C à função mx, também essa será uma solução de nosso problema, isto é,

$$g(x) = mx + C \tag{A3.33}$$

Assim, a solução da equação g'(x) = f(x) dá uma família de curvas, cada curva definida por um valor de C:

$$y = g(x) + C \tag{A3.34}$$

Segundo o *teorema fundamental do cálculo diferencial e integral*, a função área, isto é, a integral de f(x), é a primitiva da função f(x). Para mostrar esse resultado, vamos calcular a área sob a curva de uma função f(t), de um ponto **a** até um ponto variável **x**, correspondente a f(x), como indicado a seguir.

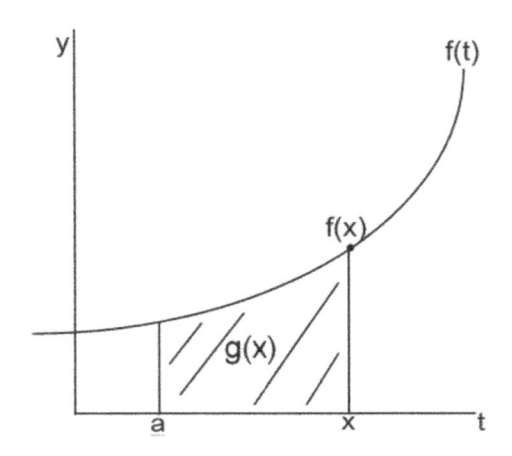

A função g(x) define a área abaixo da curva f(t) entre o ponto a e t = x. Isso faz a área g ser função de x.

Vemos que g = 0 para x = a, e cresce monotonicamente à medida que x se distancia de a. Como g(x) varia se dermos um pequeno acréscimo Δx a x?

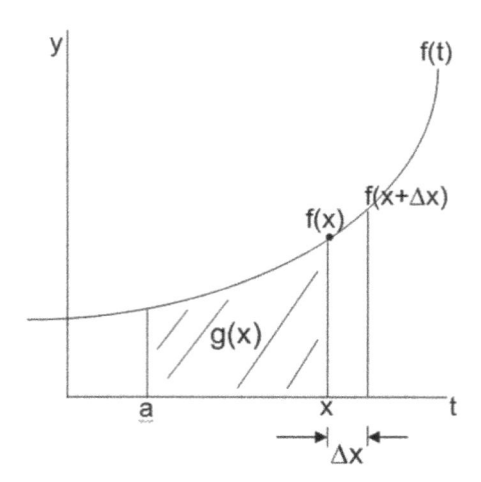

O incremento de área Δg estará entre os valores $f(x)\Delta x$ e $f(x + \Delta x)\Delta x$, isto é,

$$f(x)\Delta x \leq \Delta g \leq f(x+\Delta x)\Delta x \tag{A3.35}$$

Dividindo todos os termos por Δx, temos

$$f(x) \leq \frac{\Delta g}{\Delta x} \leq f(x+\Delta x) \tag{A3.36}$$

Considerando, agora, o processo-limite para a função área, para $\Delta x \to 0$, temos

$$\lim_{\Delta x \to 0} \frac{\Delta g}{\Delta x} = \frac{dg}{dx} = g'(x) \tag{A3.37}$$

Como

$$\lim_{\Delta x \to 0} f(x+\Delta x) = f(x) \tag{A3.38}$$

temos

$$f(x) \leq g'(x) \leq f(x) \tag{A3.39}$$

que implica em

$$g'(x) = f(x) \tag{A3.40}$$

Em outras palavras, a derivada da função área $g(x)$ é igual à $f(x)$, isto é, a função área é uma primitiva da função $f(x)$, ou seja, quando calculamos a integral indefinida de uma função, estamos buscando uma função $g(x)$ cuja derivada seja igual à $f(x)$.

EXEMPLO

1) Desejamos calcular a área sob a parábola $y = x^2$ entre os pontos $x_1 = 1$ e $x_2 = 2$, como indicado na figura a seguir.

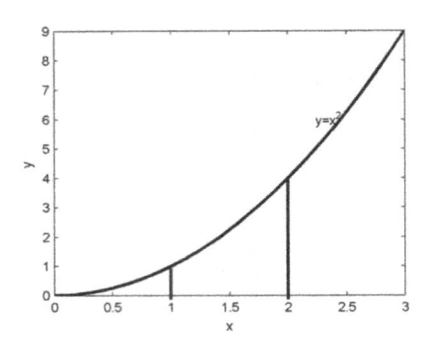

Isto é,

$$A = \int_{1}^{2} x^2 \, dx$$

Primeiro, devemos encontrar a primitiva g(x) da função f(x) = x², isto é, qual função g(x) cuja derivada seja f(x). Essa função é $g(x) = x^3/3$ (ver regra A3.18). Assim, a área desejada é dada por

$$A = \int_{1}^{2} x^2 \, dx = \left[\frac{x^3}{3} \right]_{1}^{2} = \frac{8}{3} - \frac{1}{3} = \frac{7}{3}$$

O que fizemos acima foi basicamente subtrair as áreas sob a curva, calculadas desde um ponto arbitrário até os pontos x = 2 e x = 1.

EXEMPLO

2) A média de um conjunto de dados discretos x_i, i = 1, ..., N indicada por $\bar{x}$ é normalmente calculada pela expressão $\bar{x} = \frac{1}{N} \sum_{i=1}^{N} x_i$. Se, em vez de um conjunto discreto de pontos amostrais, tivermos uma função y = f(x) e se desejamos calcular o valor médio da função no intervalo entre dois valores x_1 e x_2, a média de f(x) será calculada pela expressão:

$$\bar{y} = \frac{1}{(x_2 - x_1)} \int_{x_1}^{x_2} f(x) \, dx \tag{A3.41}$$

Vamos ilustrar esse caso calculando o valor médio da função f(x) = cos²x (figura a seguir) no intervalo de $x_1 = 0$ a $x_2 = 2\pi$. Primeiro, vamos usar a seguinte relação trigonométrica, $\cos^2 x = \frac{1}{2}(1 + \cos 2x)$. Note que o período de cos²x é π, e não 2π, como para a função cos x.

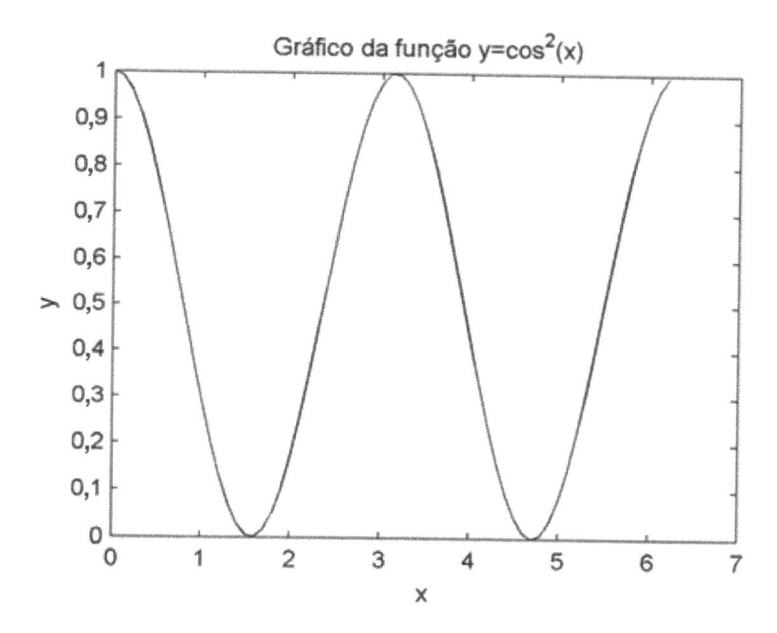

O valor médio de y = f(x) para o intervalo especificado pode ser calculado por

$$\bar{y} = \frac{1}{2\pi} \int_0^{2\pi} \cos^2 x \, dx$$

que pode ser modificada para

$$\bar{y} = \frac{1}{2\pi} \int_0^{2\pi} \frac{1}{2}(1 + \cos 2x) \, dx = \frac{1}{4\pi} \left[\int_0^{2\pi} dx + \int_0^{2\pi} \cos 2x \, dx \right]$$

A primeira integral entre colchetes é simplesmente $(2\pi - 0) = 2\pi$. Para resolver a segunda integral, temos de determinar a função primitiva de cos2x, isto é, a função cuja derivada é cos2x. Essa função é (1/2)sen2x (ver A3.26). Portanto,

$$\int_{0}^{2\pi} \cos 2x \, dx = \frac{1}{2}\left[sen\,2x\right]_{0}^{2\pi} = \frac{1}{2}\left(sen\,4\pi - sen\,0\right) = 0$$

Assim, $\bar{y} = \dfrac{1}{4\pi} 2\pi = \dfrac{1}{2}$ (A3.42)

EXERCÍCIOS

A3.1 Dada a curva $y = x^3 - 2x$, calcule a inclinação da secante à curva entre os pontos $x_1 = 1$ e $x_2 = 3/2$. Compare a inclinação da secante com a da tangente no ponto $x_1 = 1$.

A3.2 A lei distância-tempo para determinado movimento é dada por $s(t) = 3\,t^2 - 8t$ (metros). Calcule a velocidade no tempo $t = 3$ segundos.

A3.3 Calcule a derivada com respeito a x das seguintes expressões:

a) $3x^5$ b) $8x - 3$ c) $7x^3 - 4x^{3/2}$ d) $\dfrac{x^3 - 2x}{5x^2}$

A3.4 Obtenha a derivada das seguintes expressões

a) $y = \dfrac{2x}{4+x}$ b) $y = \left(x^2 + 2\right)^3$ c) $y = x^4 + \dfrac{1}{x}$ d) $y = \sqrt{1 - x^2}$

e) $y = \left(a - \dfrac{b}{x}\right)^3$ f) $y = \sqrt{1 + x^2}$ g) $y = \left(a + \dfrac{b}{x}\right)^3$

A3.5 Diferencie as seguintes funções:

a) $y = 3\cos(6x)$ b) $y = 4\,sen\,(2\pi x)$ c) $y = \ln(x + 1)$ d) $y = sen\,x\cos x$

e) $y = sen\,x^2$ f) $y = \left(3x^2 + 2\right)^2$ g) $y = a\,sen\,(bx + c)$ h) $y = e^{2x^3 - 4}$

i) $y = A e^{-x}\,sen\,(2\pi x)$

A3.6 Encontre a primeira e a segunda derivadas das seguintes funções:

a) $f(x) = x^5 - 2x^3 + x$ b) $f(x) = 7x^3 - 8x^2$

c) $g(x) = 2s^4 - 4s^3 + 7s - 1$ d) $f(x) = \sqrt{x^3 + 1}$

e) $h(y) = \sqrt[3]{2y^3 + 5}$ f) $F(x) = x^2\sqrt{x} - 5x$

A3.7 Calcule a integral das seguintes funções:

$y(x) = 1 + 2x^2 - 3x^3$ entre $x = 0$ e $x = 10$

$y(t) = 5\,e^{-0,5\,t}$ entre $x = 0$ e $x = 1$

$f(t) = \cos \omega t$ entre $t = -2,5$ e $t = 2,5$, para $\omega = 0,2\pi$

4

OS OPERADORES DIFERENCIAIS VETORIAIS

A4.1 O GRADIENTE DE UM CAMPO ESCALAR

Consideremos, como mostrado na figura a seguir, que conhecemos o valor de um campo escalar T(x, y, z), por exemplo, a temperatura, em dois pontos bem próximos, P_1 e P_2, isto é,

$$T_1 = T(x, y, z) \qquad \text{e} \qquad T_2 = T(x + \Delta x, y + \Delta y, z + \Delta z) \qquad \text{(A4.1)}$$

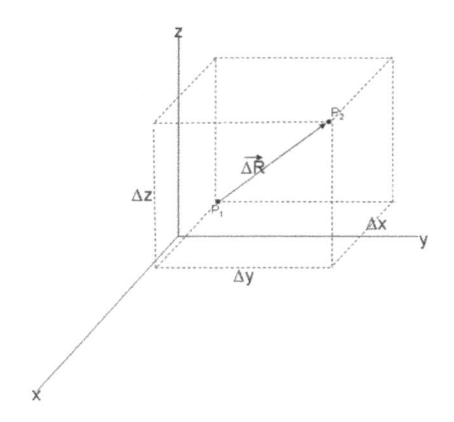

A variação do campo escalar T(x, y, z) ao se deslocar do ponto P_1 ao ponto P_2, indicada por ΔT, é dada pela soma das taxas de variação de T ao longo de cada eixo, multiplicadas pelos incrementos diferenciais nessas direções, isto é,

$$\Delta T = \frac{\partial T}{\partial x}\Delta x + \frac{\partial T}{\partial y}\Delta y + \frac{\partial T}{\partial z}\Delta z \qquad (A4.2)$$

$\frac{\partial T}{\partial x}$ representa a taxa de variação de T na direção x (da mesma forma para as outras direções), que é chamada de derivada parcial de T na direção x. Note que ΔT é um escalar, isto é, um valor que não depende dos eixos coordenados escolhidos.

Agora, a variação de T entre P_1 e P_2 (ΔT) pode ser escrita como o produto escalar de dois vetores, $\vec{\nabla} T$ e $\Delta\vec{R}$ dados por:

$$\vec{\nabla} T = \frac{\partial T}{\partial x}\vec{i} + \frac{\partial T}{\partial y}\vec{j} + \frac{\partial T}{\partial z}\vec{k} \qquad (A4.3)$$

e

$$\Delta\vec{R} = \Delta x\vec{i} + \Delta y\vec{j} + \Delta z\vec{k} \qquad (A4.4)$$

Assim,

$$\Delta T = \vec{\nabla} T \cdot \Delta\vec{R} \qquad (A4.5)$$

isto é, a variação do campo T entre os dois pontos é a projeção do vetor $\vec{\nabla} T$, chamado *gradiente* de T, na direção $\Delta\vec{R}$. O vetor gradiente tem por componentes as derivadas parciais, ou seja, as taxas de variação de T, nas direções dos eixos coordenados. Note que se tomarmos uma isolinha de T, ou seja, uma linha na qual T é constante, e fizermos $\Delta\vec{R}$ tangente a essa isolinha, então $\Delta T = 0$, mostrando por A4.5 que o gradiente é sempre ortogonal às isolinhas de um campo escalar.

A4.2 O OPERADOR NABLA (DIVERGENTE, ROTACIONAL, LAPLACIANO)

Podemos definir o operador vetorial nabla $(\vec{\nabla})$ como:

$$\vec{\nabla} = \left(\frac{\partial}{\partial x}, \frac{\partial}{\partial y}, \frac{\partial}{\partial z} \right) = \frac{\partial}{\partial x}\vec{i} + \frac{\partial}{\partial y}\vec{j} + \frac{\partial}{\partial z}\vec{k} \tag{A4.6}$$

A partir dele, podemos realizar algumas operações. Seja, por exemplo, $\vec{h}(x,y,z)$ um campo vetorial, isto é, em cada ponto (x, y, z) temos um vetor **h**. Podemos tomar o produto escalar do operador nabla por **h**:

$$\vec{\nabla} \cdot \vec{h} = \nabla_x h_x + \nabla_y h_y + \nabla_z h_z = \frac{\partial h_x}{\partial x} + \frac{\partial h_y}{\partial y} + \frac{\partial h_z}{\partial z} \tag{A4.7}$$

Se tivéssemos outro sistema de coordenadas diferente, x´, y´, z´, o valor do produto escalar seria o mesmo. Portanto, $\vec{\nabla} \cdot \vec{h}$ é um escalar, e é denominado de *divergente* do campo **h**. A fim de simplificar a notação, daqui em diante também usaremos negrito para indicar o operador nabla.

Podemos, também, tomar o produto vetorial de ∇ com $\vec{h}$, isto é,

$$\nabla \times \vec{h} \tag{A4.8}$$

que é um vetor denominado de *rotacional* de **h**. O rotacional de **h** tem as seguintes componentes:

$$\left(\nabla \times \vec{h} \right)_x = \frac{\partial h_z}{\partial y} - \frac{\partial h_y}{\partial z}$$

$$\left(\nabla \times \vec{h} \right)_y = \frac{\partial h_x}{\partial z} - \frac{\partial h_z}{\partial x} \tag{A4.9}$$

$$\left(\nabla \times \vec{h} \right)_z = \frac{\partial h_y}{\partial x} - \frac{\partial h_x}{\partial y}$$

Se fizermos $\vec{h} = \nabla m$, onde m = m(x, y, z) é um campo escalar, ou seja, $\vec{h}$ é o gradiente de m, podemos tomar o divergente de $\vec{h}$:

$$\nabla \cdot \vec{h} = \nabla \cdot (\nabla m) = \nabla^2 m = \frac{\partial^2 m}{\partial x^2} + \frac{\partial^2 m}{\partial y^2} + \frac{\partial^2 m}{\partial z^2} \qquad \text{(A4.10)}$$

$\nabla^2 m$ é chamado de Laplaciano de m.

Podemos mostrar as seguintes propriedades:

$$\nabla \cdot (\nabla T) = \nabla^2 T, \text{ que é um campo escalar} \qquad \text{(A4.11)}$$

$$\nabla \times (\nabla T) = \vec{0} \qquad \text{(A4.12)}$$

$$\nabla (\nabla \cdot \vec{h}), \text{ que é um campo vetorial} \qquad \text{(A4.13)}$$

$$\nabla \cdot (\nabla \times \vec{h}) = 0 \qquad \text{(A4.14)}$$

$$\nabla \times (\nabla \times \vec{h}) = \nabla (\nabla \cdot \vec{h}) - \nabla^2 h \qquad \text{(A4.15)}$$

Como discutido no capítulo 3, as equações que governam as relações entre o campo elétrico $\vec{E}$ e o campo magnético $\vec{B}$ de uma onda eletromagnética e as grandezas elétricas de um meio podem ser escritas de maneira suscinta usando algumas das relações acima. Essas equações, denominadas de equações de Maxwell, são dadas por:

$$\nabla \cdot \vec{E} = \rho / \varepsilon_0$$

$$\nabla \times \vec{E} = -\frac{\partial \vec{B}}{\partial t}$$

$$\nabla \cdot \vec{B} = 0 \qquad \text{(A4.16)}$$

$$c^2 \nabla \times \vec{B} = \frac{\partial \vec{E}}{\partial t} + \frac{\vec{j}}{\varepsilon_0}$$

EXERCÍCIOS

A4.1 A taxa de variação de uma função escalar U na direção do vetor n é dada por $\frac{\partial U}{\partial n} = \text{grad} U \cdot \boldsymbol{n}$. Use esta fórmula para calcular $\frac{\partial U}{\partial n}$, onde U = 1/r e $r^2 = x^2 + y^2 + z^2$.

A4.2 Calcule a divergência e o rotacional do vetor:

$$\mathbf{v} = \mathbf{i}\,(x^2 + yz) + \mathbf{j}\,(y^2 + zx) + \mathbf{k}\,(z^2 + xy)$$

A4.3 Se r é o módulo do vetor da origem ao ponto (x, y, z) e f(r) é uma função arbitrária de r, prove que

$$\mathbf{grad}\,f(r) = \frac{\mathbf{r}}{r}\frac{df}{dr}$$

A4.4 Prove que

$$\mathrm{div}\,(\varphi\mathbf{F}) = \varphi\,\mathrm{div}\,\mathbf{F} + \mathbf{F}\cdot\mathbf{grad}\,\varphi$$

$$\mathbf{rot}\,(\varphi\mathbf{F}) = \varphi\,\mathbf{rot}\,\mathbf{F} + \mathbf{grad}\,(\varphi)\times\mathbf{F},\ \text{onde } \varphi \text{ é uma função escalar.}$$

A4.5 Se r é o vetor da origem ao ponto (x, y, z), prove que

$$\mathrm{div}\,r = 3;\quad \mathbf{rot}\,\mathbf{r} = 0;\quad \nabla^2\frac{1}{r} = 0;\ \text{(use o primeiro item do exercício anterior);}$$

$$(\mathbf{u}\cdot\mathbf{grad})\mathbf{r} = \mathbf{u}.$$

A4.6 Se A é um vetor constante, então mostre que

$$\mathbf{grad}\,(\mathbf{A}\cdot\mathbf{r}) = \mathbf{A}$$

REFERÊNCIAS BIBLIOGRÁFICAS

Beiser, A. *Conceitos de física moderna*. São Paulo: Polígono, 1969, 458 p.

Berk, A.; Bernstein, L. S.; Robertson, D. C. *MODTRAN: a moderate resolution model for LOWTRAN 7, GL-TR-89-0122*. Burlington, MA: Spectral Sciences, 1989.

Boileau, A. R.; et al. *Visibility – VI Atmospheric properties*. Appl. Opt., 3(5), 1964, p. 570-81.

Campbell, J. B.; Wynne, R. H. *Introduction to remote sensing*. New York: The Guilford Press, 2011, 718 p.

Chahine, M. T.; McCleese, D. J.; Rosenkranz, P. W.; Staelin, D. H. Interaction Mechanisms within the atmosphere. Chapter 5. In: Colwell, R. N. (ed.). *Manual of remote sensing* Falls Church, VA: American Society of Photogrammetry, 1983, p. 165-230.

Curcio, J. A. *Evaluation of atmospheric aerosol particle size distribution from scattering measurement in the visible and infrared*. J. Opt. Soc. Am. 51, 2011, p. 548-51.

Deering, D. W. *Parabola directional field radiometer for aiding in space sensor data interpretation*. Proceedings of the SPIE. Orlando, Fl, 1988, p. 924-33.

Elachi, C.; Zyl, J. van. *Introduction to the physics and techniques of remote sensing*. 2 ed. John Wiley & Sons, Hoboken, EUA, 2006, 552 p.

Engman, E. T. Chauhan, N. *Status of microwave soil moisture measurements with remote sensing*. Rem. Sens. Environ., 51(1), 1995, p. 189-98.

Feng, X. *Comparison of methods for generation of absolute reflectance factor measurements for BRDF studies*. M. Sc. Thesis, Rochester Institute of Technology, Center for Imaging Science, 1990, 166 p.

Feng, X.; Schott, J. R.; Gallagher, T. W. *Comparison of methods for generation of absolute reflectance values for BRDF studies*. Applied Optics, 32(7), 1993, p. 1234-42.

Feynman, R. P.; Leighton, R. B.; Sands, M. *Feynman lectures on Physics*. Vol. I Mainly Mechanics, radiation and heat. Los Angeles: University of California, 1963.

Forshaw, M. R.; Haskell, A.; Miller, P. F.; Stanley, D. J.; Townshend, J. R. *Spatial resolution of remote sensed imagery*. A review paper. Int. J. Rem. Sens., 4(3), 1983, p. 497-520.

Fraser, R. S. *Theoretical investigation, the scattering of light by planetary atmosphere*. Redondo Beach, CA: TRW Space Technology Laboratory, 1964.

Gabarró, C.; Vall-Llossera, M.; Font, J.; Camps, A. *Determination of sea surfasse salinity and wind speed by L-band microwave radiometry from a fixed platform*. Int. J. Rem. Sens., 25(1), 2004, p. 111-28.

Jackson, T. J.; Schmugge, T. J.; Wang, J. R. *Passive microwave sensing of soil moisture under vegetation canopies*. Water Resources Research, 18(4), 1982, p. 1137-42.

Jensen, J. R. *Sensoriamento remoto do ambiente: uma perspectiva em recursos terrestres*. São José dos Campos, SP: Parêntese, 2009, 598 p.

Kaufman, Y. J. *Atmospheric effect on spatial resolution of surface imagery*. Appl. Opt., 23, 1984, p. 3400-8.

Kaufman, Y. J. *The atmospheric effect on separability of field classes measured from satellite*. Rem. Sens. Environ., 18, 1985, p. 21-34.

Kriebel, K. T. *Reflection properties of vegetated surfaces: tables of measured spectra biconical reflectance factors*. Muenchener Universitaets-Schriften, Meteorologisches Institut, Wissenschafttl. Mitteilung, 29, 1977.

Kriebel, K. T. *Measured directional reflection properties of four vegetated surfaces*. Appl. Opt., 17, 1978, p. 253-9.

Lagerloef, G. S. E.; Swift, C. T.; Le Vine, D. M. *Sea surface salinity: the next remote sensing challenge*. Oceanography, 8, 1995, p. 44-50.

Liou, K. N. *An introduction to atmospheric radiation*. 2. ed. Orlando FL. Academic Press: 2002, 583 p.

List, R. J. (ed.). Smithsonian meteorological tables (6. ed.). Washington, D.C.: The Smithsonian Institution, 1951, 527 p.

Martin, S. *An introduction to ocean remote sensing.* Cambridge: Cambridge University Press, 2004, 426 p.

Matzler, C. *Microwave permittivity of dry sand.* Trans. Geoscience and Rem. Sens., 36(1), 1998, p. 317-9.

Matzler, C. (ed.). *Thermal microwave radiation: applications for remote sensing.* London: The Institution of Engineering and Technology, 2006, 555 p.

Maul, G. A. *Introduction to satellite oceanography.* Martinus Nijhoff Publishers, 1985, 606 p.

NAWCWPNS. *Electronic warfare and radar systems engineering handbook.* Naval air systems command. Tech. Paper 8347, Rev. 2. Point Mugu, CA, 1999, 298 p.

Nicodemus, F. E.; Richmond, J. C.; Hsia, J. J.; Ginsberg, I. W.; Limperis, T. *Geometrical considerations and nomenclature for reflectance.* Washington, D.C.: NBS Monograph 160, U.S. National Bureau of Standards, 1977.

Palmer, J. M.; Grant, B. G. *The art of radiometry.* 2. ed. Bellingham: SPIE Press, 2010, 369 pp.

Quattrochi, D. A.; Ridd, M. K. *Measurements and analysis of thermal energy responses from discrete urban surfaces using remote sensing data.* International Journal of Remote Sensing, 15(10), 1994, p. 1991-2022.

Rees, G. *The Remote Sensing Data Book.* Cambridge University Press, 1999, 262p.

Rees, W. G. *Physical principles of remote sensing.* Cambridge: Cambridge University Press, 2001, 342 p.

Richards, J. A. *Radio Wave Propagation. An introduction for the Non-Specialist.* Heidelberg: Springer, 2008, 127 p.

Richards, J. A. *Remote sensing with imaging radar.* Heidelberg: Springer, 2009, 361 p.

Sabins, F. F. *Remote Sensing. Principles and interpretation.* 3. ed. Long Grove: Waveland Press, 1997, 490 p.

Schott, J. R. *Remote sensing. The image chain approach.* 2. ed. New York: Oxford University Press, 2007, 666 p.

Schowengerdt, R. A. *Remote sensing: models and methods for image processing.* 3. ed. Burlington, MA: Academic Press, 2007, 515 p.

Segelstein, D. *The complex refractive index of water.* M.Sc. Dissertation. Kansas City: University of Missouri, 1981.

Simonetti, D. S.; Ulaby, F. T. (eds.). *Manual of Remote Sensing.* 2. ed. Vol. I. Falls Church VA: American Society of Photogrammetry, 1983, 1232 p.

Simonetti, D. S.; Reeves, R. G.; Estes, J. E.; Bertke, S. E.; Sailer, C. T. The development and principles of remote sensing. Chap. 1. In: *Manual of Remote Sensing,* Vol. I. Falls Church VA: American Society of Photogrammetry, 1983, p. 1-35.

Slater, P. N. *Remote sensing: optics and optical systems*. Massachusetts: Addison-Wesley, Reading, 1980, 575 p.

Stine, W. B.; Harrigan, R. W. *Solar energy fundamentals and design: with computer applications*. New York: Wiley, 1985, 536 p.

Stewart, R. H. *Methods of satellite oceanography*. Berkeley: University of California Press, 1985, 360 p.

Torrance, K. E.; Sparrow, E. M. *Theory for off-specular reflection from roughened surfaces*. J. Optical Soc. America 57, 1967, p. 1105-14.

Townshend, I. R. *The spatial resolving power of Earth resources satellites: a review*. NASA Tech. Mem. 82020. Goddard Space Flight Center, Greenbelt, Maryland, 1980, 36 p.

Wallace, J. M.; Hobbs, P. V. *Atmospheric science. An introductory survey*. New York: Academic Press, 1977, 467 p.

Wang, J. R. *The dielectric properties of soil-water mixtures at microwave frequencies*. Radio Science, 15(5), 1980, p. 997-85.

Watson, K. *Periodic heating of a layer over a semi-infinite solid*. Journal of Geophysical Research, 83, 1973, p. 5904-10.

ÍNDICE REMISSIVO